제 10 판

전기/전자/통신/제어/계측공학도를 위한

기초실험

최수열 · 강태욱 · 채연식 공저

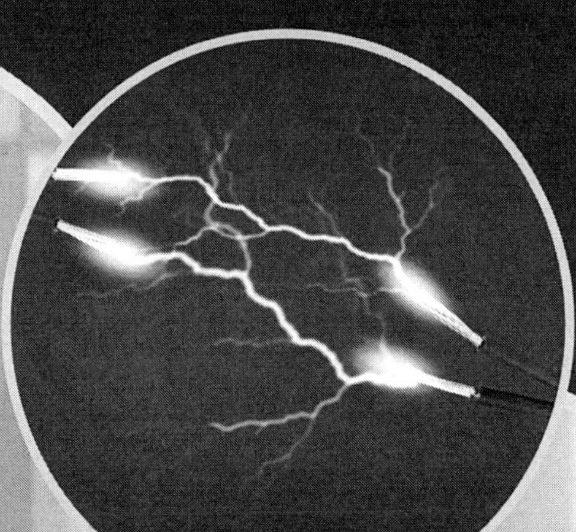

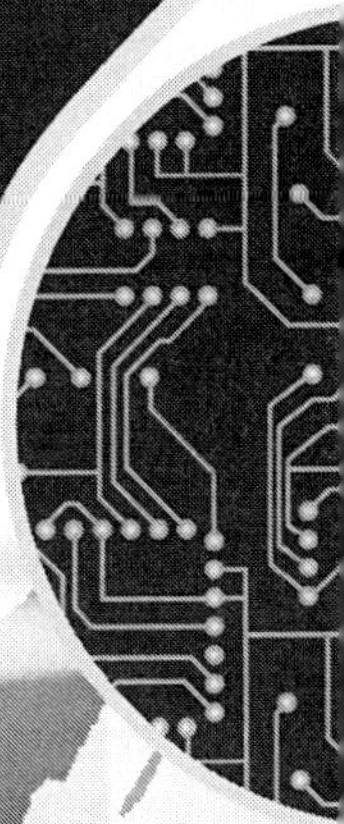

B.C.Info

머리말 | PREFACE

21세기는 정보화사회의 급속한 발전에 따라 최근 전기·전자·통신·전산정보 분야의 발전은 그 앞을 예측하기 힘들 정도로 빠르게 발전하고 있으며, 또한 가장 중요한 기초기술로 더욱더 큰 비중을 차지하게 될 것이다.

이러한 시대적 변화에 능동적으로 대처하기 위해서는 실험의 중요성은 각 대학이나 산업체에서 매우 중요시하고 있다.

따라서 이 분야를 전공하는 학생들이나 이 분야에 종사하고 있거나 관심을 갖는 분들이 본 실험서를 통해 이론의 확실한 개념을 실험을 통해 익힘으로써 기본지식의 강화는 물론 관련분야의 응용력을 배양하는데 도움이 되리라 생각된다.

또한 각종 국가기술 자격시험에서 2차 시험이 실기형으로 출제됨으로써 회로의 패턴작성 및 납땜방법, 각종 소자의 판독법, 오실로스코프와 신호 발생기 등의 계측장비 취급법 등을 완벽히 이해하지 않고서는 날로 그 비중이 커지고 취업에 절대적 우위를 차지하고 있는 기사자격 취득이 사실상 어렵게 되었다.

또한 대학을 졸업하고도 오실로스코프나 계측장비, 기초소자의 판별 및 동작원리, 회로의 패턴조차도 확실히 이해하지 못하는 학생들을 저자는 많이 접하여 왔다. 참으로 기술인으로서 서글픈 일이었고 우리나라 국가기술 경쟁력의 저하를 우려하지 않을 수 없었다.

저자는 이러한 시대적 변화에 적극적으로 대처하기 위해 지난 20여 년간의 실험지도 경험을 되살려 기초부터 회로의 응용력까지 세밀하게 집필하였고, 대학의 저학년 학생들에겐 필수적인 실험서가 될 것이며, 대학을 졸업한 사람이나 현장 기술자들에겐 실험기술 습득과 참고서로 도움이 되도록 구성하였다.

이 책에서 다루어지는 내용은 기초개념을 실험을 통해 전공영역의 지식을 다지기 위해 각 장마다 실험에 필요한 관련지식을 충분히 강조한 뒤, 실험을 행하기 전 보기문제로 이론적 지식을 강화하고 실험을 용이하도록 하였으며, 실험후 과제 및 검토사항에서 복습

과 응용문제를 통해 완벽한 이해가 되도록 하였다.

1장에서 16장까지는 각종 전자회로의 심벌과 반도체 소자판독법, 오실로스코프 등 계측기의 사용법을 상세히 설명하고, 이 계측기들을 실험에 적용가능하도록 하였으며, 실험과정이 각종 국가기술 자격시험의 실기시험에도 도움이 되도록 집필하였다.

또한 전압과 전류의 기본개념을 이해하여 간단한 직·병렬회로의 분석에서 복잡한 능동회로망을 등가회로화할 수 있도록 회로의 해석과 원리를 강조하여 실험을 통해 증명하도록 하였다.

16장 이후에도 Diode나 TR 등 전기·전자·통신회로 및 소자의 물리적 특성을 파악하여 응용력을 향상시킬수 있도록 구성하였다.

하나의 이론적 논리를 실험을 통하여 입증하기란 그리 쉽지 않다. 기초능력이 부족하면 학문의 응용력은 물론 정보화 세계에서도 능동적으로 대처할 수 없다. 저자는 학생의 입장에 서서보다 쉽고, 보다 많이 응용될 수 있도록, 즉 꼭 필요하다고 생각되는 내용을 수록하려고 노력하였으나 여러 가지 부족하고, 미비한 점이 많을 것으로 사료되나 여러분의 도움으로 수정·보완되리라 믿는다.

"세계일류는 기초부터" 라는 말을 명심하기 바라며 끝으로 이 책이 출판되기까지 공동연구한 교수님들게 감사드리며 교정과 수정을 맡아준 재선양과 복두출판사 송광헌 사장님께도 고마움을 드린다.

저자 일동

차례 | CONTENTS

실험 01

실험에 필요한 기초지식

1. 실험 목표

[1] 실험의 중요성과 기본자세에 대해 알아본다.

[2] 실험시 안전수칙, 주의사항을 익힌다.

[3] 실험보고서 작성방법, 내용을 파악한다.

2. 실험 관련 지식

[1] 실험의 중요성과 기본자세

실험이란 자연현상의 이론과 원리를 실험을 통해 증명하여, 이론적 개념을 완전히 이해하고, 응용력을 기르는데 꼭 필요한 과정이다. 또한 새로운 학문적인 이론을 정립하기 이전에 꼭 거쳐야 할 과정이다. 따라서 실험에 임하는 학생들은 실험을 통하여 과학적인 진리를 추구하겠다는 정신으로 임해야 하며, 실험의 의미와 목적을 정확히 파악하여, 실험을 어떠한 방법으로 진행하여야 효율적일 것인가 하는 과학자의 자세로 임해야 할 것이다. 또한 실험은 여러 사람들의 협력에 따라서 달성되므로, 협력자 정신이라고 하는 중요한 마음가짐이 필요하다. 이와 같은 실험을 효율적으로 하기 위해서는 다음과 같은 기본자세를 갖추어야 한다.

① 실험을 행하기 전 이 실험의 목표가 무엇이며, 실험관계지식, 실험절차 등을 분석함으로써 학문에 대한 과학적인 사고방식을 갖고 있어야 한다.

② 실험실습은 여러 명이 한 조가 되어 실험을 하기 때문에 협력자 정신이라는 중요한 마음가짐으로 맡은 바 임무를 성실히 수행하여야만 신속, 정확한 결과를 얻을 수 있다.

③ 실험실습용 측정장비, 계기 등을 직접 취급하여서, 그 장치의 원리 구조 및 취급방법

을 습득하여, 실험회로를 구성하고 측정시 가장 좋은 상태에서 양호한 실험결과를 신속히 얻어낼 수 있는 능력을 길러야 한다.

④ 실험의 만족스러운 결과는 실습의 정확한 지식과 아울러 여러 번의 실험을 되풀이하여야 하므로 불만족스러운 결과가 나왔을 때는 그 원인을 분석, 검토하여 바른 결과를 얻을 수 있는 끈기있는 정신력이 필요하다.

⑤ 실습 중에 나타나는 여러 가지 현상들을 주의깊게 관찰, 기록하여야 하며 사용계기의 형명과 조건을 상세히 관찰한다.

⑥ 실험이 끝난 다음에는 실험 결과를 분석, 검토하여 제반현상을 정리하는 습관을 기르도록 해야 한다.

3. 실험시 안전 수칙

실험실습실의 전원장치 및 주요기기 등의 위치와 해야할 일을 잘 파악하고 실험을 행하여야 한다.

110~220[V]의 전압으로도 인체에 치명적인 상해를 입는 경우가 종종 있으므로 안전수칙을 반드시 지켜야 한다.

사고는 방심과 자만에서 당하는 경우가 많으므로 안전사항을 지키는 습관을 기르고 공구를 잘 선택하여 안전한 사용방법을 익힌 다음 실험에 임하도록 하여야 한다.

학교 실험에 있어서는 저전압, 소전류 상태에서 하기 때문에 안전을 소홀히 하는 경우가 많이 있다. 이것은 후일 현장에서의 위험을 초래하게 되는 원인이 될 수도 있기 때문에 학교 실험에 있어서도 안전에 관해서만은 몸에 익히도록 철저히 배워야 한다.

[1] 감전이 되는 원인

인체에 감전이 되는 원인을 크게 다음의 세 종류로 구분할 수 있다.

① 활선에의 직접 접촉
② 누전된 기구류에의 접촉
③ 수중, 습지 등에서 몸 전체에 통전

감전에 의한 생리적 영향은 인명에 크게 영향을 주는 것은 확실하며, 인체의 어느 부분에 전류가 흐르는지에 따라 피해의 정도가 크게 다르다. 인체의 저항 및 통과전류는 다음과 같다.

100[V] : 약 1600 ~ 4300 [Ω], 23 ~ 63 [mA]

200[V] : 약 1200 ~ 3000 [Ω], 67 ~ 167 [mA]

따라서, 전압이 높아지면 인체에 흐르는 전류도 크게 되어 감전의 위험도 훨씬 증가한다. 물론, 실제로 접촉하고 있는 부위 및 상태에 따라 다르게 나타나는데, 피부 상태나 환경에 따라 서로 다르다. 피부 저항은 습기 또는 건조상태에 따라 250[Ω]~50[Ω] 정도가 되는데, 20[kΩ]에서 100[mA]의 전류가 흐를 때 치명적이라고 한다.

[2] 안전을 위한 주의 사항

① 기계 및 기구의 상태를 잘 점검한다.

② 퓨즈, 계전기 및 연동 장치 등은 오동작의 염려도 있으므로, 그에 대한 안전성을 너무 믿어서도 안된다.

③ 작업은 모든 기기들이 정돈된 상태에서 이루어져야 한다. 그렇지 않을 경우, 결선의 단락 및 전기 충격 사고 등의 원인이 되기도 한다. 언제나 조직적이고 정돈하는 습관을 길러야 한다.

④ 작업은 물에 젖어 있는 바닥에서 해서는 안된다. 접촉 저항의 감소로 누전 및 감전의 위험이 따르기 때문이다.

⑤ 작업하는 동안은 가능한 전원 장치의 감시를 위한 별도의 사람을 배치하는 것이 바람직하다.

⑥ 작업은 가능한 한 한 손으로 하도록 한다.

⑦ 작업 중에는 말은 하지 않도록 한다.

⑧ 모든 일은 서둘지 말고 침착하게 해야 한다.

⑨ 저항에 많은 전류가 흐를 경우에는 열이 발생하게 되므로, 특히 허용전력에 주의해야 한다.

⑩ 콘덴서를 교환할 경우, 방전에 의한 전기 충격의 위험이 있으므로 주의해야 한다.

⑪ 가열된 납땜 인두나 기판에 피부가 접촉되지 않도록 주의한다.

4. 실험시 주의사항

[1] 일반적인 주의사항

① 실험 담당 교수의 지시사항을 준수하고, 안전수칙을 엄수해야 한다.

② 실험을 수행하기 앞서 해당 실험 과제의 목적, 원리, 절차, 방법 및 유의사항 등을

미리 숙지하고 필요시 관련 이론교재를 참조하여 사전에 충분히 이해하도록 한다.

③ 실험실습은 진지하고 탐구하는 자세로 임해야 하며, 배운 지식과 연계시켜 과학적으로 사고하는 능력을 기르도록 한다.

④ 실험은 성급히 하지 말고 충분한 시간적 여유를 가지고 신중히 해야 하며, 서로 협력하여 열심히 적극적으로, 조용히 하여 실습시간을 효율적으로 이용하여야 한다.

⑤ 실험중 이상한 냄새, 소리, 연기등이 날 때에는 즉시 전원을 끄고, 담당교수에게 보고하여 원인을 조사제거하고, 신체 부위가 젖었거나 상처의 노출이 있는 상태에서는 전기 계기 및 회로의 조작을 삼가한다.

⑥ 실험과정은 실험의 공동연구로, 서로 협력하고 상호보완하여 실험값을 완벽히 측정한 후, 가능한 각자가 개별적으로 실험을 다시 행하여, 실험의 지식을 모두 익히도록 한다.

⑦ 실험은 정숙한 태도로 정성껏 해야 하며, 종료 10분전까지 실험을 완료하고 실험에 소요된 부품 및 공구류 등과 측정 장비 및 계측기 등은 원래 상태로 정리하여 항상 깨끗하고 정돈된 실험실을 유지한다.

⑧ 실험 방법, 실험 조건, 사용기구, 주위환경 및 실험중 발생한 특이사항을 기록하여 차후실험의 재실시에 만전을 기하고, 모든 실험결과는 객관성있게 한눈에 알아볼 수 있도록 표나 도형, 그래프로 나타내도록 한다.

[2] 측정 장비 및 계측기 이해와 취급법

주어진 실험과제를 수행하기 위해 필요한 장비와 측정하기 위한 계측기를 실제 다루어 봄으로써 장비 및 계측기의 사용용도와 그 취급법을 습득할 수 있으므로, 다음의 사항을 유념하여야 한다.

① 무엇을 측정할 것인지를 미리 생각하여 계기를 선택하여야 한다.

② 측정하고자 하는 양의 최대범위를 생각하여 최대 측정범위가 측정하려는 양의 최대값보다 큰 계기를 사용하고, 측정하려는 양의 최대값을 알 수 없을 때에는 가능한 범위 중 최대의 것을 선택하도록 한다.

③ 사용하는 기기는 조심하여 다루고, 손상시키거나 훼손되는 일이 없도록 한다.

④ 계기 및 장비의 성질을 잘 알지 못할 때에는 담당교수로부터 사용법을 배운 다음 측정에 임하도록 한다.

⑤ 측정시 계기 및 장비의 안전장치를 최대한으로 이용하도록 한다.

[3] 실험 장비 및 계측기의 결선법

실험에 필요한 장비나, 계측기, 각종소자를 결선하는데 다음과 같은 사항을 유념하여야 한다.

① 전기 · 전자 · 통신 장비나 계기는 결선하는 법을 잘 생각하여, 결선 후의 배선점검이 아주 쉬우며 계기의 지시를 읽기쉽고 기구의 조작은 대단히 쉽게 한다.
② 배선은 될 수 있는대로 간결히 하여 전원측과 중요 부하측, 부속회로 등으로 나누어 정리한다.
③ 고주파 측정에서는 특히 유도(정전·자계)방해, 상호결합 등이 생기면 올바른 결과가 얻어지지 않으므로 배선의 길이나 배치에 주의한다.
④ 각종 전기회로에는 필요한 스위치를 사용하는데 특히 전원 접속부분에는 스위치를 사용하여 이것을 개폐하기 전에 반드시 접속의 잘못이 없는가 조심스럽게 확인한다.
⑤ 실험이 끝난 후 혹은 회로변경 등을 할 경우는 반드시 전원 스위치를 끈 다음 시행하도록 한다.

5. 실습 보고서 작성 방법

[1] 실습보고서 작성시 고려해야 할 사항

보고서는 자기가 행한 실습을 발표하는 것이기 때문에 누가 보아도 쉽게 이해할 수 있도록 이치에 맞고 정연하게 정리해야 한다. 보고서는 잘 쓸려고 노력하는 것이 학생 실험목적의 으뜸이 되며, 결과를 정확히 고찰하고 정리함으로써 실습의 목적을 달성할 수 있다.

교육 목적상 실험 보고서는 실험을 행하기 전에 미리 검토해야 할 예비 보고서와 실험결과 보고서를 작성하도록 한다.

예비 보고서는 해당 실험과제에 들어가지 전에 실험진행에 필요한 관련지식을 얻어 실험의 효율성을 높히기 위하여 필요에 따라 실험실습 당일 실습 시작시에 제출하는 것으로 이는 실험에 임하기 전에 그 실험에 관한 이론, 회로구성 및 기대되는 결과 등에 대하여 전반적인 지식을 얻기 위한 것이다. 또한 실험결과 보고서는 실험을 마친 뒤 실험 전반에 대한 종합적인 보고서로 정확하고 자세하게 작성하여야 한다. 따라서 측정 결과와 그 결과의 철저한 분석 및 고찰이 포함되어야 한다.

결과보고서를 작성함에 있어 포함될 내용과 고려해야 될 사항은 다음과 같다.

① 실험 목표 : 학생들이 행한 실험의 주된 의의를 간단하게 표시해야 한다.
② 재료와 실습 기기 : 실험에 사용된 재료를 정확히 기록하여야 하고, 실습기기의 제조회사, 정격 등을 기록하여 똑같은 실험을 다시 할 경우 동일한 결과를 얻을 수 있어야 한다.
③ 관계 지식 : 실험의 근거에 대하여 설명해야 하며, 이론값을 얻을 수 있도록 해야 한다.
④ 실험 순서 : 학생들이 행한 실험을 언제, 어디서나 다시 하던지 또는 다른 학생이 행할 때 쉽게 할 수 있도록 순서대로 명시해야 하며, 회로도도 첨부하여야 한다.
⑤ 결과 : 측정에서 얻은 결과를 결과표나 그래프로 표시하여 쉽게 알아볼 수 있도록 해야 한다. 그래프로 나타낼 경우에는 측정결과에 따라 적당한 눈금을 갖는 용지, 즉 균일 눈금, 대수 눈금, 반대수 눈금을 사용하여야 하며, 결과란에는 주위 상태, 즉 기후, 온도, 습도, 기압 등을 기록하여야 한다.
⑥ 고찰 : 학생들이 행한 실험의 결과를 해석하면서 얻은 일반적인 개념이나 이론을 나타내야 하며, 이론값과 비교·검토가 있어야 한다.
⑦ 결론 : 실험결과에 대한 결론은 실험목표에 얼마나 적합하였나 하는 것으로, 실험중에 깨달은 실험소감 사항도 기록하여야 한다.

[2] 실험 실습 보고서 내용

보고서는 양식에 따라 작성하되 일반적으로 다음과 같은 내용을 포함한다.

① 실험제목
② 제출자 및 공동 실험자 성명 (조 기입)
③ 실험목적
④ 실험 기자재 : 실험에 필요한 각종 기자재 및 부품등
⑤ 실험 관련지식 : 실험교재와 참고서적을 공부한 후 주 요점정리, 기록
⑥ 실험회로 : 실험실습을 위한 회로구성
⑦ 실험순서 : 실험실습의 방법 및 절차
⑧ 실험결과 및 고찰 : 실험 실습한 내용을 토대로 데이터를 기록하고, 주어진 보고 사항을 처리
⑨ 검토 및 소감 : 실험 실습 중 일어난 오차 및 제반 문제점 논의.
실험 보고서는 성의껏 깨끗이 기록하여 시간 엄수 제출한다.

6. 전기적인 양의 단위와 숫자의 표시

일반적으로 물리량의 표시는 단위를 포함하며, 단위는 길이(meter), 질량(kilogram), 시간(second : 초)을 기본으로 한 MKS 단위계와 필요한 2차적인 단위를 첨가하여 사용한다. 다음 표 1-1은 전기적인 양의 단위를 나타내였으며, 표 1-2는 일반적인 단위(Unit)의 접두어를 보였으며 숫자의 크기(십진배수 및 분수)를 표시하기 위하여 사용한다.

표 1-1 전기적인 양의 단위

종 별	기호	명 칭	단위표시	종 별	기호	명 칭	단위표시
전 류	I	Ampere	A	전 력	P	Watt	W
전 압	V	Volt	V	전 하	Q	Coulomb	C
저 항	R	Ohm	Ω	정전용량	C	Farad	F
콘덕턴스	G	Mho	℧	인덕턴스	L	Henry	H
에 너 지	W	Joule	J	주 파 수	f	Hertz	Hz

표 1-2 숫자의 표시

명 칭	기 호	배 수
Tera	T	10^{12}
Giga	G	10^{9}
Mega	M	10^{6}
kilo	k	10^{3}
centi	c	10^{-2}
milli	m	10^{-3}
micro	μ	10^{-6}
nano	n	10^{-9}
pico	p	10^{-12}

과제 및 검토 사항

1. 실험의 중요성과 기본자세에 대해 요약해보라.

2. 실험의 안전수칙을 설명하라.

3. 실험시 주의사항과 측정장비와 계측기의 취급법을 이해하였는가?

4. 실습보고서 작성방법 및 보고서 내용을 정리해 보라.

실험보고서

학 과		학 년		제출일	20 / /
학 번		성 명			
실험조	평 가	A B C D F		확 인	
실험일	20 / /	온 도	℃	습 도	%
소 요 시 간		시간 분			

1. 실험제목 : 실험에 필요한 예비지식

2. 실험목적

3. 실험결과 및 고찰

① 본문을 읽고 실험에 필요한 예비지식을 요약해 보아라.

② 전기적인 양의 단위와 숫자의 표시에 대해 설명하라.

실험 02

전자기기용 심벌 이해

1. 실험 목표

전자 기기용 심벌 및 명칭을 이해한다.

2. 실험 관련 지식

[1] 일반 기본 심벌

명 칭	심 벌	비 고	명 칭	심 벌	비 고
도 선	――――		교류전원	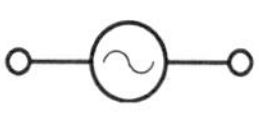	
도선의 교차	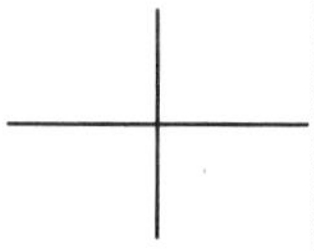	"Jumper"라고도 하며 도선의 교차를 표시하기도 한다.	저 항 기		회로에 흐르는 전류를 가감한다.
도선의 접속		필기할 때는 도선의 접속으로 하는 경우도 있다.	가변저항기	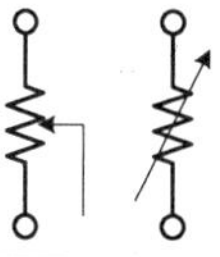	V.R (볼륨)
접 지	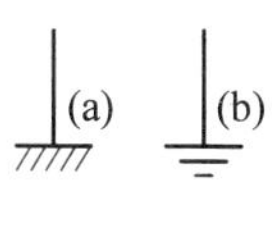	(a)는 대지에 (b)섀시 또는 공통선으로 사용	반고정 저항		S.VR (보조 볼륨)
도선의 분기	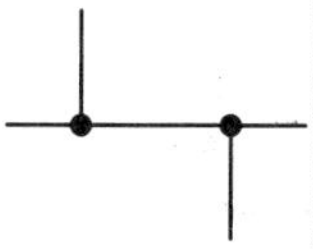		2련 가변저항기	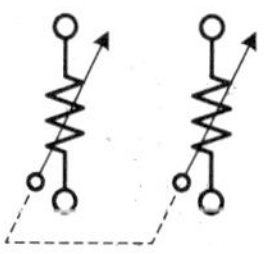	2련 VR 접선은 연동을 표시한다.

명 칭	심 벌	비 고
직류전원 (전지)	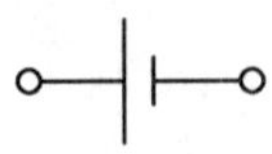	넓은 쪽이 +, 좁은 쪽이 -를 표시한다.
전 해 콘덴서	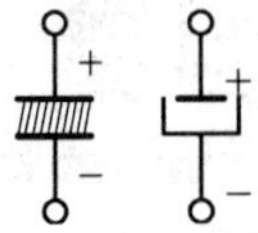	
가 변 콘덴서	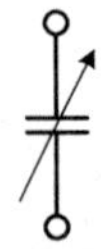	V. C (바리콘)
반고정 콘덴서	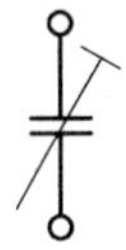	T.C (트리머 콘덴서)
2 련 가 변 콘덴서	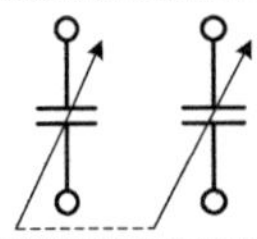	2련 V.C
인덕턴스	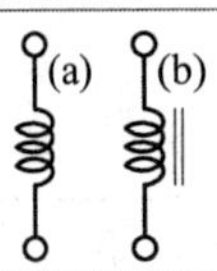	(a) 고주파 초크 (b) 저주파 초크
가 변 인덕턴스	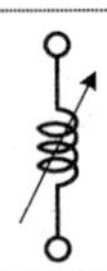	
상 호 인덕턴스	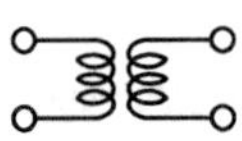	
	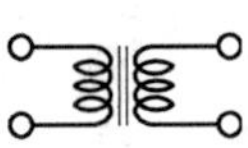	
입력 트랜스	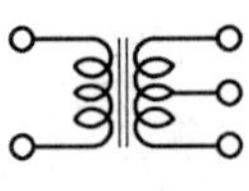	I. P. T
출력 트랜스	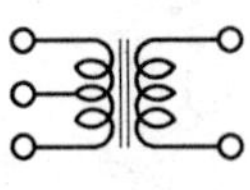	O. P. T
전원 트랜스	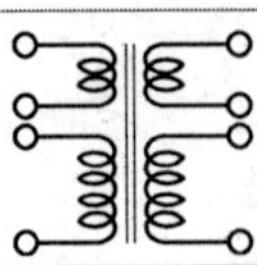	P. T (파워트랜스)

명 칭	심 벌	비 고
콘 덴 서	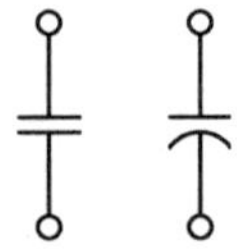	
중간주파 트 랜 스	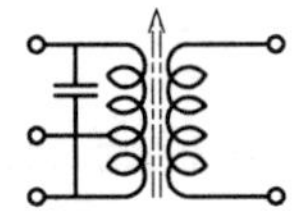	I. F. T
스피커	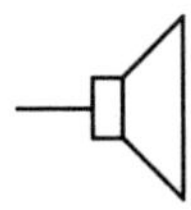	S. P
다이내믹 스 피 커	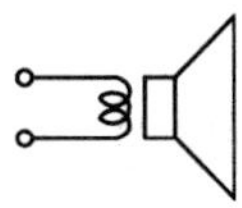	동전형 스피커 또는 무빙마그 넷형 스피커
크리스털 리 시 버	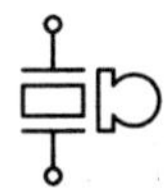	X-tal
수 화 기		헤드폰
공 중 선	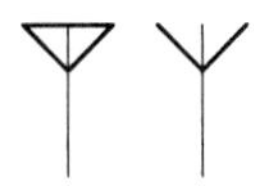	일반 Ant (안테나)
루프 안테나	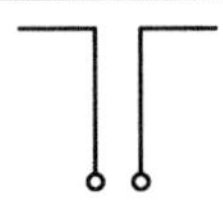	
다이폴 안테나	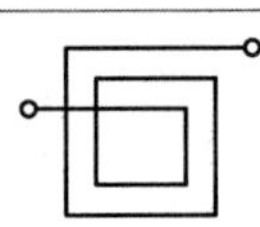	
안전기		Fuse (개방형)
개폐기	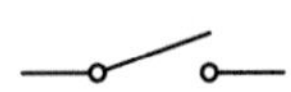	S. W (스위치)
절환개폐기	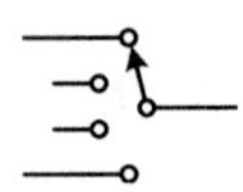	로터리 스위치

명 칭	심 벌	비 고	명 칭	심 벌	비 고
전 원 플러그	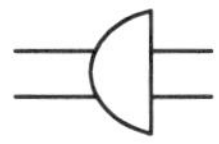		마이크로폰	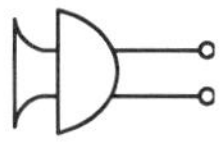	Mic
전 원			신호등 및 표시등	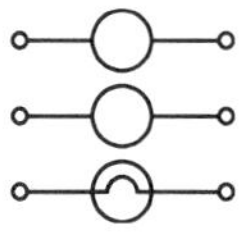	Ⓡⓛ : 적색 Ⓞⓛ : 주황색 Ⓖⓛ : 녹색 Ⓑⓛ : 청색 Ⓨ : 황색 Ⓟⓛ : 파일럿
계전기	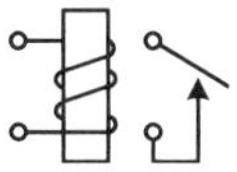	릴레이			
헤드폰 및 이어폰 잭	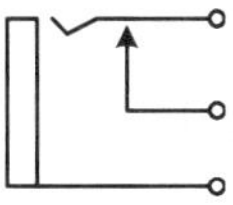		램프		

[2] 반도체 소자 심벌

명 칭	심 벌	비 고	명 칭	심 벌	비 고
다이오드		정류기 검파기	복 합 다이오드		
발 광 다이오드		L. E. D	트랜지스터	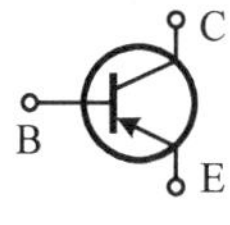	PNP형 트랜지스터
제 너 다이오드		정전압 다이오드		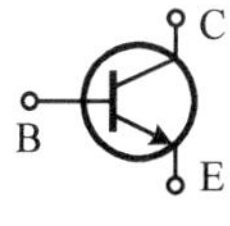	NPN형 트랜지스터
터 널 다이오드		에사끼 다이오드	포 토 트랜지스터	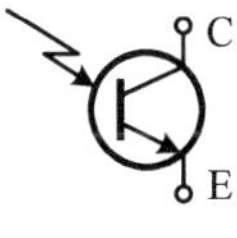	
가변용량 다이오드	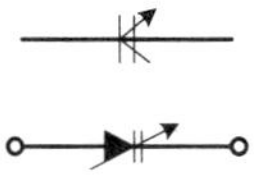	바리캡 또는 다이오드	전계효과 트랜지스터 (FET)	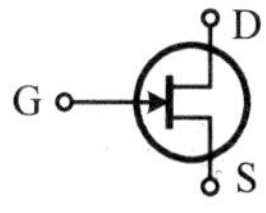	N채널 FET (접합형 FET)

명 칭	심 벌	비 고	명 칭	심 벌	비 고
전계효과 트랜지스터 (FET)	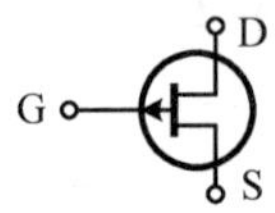	P채널 FET (접합형 FET)	단접합 TR	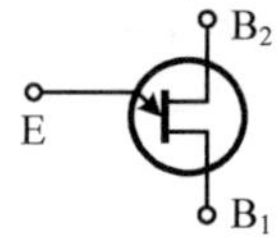	U. J. T
전장효과 TR	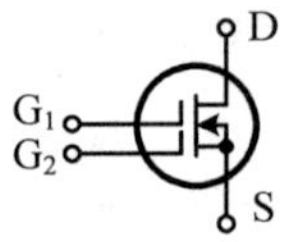	N채널 FET (MOS. FET)	서미스터	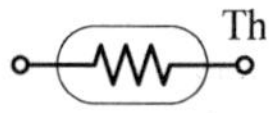	온도센서
			CdS	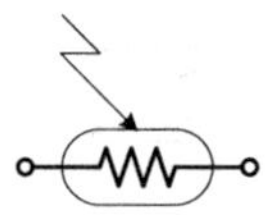	광센서
	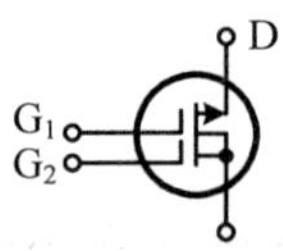	P채널 FET (MOS. FET)	바리스터		대칭형

[3] 특수반도체 심벌

명 칭	심 벌	비 고	명 칭	심 벌	비 고
SCR	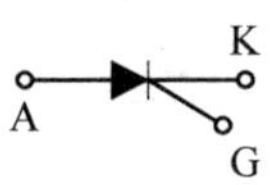	실리콘 제어 정류소자	TRIAC	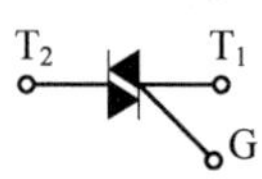	트라이액
SUS (PUT)	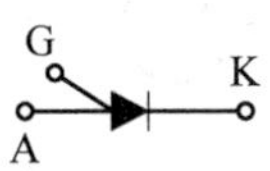		SBS	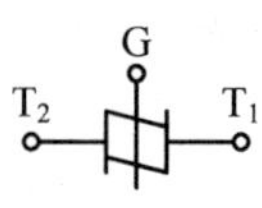	
SCS	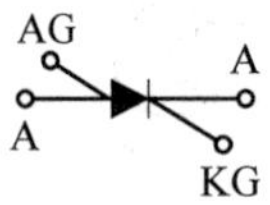		SSS	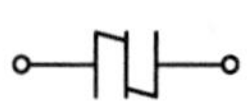	
DIAC (SSS)		다이액			

[4] 전자관 심벌

명 칭	심 벌	비 고	명 칭	심 벌	비 고
2극관	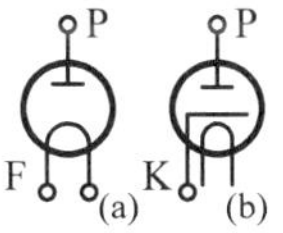		정전압 방전관		
3극관	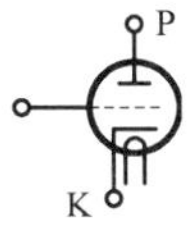		네온관		
5극관	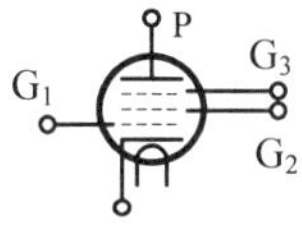		냉음극 3극방전관		
광전관			브라운관 (CRT)	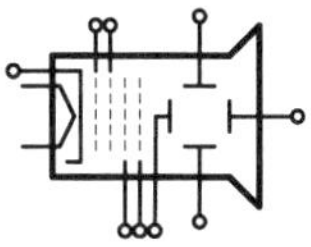	정전편향
안정저항관				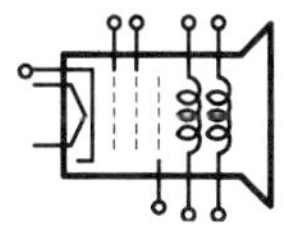	진자편향

[5] 논리회로 심벌

명 칭	심 벌	비 고	명 칭	심 벌	비 고
AND gate 회 로	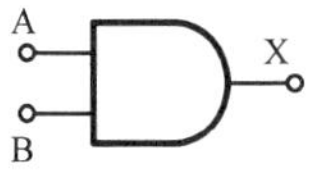	논리곱 회로 A·B = X	E.OR 회 로	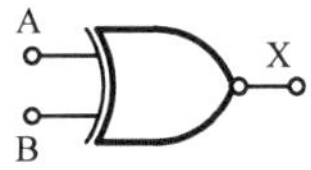	배타적 논리합 회로 A⊕B = X
NAND gate 회 로	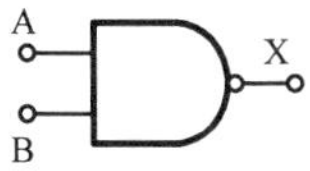	부정논리곱 회로 A·B = X	NOT gate 회 로	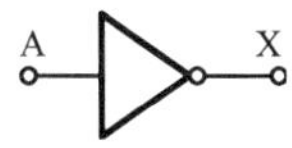	Ā = X
OR gate 회 로	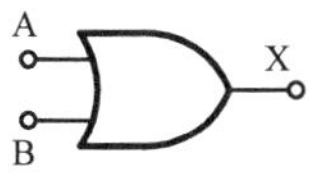	논리합 회로 A+B = X	OP. Amp	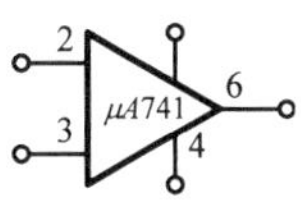	
NOR gate 회 로	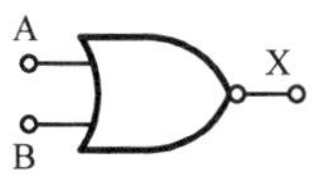	부정논리합 회로 A+B = X			

3. 검토사항

각종 전자 기기용 심벌과 명칭을 이해하도록 하시오.

실험보고서

학 과			학 년		제출일	20 / /
학 번			성 명			
실험조		평 가	A B C D F		확 인	
실험일	20 / /		온 도	℃	습 도	%
소 요 시 간			시간 분			

1. 실험제목 : 전기기기용 심벌 이해

(1) 아래의 빈 칸에 각종전자기기용 심벌 및 명칭을 기재하시오.

명 칭	심 벌	비 고	명 칭	심 벌	비 고

실험 03

저항, 콘덴서, 인덕터의 판독법

1. 실험 목표

[1] 저항의 칼라코드 판독법을 익힌다.

[2] 콘덴서 및 인덕터의 기호와 숫자표시법을 파악하여 용량을 판독한다.

2. 실험 장비 및 부품 (조당)

[1] 저항 : 100개
[2] 콘덴서 : 50개
[3] 인덕터 : 30개

(이상 여러 종류 및 값이 다른 것)

3. 실험 관련 지식

[1] 저항기의 식별법

① 개념

저항(Resistor:R)은 전하의 흐름을 방해하여 회로에 흐르는 전류를 가감하기 위해 사용되는 수동소자이며 각종 전기·전자통신 회로에 사용되는 부품 중 가장 많이 사용되는 것으로 몇 가지의 저항기의 특성을 알아보면 탄소 저항기는 값이 싸고 크기가 작기 때문에 많이 사용되고 있다. 그러나 온도 및 인가 전압에 따라 그 값이 변하기 때문에 정밀을 요하는 곳에는 사용할 수 없다.

권선 저항기는 소모 전력이 크거나 정밀한 저항값을 필요로 하는 곳에 사용한다. 정밀급의 것으로는 그 오차가 1[%]의 정도의 것도 있다.

고저항, 저전류 용량을 필요로 하는 곳에는 탄소형을 사용하며, 대전류 용량과 저저항값을 필요로 하는 곳에는 권선형을 사용한다. 권선형 전력 가변 저항기는 회로 소자에 공급되는 전류 또는 전압을 조정하는 데 사용된다.

습동 가변 저항기는 특별히 실험실용으로 고안된 것으로서, 이것을 사용할 때에는 과전류에 의한 파손에 주의해야 한다.

표 3-1은 일반적인 저항기의 종류와 특성을 나타낸 것이다.

표 3-1 저항기 종류와 특성

저항기	저항기의 형	전력 용량[W]	저항값[Ω]	오차 [%]
고정 저항기	탄소 또는 피막형	1/8, 1/4, 1/2, 1, 2, 3, 5	$1 \sim 10 \times 10^6$	+20(5또는 2[%]도 가능)
	권선형	1, 2, 3, 5, 10, 25, 50, 75, 100, 200	$1 \sim 100 \times 10^3$	+10(5또는 1[%]도 가능)
가변 저항기	피막형	1/8, 1	$50 \sim 3 \times 10^6$	
	권선형	1, 2, 3, 5	$2 \sim 10 \times 10^3$	

저항값의 판독시 일반적으로 가장 많이 쓰이는 보통저항의 경우, 4색띠로, 정밀 저항의 경우는 5색띠로 표시된다.

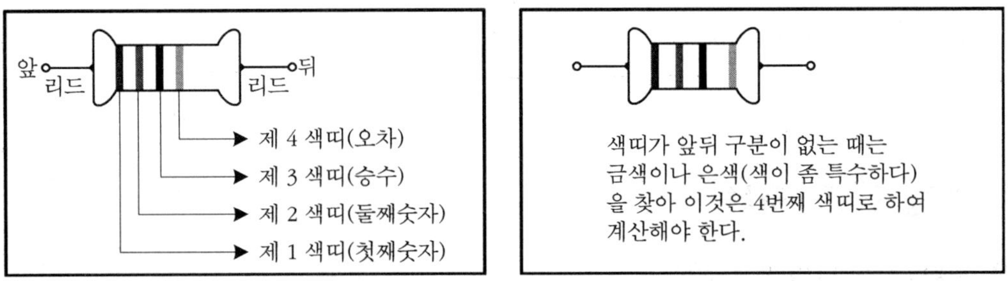

그림 3-1 보통 저항의 색띠

만약 제1색띠를 A, 제2색띠를 B, 제3색띠를 C, 제4색띠를 D로 나타내고 보통 저항값 R의 판독은 다음과 같다.

$$R = \underbrace{AB}_{\text{유효숫자}} \times \underbrace{C[\Omega]}_{\text{승수}} \pm \underbrace{D[\%]}_{\text{오차}}$$

표 3-2 보통저항의 칼라 코드 색값표

색		제 1색띠	제 2색띠	제 3색띠	제 4색띠
		첫째수	둘째수	배수(곱수)	오차 (%)
흑(검정)	BLACK	0	0	10^0	
갈(밤색)	BROWN	1	1	10^1	± 1%
적(빨강)	RED	2	2	10^2	± 2%
등(주황)	ORANGE	3	3	10^3	
황(노랑)	YELLOW	4	4	10^4	
녹(잔디)	GREEN	5	5	10^5	
청(파랑)	BLUE	6	6	10^6	
자(보라)	VIOLET	7	7	10^7	
회(회색)	GRAY	8	8	10^8	
백(흰색)	WHITE	9	9	10^9	
금(금분)	GOLD	-	-	10^{-1}=(0.1)	± 5%
은(은분)	SILVER	-	-	10^{-2}=(0.01)	± 10%
무	(nocolor)	-	-	-	± 20%

그림 3-1과 표 3-2를 참고로 하여 아래 저항을 판독해 보자.

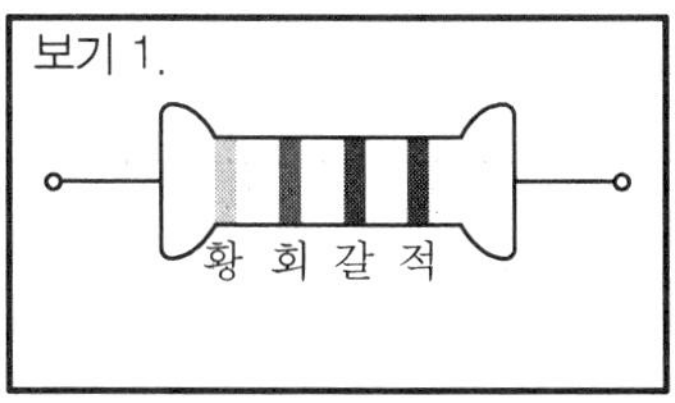

$R = 48\times10^1 \pm 2[\%]$
$= 480[\Omega] \pm 2[\%]$

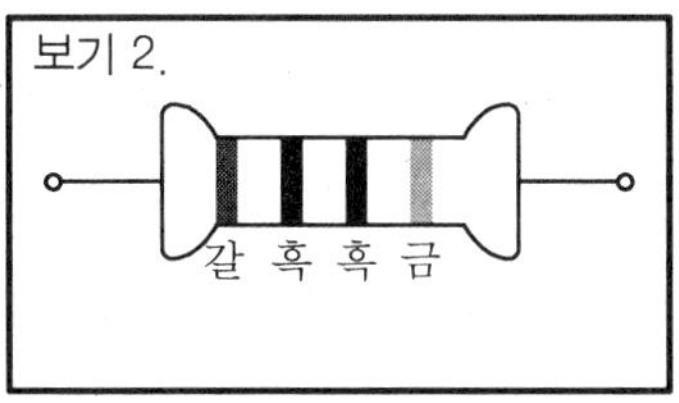

$R = 10\times10^0 \pm 5[\%]$
$= 10[\Omega] \pm 5[\%]$

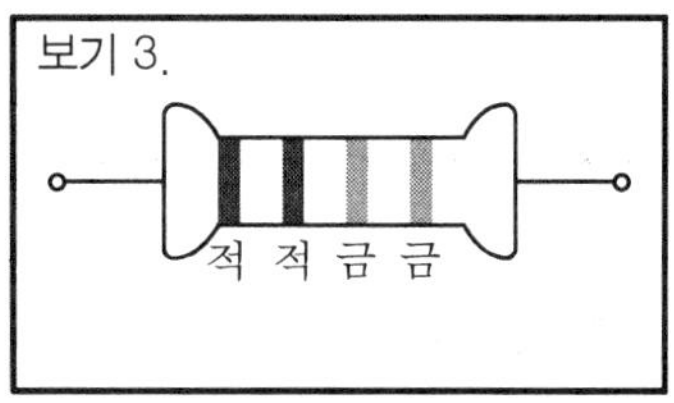

$R = 22\times10^{-1} \pm 5[\%]$
$= 2.2[\Omega] \pm 5[\%]$

② 정밀저항의 색별법

정밀저항과 보통 저항의 차이점은 보통 저항은 색띠가 4개이나 정밀저항의 경우에는 색띠가 5개이다.

제1색띠, 제2색띠, 제3색띠는 유효숫자를 나타내고, 제4색띠는 승수, 제5색띠는 허용오차를 나타낸다.

그림 3-2는 정밀저항의 색띠를 나타낸 것이다.

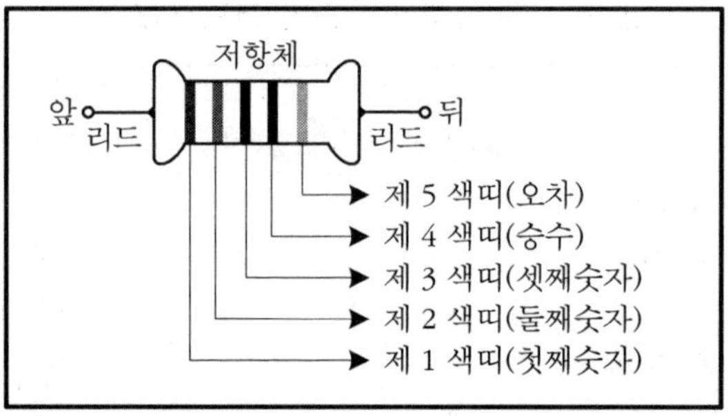

그림 3-2 정밀 저항의 색띠

보통저항과 마찬가지로 제1색띠를 A, 제2색띠를 B, 제3색띠를 C, 제4색띠를 D, 제5색띠를 E라하면 정밀저항값 R의 판독은 다음과 같다.

$$R = ABC \times D \pm E[\%]$$

유효숫자 승수 오차

표 3-3은 정밀저항의 칼라코드 색값표인데 보통 저항과 크게 다른 것은 색깔별로 허용오차의 값이다.

표 3-3 정밀저항의 칼라 코드 색값표

색		제1색띠	제2색띠	제3색띠	제4색띠	제5색띠
		첫째수	둘째수	세째수	배수(곱수)	오차 (%)
흑(검정)	BLACK	0	0	0	10^0	-
갈(밤색)	BROWN	1	1	1	10^1	± 1%
적(빨강)	RED	2	2	2	10^2	± 2%
등(주황)	ORANGE	3	3	3	10^3	-
황(노랑)	YELLOW	4	4	4	10^4	-
녹(잔디)	GREEN	5	5	5	10^5	± 0.5%
청(파랑)	BLUE	6	6	6	10^6	± 0.25%
자(보라)	VIOLET	7	7	7	10^7	± 0.1%
회(회색)	GRAY	8	8	8	10^8	-
백(흰색)	WHITE	9	9	9	10^9	-
금(금분)	GOLD	-	-	-	10^{-1}=(0.1)	± 5%
은(은분)	SILVER	-	-	-	10^{-2}=(0.01)	-

그림 3-2와 표 3-3을 참고로 하여 아래 저항을 판독해 보자.

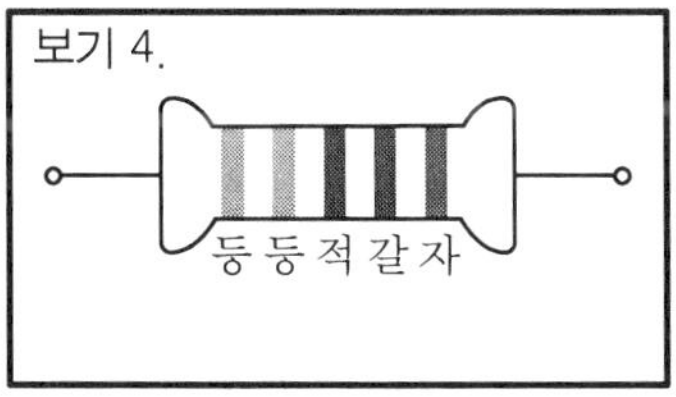

$$R = 332\times10^{1}\pm0.1[\%] = 3.32[K\Omega]\pm0.1[\%]$$

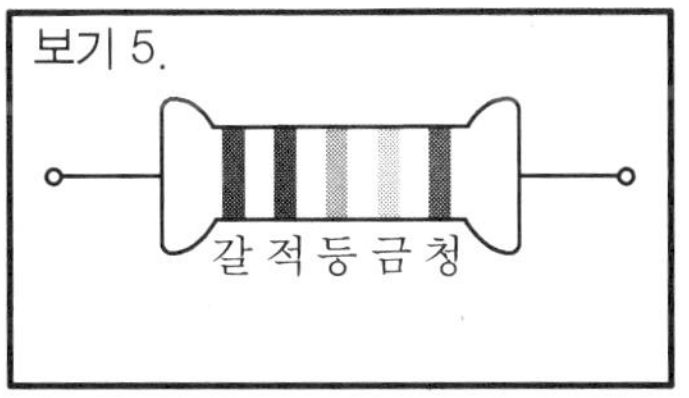

$$R = 123\times10^{-1}\pm0.25[\%] = 12.3[\Omega]\pm0.25[\%]$$

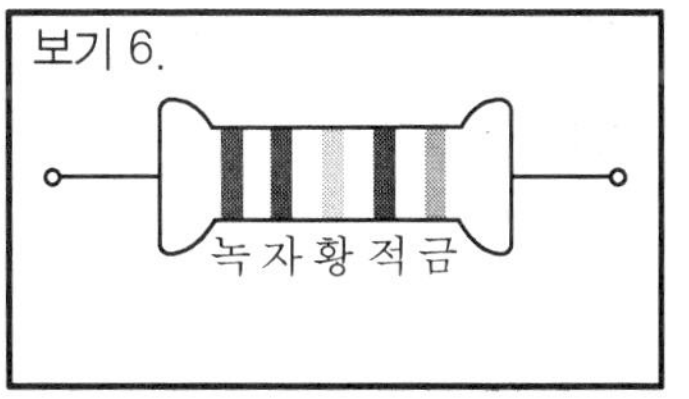

$$R = 574\times10^{2}\pm5[\%] = 57.4[k\Omega]\pm5[\%]$$

③ 칼라코드로 표시되지 않은 저항기의 형명판독

대부분의 컬러 코드를 사용하지 않는 저항기는 그림 3-3과 표 3-4와 같이 저항값, 정격소비 전력, 허용 오차를 표시하는 수치와 단위 및 허용 오차를 나타내는 알파벳으로 표시되어 있다. 표 3-4는 알파벳으로 표현된 저항값의 허용오차를 나타낸 것이다.

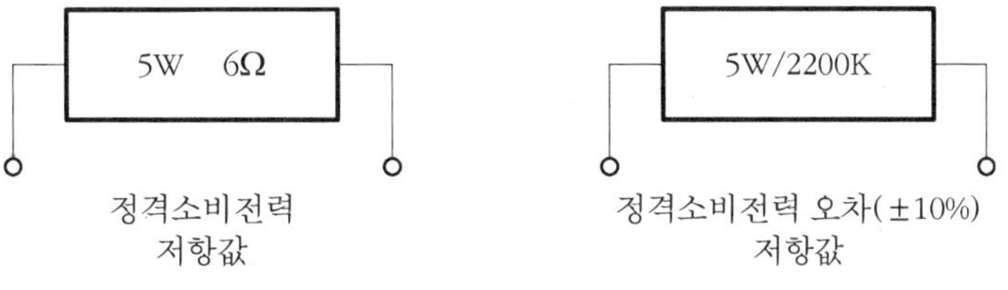

그림 3-3 칼라코드를 사용하지 않은 저항기

표 3-4 저항값의 허용오차

허용오차	D	F	G	J	K
%	± 0.5	± 1	± 2	± 5	± 10

[2] 콘덴서(캐패시터)의 용량 판독법

① 개요

콘덴서는 전하를 축적하는 수동소자로 재질이나 제작 방법에 따라 그 종류가 다양하다.

제작방법에 따라서는 권임형과 적층형이 있고, 재질에 따라서는 마일러, 운모, 세라믹, 종이 등으로 분류할 수가 있다.

현대 가장 많이 쓰이는 것은, 반원형의 엷은 갈색인 세라믹콘덴서, 짙은 녹색의 사각형 모양인 마일러 콘덴서, 원통이고 극성이 있는 전해콘덴서가 가장 많이 쓰인다. 특히 전해

콘덴서는 극성, 용량, 내압이 표시되어 있어 판독이 용이하나, 소형 세라믹콘덴서와 마일러 콘덴서들의 용량 판독은 식별법을 알아야 한다.

본 실험에서는 세라믹, 마일러, 전해 콘덴서의 판독법에 대해 알아보고, 각 콘덴서의 종류와 용도는 표 3-5와 같다.

표 3-5 콘덴서의 종류와 용도

콘덴서의 형	콘덴서의 용량[μF]	동작전압[VDC]	용 도
종이콘덴서	0.001~1	200~2,000	저주파 결합용
종이콘덴서	1~10	200~2,000	필터용
유입콘덴서	0.05~15	600~5,000	필터용
전해콘덴서	2~40	150~450	필터용
전해콘덴서	5~500	25~100	바이어스용
전해콘덴서	500~4,000	12~25	저전압 필터용
운모콘덴서	0.005~0.01	12~10,000	저주파, 고주파 결합용
세라믹콘덴서	$0.5\times10^{6}\approx0.47$	12~10,000	저주파, 고주파 결합용
가변콘덴서	15~350	150~3,000피크[V]	고주파 동조형

가장 많이 쓰이는 콘덴서의 겉모양은 그림 3-4와 같다.

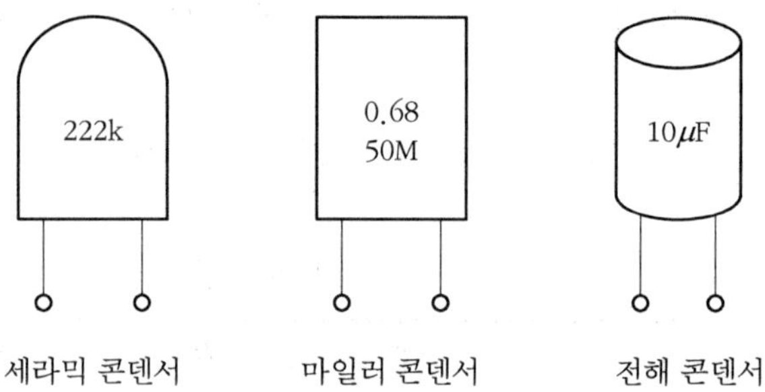

그림 3-4 콘덴서의 겉모양

② 콘덴서의 용량

현재 많이 사용되고 있는 전해콘덴서는 극성(긴 것이 ⊕, 짧은 것이 ⊖)과 용량이 기재되어 있어 판독의 어려움은 없으나, 소형 세라믹 콘덴서와 마일러 콘덴서들은 숫자로 그 용량을, 문자와 숫자에 의해 허용오차와 사용 정격 전압(내압)을 표시하고 있으므로 판독법은 다음과 같다.

그림 3-5의 전해 콘덴서는 참고로 하고 그림 3-6의 마일러와 세라믹 콘덴서를 판독해 보자.

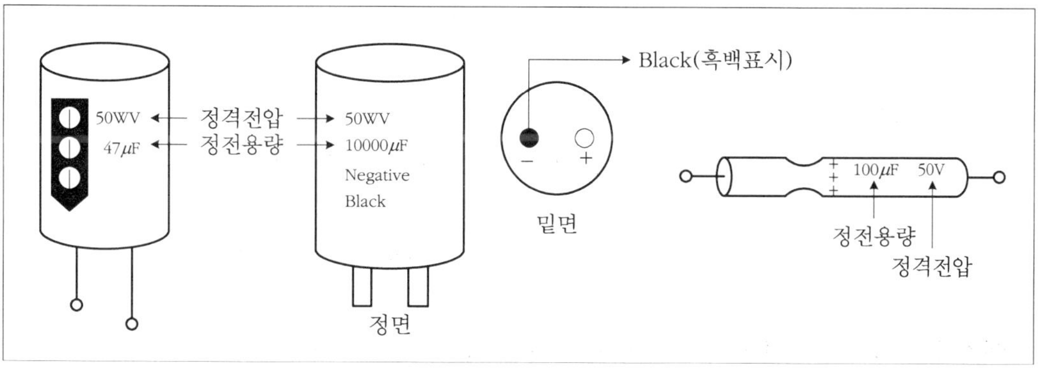

그림 3-5 전해 콘덴서의 외형

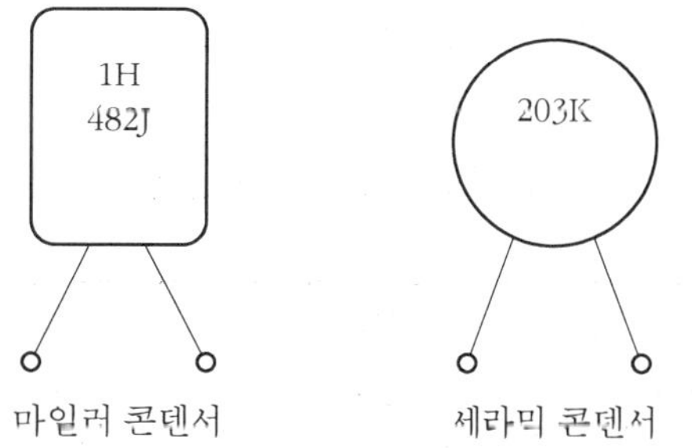

그림 3-6 문자와 숫자에 의한 콘덴서의 표시방법

그림 3-6에서 마일러 콘덴서의 경우 1H는 사용정격전압(내압) 첫째 숫자"4"와 둘째 숫자"8"은 유효 숫자를 셋째 숫자"2"는 배수를 마지막 J은 허용 오차를 나타내는데 다음과 같이 나타내었다.

1H → 사용정격전압(내압)
마일러처럼 전압이 바로 표시된 것도 있음.

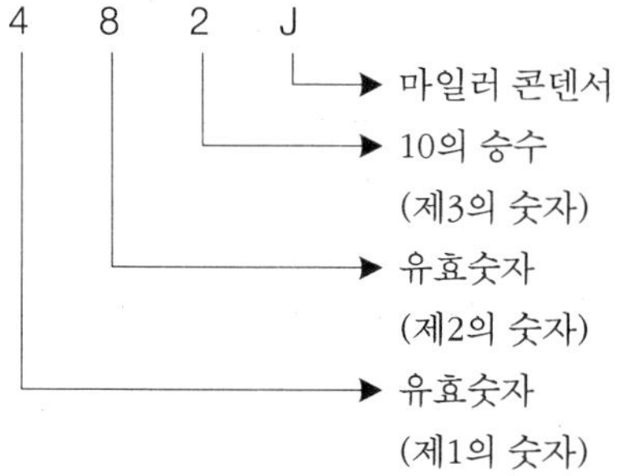

상기의 마일러 콘덴서와 세라믹 콘덴서를 판독하면

· 마일러 콘덴서 C = 48 × 10^2[pF] ± 5[%]
= 0.0048[μF] ± 5[%], 사용정격전압 50[V]이고,

· 세라믹 콘덴서 C = 20 × 10^3[pF] ± 10[%]
= 0.02[μF] ± 10[%], 사용정격전압 50[V]이다.

여기서 콘덴서의 용량은 가급적 [μF]로 환산하는 것이 편리하다.

왜냐하면 대부분 콘덴서의 기본 용량 표시를 [μF]를 많이 사용하기 때문에 보통 콘덴서의 용량이 1,000[pF]이상의 경우 [μF]로 환산하는 것을 참조하라.

여기서 사용 정격 전압과 오차 표시는 각각 표 3-6, 표 3-7에 나타내었다.

표 3-6 사용 정격 전압

단위 [V]

	A	B	C	D	E	F	G	H	J	K
0	1	1.25	1.6	2.0	2.5	3.15	4.0	5.0	6.3	8.0
1	10	12.5	16	20	25	31.5	40	50	63	80
2	100	125	160	200	250	315	400	500	630	800
3	1000	1,250	1,600	2,000	2,500	3,150	4,000	5,000	6,300	8,000

사용정격전압은 숫자와 알파벳 2자로 표시되는데 예를 들어 1H의 1은 10의 지수를 나타내어 10H 뜻으로 위의 표에서 50[V]임을 알 수 있다.

참고로 가장 많이 쓰이는 것은 2A[100V], 2D[200V], 2E[250V], 2H[500V]이다.

표 3-7 허용오차

문 자	B	C	D	F	G	J	K	M	N	V	X	Z	P
허용오차[%]	±0.1	±0.25	±0.5	±1	±2	±5	±10	±20	±30	±20	±40	±80	+100 - 0
허용오차[pF]	±0.1	±0.25	±0.5	±1	±2								

상기의 콘덴서 용량 판독법을 참고로 하여 아래 콘덴서를 판독해 보자.

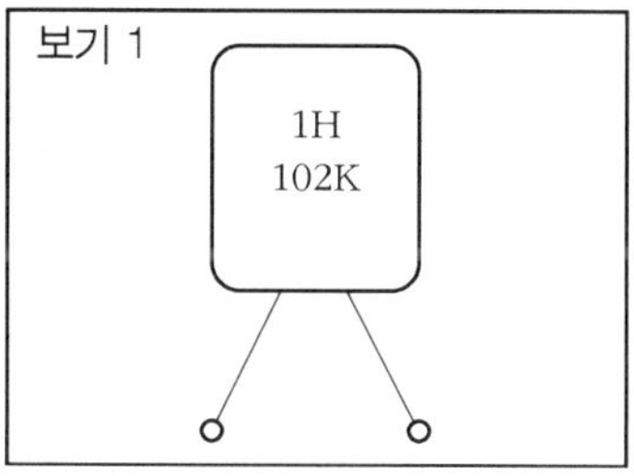

$C = 10 \times 10^{2}[pF] \pm 10[\%]$
$= 0.001[\mu F] \pm 10[\%]$
사용정격전압 : 50[V]

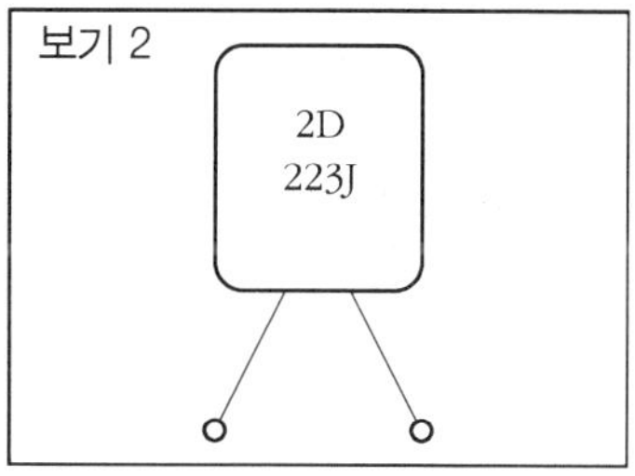

$C = 22 \times 10^{3}[pF] \pm 5[\%]$
$= 0.022[\mu F] \pm 5[\%]$
사용정격전압 : 200[V]

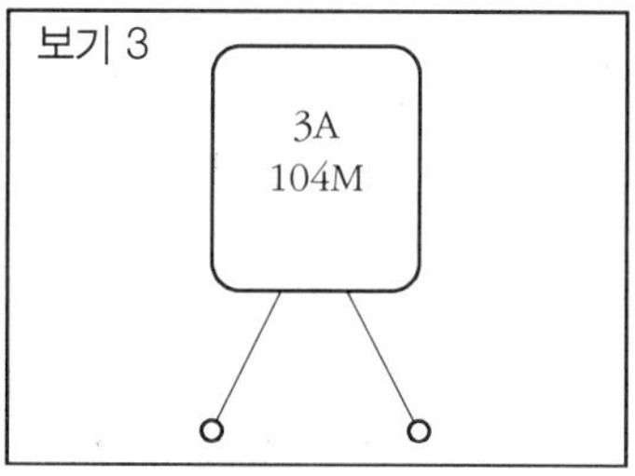

$C = 10 \times 10^{4}[pF] \pm 20[\%]$
$= 0.1[\mu F] \pm 20[\%]$
사용정격전압 : 1000[V]

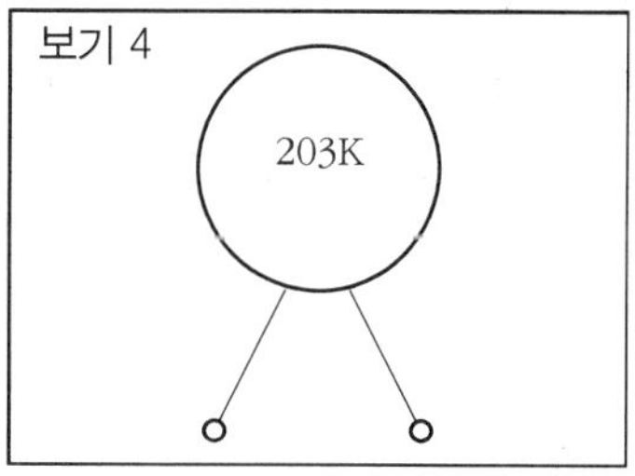

$C = 20 \times 10^{3}[pF] \pm 10[\%]$
$= 0.02[\mu F] \pm 10[\%]$

[3] 인덕터의 용량 판독법

① 개요

일반적으로 코일이라고 부르며, 코일에 전류가 흐르면 자속이 발생되고 전자유도나 전자력의 작용을 촉진한다.

또 인덕턴스를 가지므로 콘덴서와 조합하면 특정한 주파수에서 공진특성이 나타나며, 전동기 발전기나 고주파 동조회로, 필터 등에 사용되는 소자이다.

인덕터의 종류는 색점코드가 사용되고, 증폭회로 등의 주파수 특성의 저하를 보상하기 위해서 회로에 접속하는 피킹(peaking) 코일과 고주파를 저지하거나, 교류성분을 제거하기 위해서나 콘덴서와 조합하여 회로나 필터를 구성하는 초크(chock)코일이 있다.

그림 3-7은 피킹코일과 초크코일의 색코드를 나타낸 것이다.

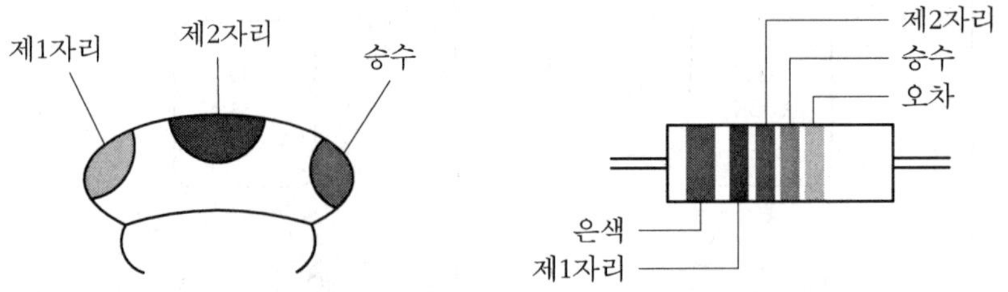

(a) 피킹코일 (b) 초크코일

그림 3-7 코일의 색코드

② 인덕터의 판독법

저항의 코드 식별과 유사하게 제1자리, 제2자리는 유효숫자를 제3자리는 승수, 제4자리는 오차를 나타내는 것으로 단위는 [μH]이며 그림 3-7의 색코드를 참조하고 판독 예를 보자.

* 피킹코일의 경우

Type 1)

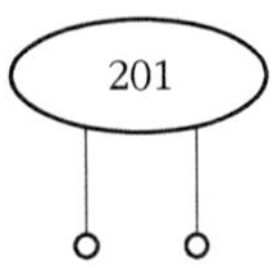

L = 20×10^{1}[μH]
= 0.2[mH]

Type 2)

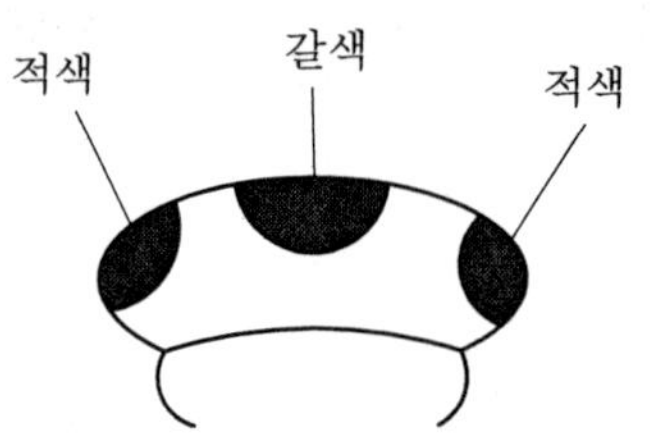

L = 21×10^{2}[μH]
= 2.1[mH]

* 초크코일의 경우

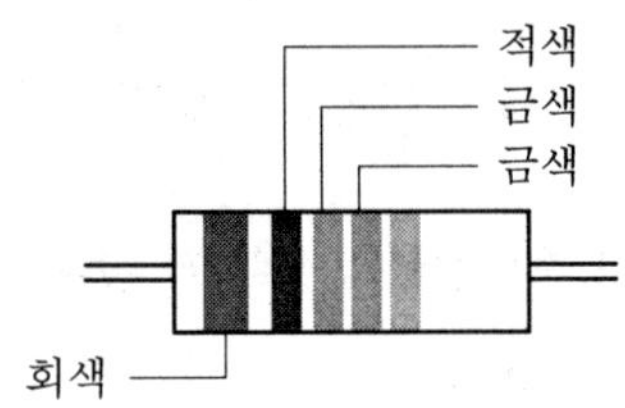

L = 82×10^{-1}[μH]±5[%]
= 0.0082[mH]±5[%]

4. 실험순서

① 보통저항과 정밀저항 판독법을 숙지하여 표 3-8의 저항값 및 색띠를 기재하시오.

② 콘덴서 및 인덕터의 판독법을 숙지하여 표 3-9를 기재하시오.

③ 표 3-8, 표 3-9를 완성 후 실제 저항과 콘덴서, 인덕터의 값을 신속히 판독하는 연습을 하시오.

5. 실험결과

표 3-8 저항 판독 연습

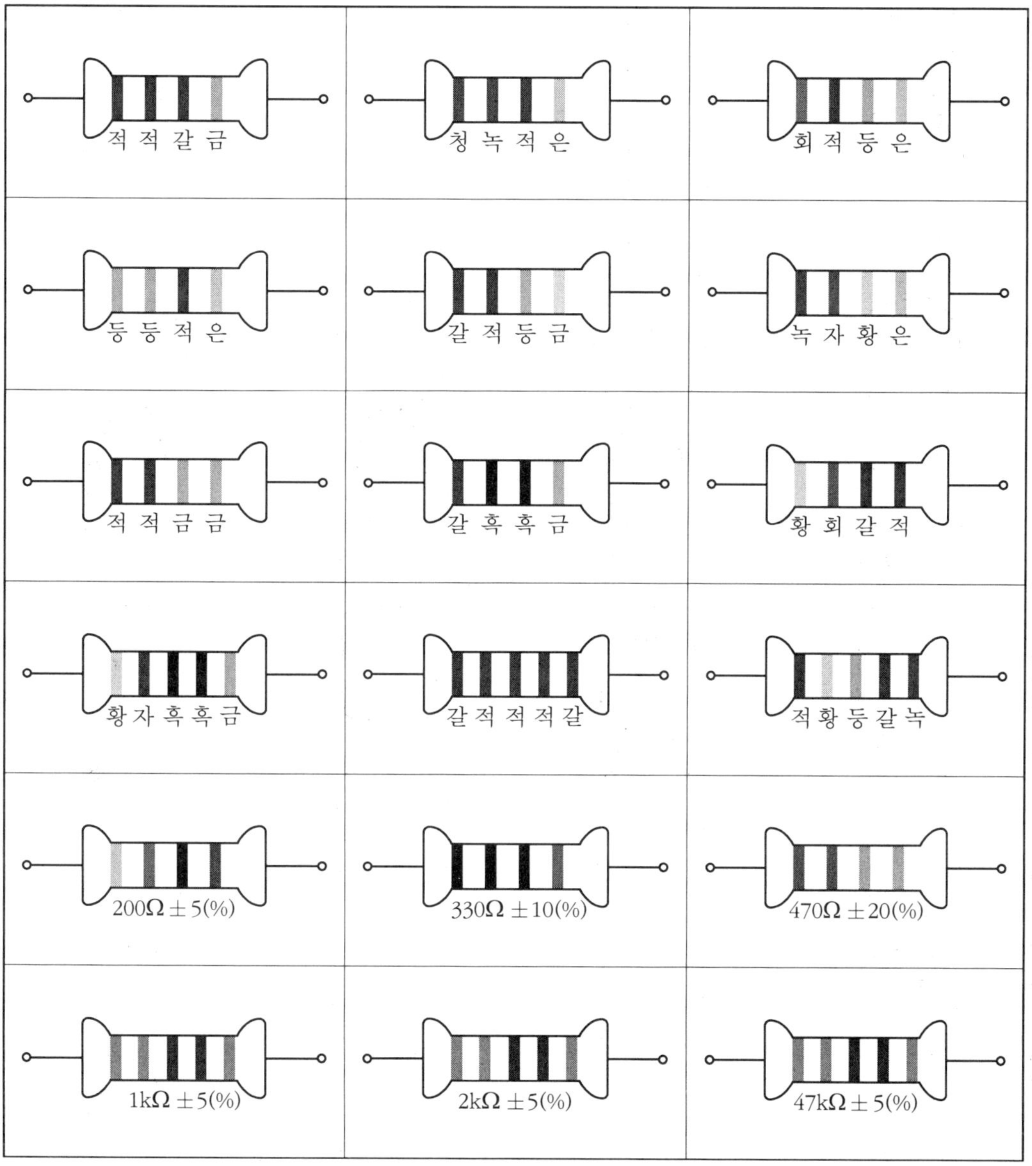

표 3-9 콘덴서 및 인덕터 판독 연습

1H 482J (　　　) V (　　　) pF (　　　) μF (±　　) %	2H 154K (　　　) V (　　　) pF (　　　) μF (±　　) %	3C 331M (　　　) V (　　　) pF (　　　) μF (±　　) %	2E 352N (　　　) V (　　　) pF (　　　) μF (±　　) %
101G (　　　) pF (　　　) μF (±　　) %	472K (　　　) pF (　　　) μF (±　　) %	403B (　　　) pF (　　　) μF (±　　) %	473C (　　　) pF (　　　) μF (±　　) %
2G 612M (　　　) V (　　　) pF (　　　) μF (±　　) %	1D 223J (　　　) V (　　　) pF (　　　) μF (±　　) %	2D 222C (　　　) V (　　　) pF (　　　) μF (±　　) %	2A 205J (　　　) V (　　　) pF (　　　) μF (±　　) %
503B (　　　) pF (　　　) μF (±　　) %	203M (　　　) pF (　　　) μF (±　　) %	223N (　　　) pF (　　　) μF (±　　) %	802Z (　　　) pF (　　　) μF (±　　) %
피킹코일 Type 1 으로 0.2[mH]표시	피킹코일 Type 2 으로 2.5[mH]표시	초크코일로 50[mH]표시	초크코일로 20[mH]표시

과제 및 검토 사항

1. 보통 저항과 정밀 저항의 color code 식별법을 요약해 보라.

2. 콘덴서 및 인덕터의 식별법을 완전히 이해하였는가?

3. 실제 수동소자(R. L. C)를 신속 정확하게 판독할 수 있도록 연습을 하였는가?

실험보고서

학 과		학 년		제출일	20 / /
학 번		성 명			
실험조		평 가	A B C D F	확 인	
실험일	20 / /	온 도	℃	습 도	%
소 요 시 간		시간 분			

1. 실험제목 : 수동소자 (저항, 콘덴서, 인덕터)의 판독법

2. 실험목적

3. 실험관련 이론(요약)

4. 실험 절차

   표 3-8, 표 3-9를 완성하여 첨부할 것

5. 실험 고찰 및 소감

실험 04

반도체 소자의 형명 및 판별법

1. 실험 목표

[1] 반도체 소자의 형명 구성을 이해한다.

[2] 각종 반도체 소자의 극성판별 및 부품 점검, 방법을 알아본다.

2. 실험 장비 및 부품 (조당)

[1] TR (NPN, PNP)
[2] 일반다이오드 (1N60, 1N4001등)
[3] LED (백색, 적색, 등색등)
[4] FET
[5] UJT
[6] SCR
[7] TRIAC
[8] Photo TR

종류별 약간

3. 실험 관련 지식

[1] 반도체 소자의 형명 판별법

반도체(Semiconductor) 소자에 대한 형명은 미국에서는 1N...., 2N...., 3N.... 등의 JEDEC 규정에 의하여 쓰고 있고 구라파에서는 로마자와 숫자의 조합으로 표시되고 있으며, 일본에서 쓰고 있는 형명은 일본공업규격 JIS와 일본전자기계 공업회 표준 규격인 EIAJ에 의한 표시로 2SA.., 2SB.., IS.., 2SF.., 2SM.. 등의 형명이 사용되고 있으며 우리나라에서는 주로 일본 형명 호칭법을 많이 사용하고 있다. 형명구성은 5항으로 되어있고, 각각의 뜻은 다음과 같다.

2	S	A	735	A
1항	2항	3항	4항	5항

① 1항의 숫자

반도체 소자의 종별을 나타내고, 숫자는 정류성 접합의 수와 동일하다.

② 2항의 문자

반도체의 뜻 Semiconductor의 머리글자이다.

③ 3항의 문자

반도체 소자의 극성과 용도를 나타내며, E와 I는 혼동의 염려가 있어 쓰지 않는다.

④ 4항의 숫자

1항의 숫자와 3항의 문장에 의해 구별된 종별마다 11부터 시작되는 추가등록번호이다.

⑤ 5항의 문자 (첨자)

A~M까지의 알파벳으로 개량된 순서를 나타내거나 전류증폭율을 나타내며, 극성만 반대인 역극성 다이오드를 나타낸다.

표 4-1 반도체 소자 형명 판독법

2 제1항	S 제2항	C 제3항	735 제4항	Y 제5항

항	정 의	실 례
제1항	원칙으로 소자의 유효 전극의 수에서 1을 뺀 수로 표시 (숫자)	0 → 포토 다이오드나 포토 트랜지스터 1 → 다이오드 2 → 트랜지스터 및 게이트 1개의 FET 3 → 게이트 2개의 FET
제2항	반도체(Semiconductor)를 표시한다 (문자)	S → 반도체를 표시한다.
제3항	극성과 저주파용인가 고주파용인가를 표시한다. (기타의 알파베트는 종류를 표시한다.) (문자)	A → PNP 고주파용 B → PNP 저주파용 C → NPN 고주파용 D → NPN 저주파용 F → P게이트의 제어 정류소자(PNPN형) G → N게이트의 제어 정류소자 (NPNP형) H → 단접합 트랜지스터 J → P 채널전계 효과형 K → N 채널전계 효과형 M → 쌍방향성 제어 정류소자
4항	원칙으로 11에서 시작하여 연번호로 등록순으로 부여한다. (숫자)	
5항	이 항은 일반적으로는 기입아니하나 원형소자의 개량품인 경우 그 번호 뒤에 ABCDFGHJKMY를 순서적으로 큰 문자를 붙인다. 이 알파벳이 부착된 것은 원형에 대신하여 사용할 수가 있으나 동일 특성으로 되지 않는다. hfe(전류증폭율 표시의 경우, 단위 : [mA]) → 0(70~140) Y(120~240) GR(200~400) BL(350~700)	

TR의 경우 근래에 와서는 앞쪽의 2S는 생략하고 C735Y라 표기되는 TR이 대부분이다.

[2] 각종 반도체 소자의 극성 판별 및 부품 체크

2-1) 다이오드(Diode)

1) 다이오드의 기호와 구조

Diode는 한 방향으로만 전류가 흐르고 반대 방향으로는 전류가 전혀 흐르지 않는 특성을 가진 소자이며 구조는 P형 반도체와 N형 반도체를 접합시켜 만든 것으로 2단자를 갖는 전자소자이다. 주로 실리콘(Si)과 게르마늄(Ge) 반도체를 만들어지며 P형 반도체에는 Anode(A : +) N형 반도체에는 Cathode(K : −)으로 구성되어 있고 그림 4-1은 다이오드의 기호와 구조를 나타내고, 그림 4-2는 다이오드의 순 · 역방향 바이어스의 구조이다.

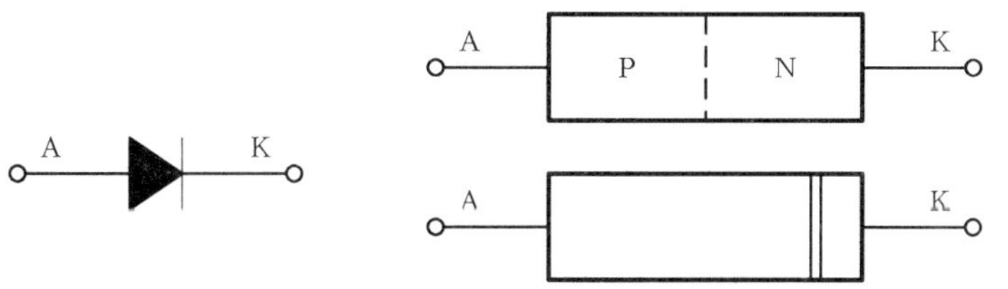

(a) 기호 (b) 구조

그림 4-1 다이오드의 기호와 구조

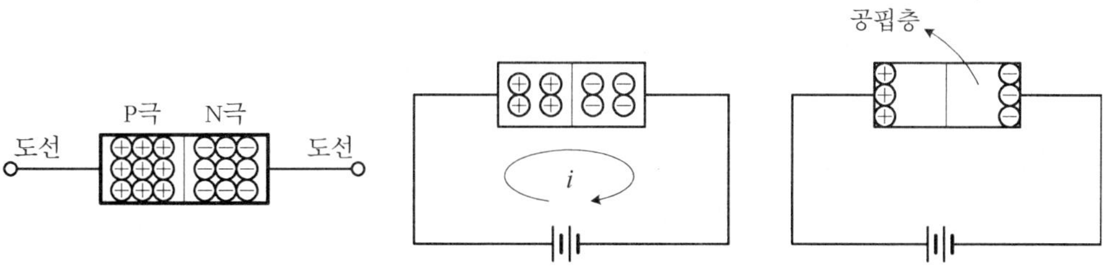

(a) (b) 순방향 바이어스 (c) 역방향 바이어스

그림 4-2 다이오드의 순·역방향 바이어스 구조

2) 다이오드의 종류 및 목적

주로 실험용으로 많이 사용되는 다이오드의 종류 및 목적은 표 4-2와 같다.

표 4-2 다이오드의 종류 및 사용목적

종 류	사 용 목 적	비고
정류용 다이오드	전류가 한쪽 방향으로만 쉽게 흐르도록 하여, 교류를 직류로 바꾸는 것으로, 반파 및 전파정류회로에 많이 사용된다.	
검파용 다이오드	수신기의 안테나로부터 유기된 미변조파에서 신호파를 검출하는 것으로, 수신기의 검파회로에 많이 사용된다.	
정전압 다이오드 (Zener Diode)	PN접합에 역방향의 접합을 가할 때, 전압이 낮으면 전류가 흐르지 않지만 어느 정도(Ge≒0.2, Si≒0.7)이상 전압이 높아지면 갑자기 큰 전류가 흐르는 항복현상을 일으켜, 어떤 전류범위에 걸쳐 부하의 변동에 관계없이 항상 일정한 전압을 얻기 위한 것으로, 주로 제너 다이오드를 이용하여 정전압 회로에 많이 쓰인다.	
발광 다이오드 (LED) (Light Emitting Diode)	카리움, 비소 등의 결정체를 사용한 PN접합형에 순방향전압을 가하면 전류가 흐를 때 PN접합면에 주입된 전자 또는 정공이 재결합할 때 빛이 발광하도록 한 것으로 발광색으로는 적색, 녹색, 황색, 백색, 노란색이 있고, 각종 전자 회로의 발광소자를 많이 사용된다.	
터널(Tunnel) 또는 에사키 다이오드	불순물 농도를 매우 크게 만들어 부성 저항 특성을 이용하여 마이크로파의 발진이나 전자계산기의 고속 스위칭 소자로 쓰인다.	
서미스터 (thermister)	온도에 따라 저항값이 변하는 소자로서 음(-)의 온도계수를 가리며, 저항온도변화의 보상, 전력계, 자동제어, 온도계 등에 쓰인다.	
배리스터 (varistor)	전압에 의해 저항이 크게 변하는 소자로 고압송전피뢰기, 전화기와 통신기기의 불꽃 잡음의 흡수 등에 사용된다.	
가변용량다이오드 (varactor diode)	역방향 전압의 변화로 다이오드 양단의 공간 전하 용량이 가변되는 특성을 이용한 것으로 수신기의 동조회로, 주파수변조회로 등의 용량 변환 소자로 쓰인다.	

이외에도 빛이 닿으면 전류가 흐르는 포토(photo)다이오드, 자기 에너지를 이용하는 자기 다이오드, 기계적 압력을 이용한 감압 다이오드등이 있다.

3) 테스터를 사용하지 않은 극성 식별법

눈으로 다이오드를 식별할 경우 띠에 가까운 쪽이 캐우소드(K ; −), 먼 쪽이 애노드우(A ; +)이다. 발광다이오드의 경우 일반적으로 리드가 짧은 쪽이 K, 긴 쪽이 A이다.

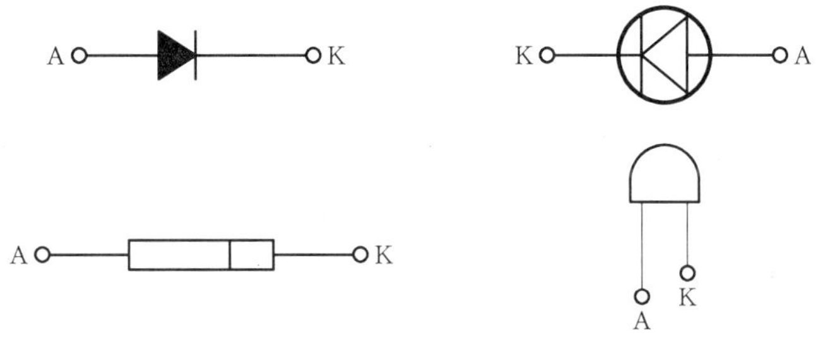

(a) 일반 다이오드 식별 (b) 발광 다이오드의 식별

그림 4-3 일반 다이오드와 발광 다이오드의 식별법

4) 테스터를 이용한 극성 판별 및 검사법

- 아날로그 테스터 사용시

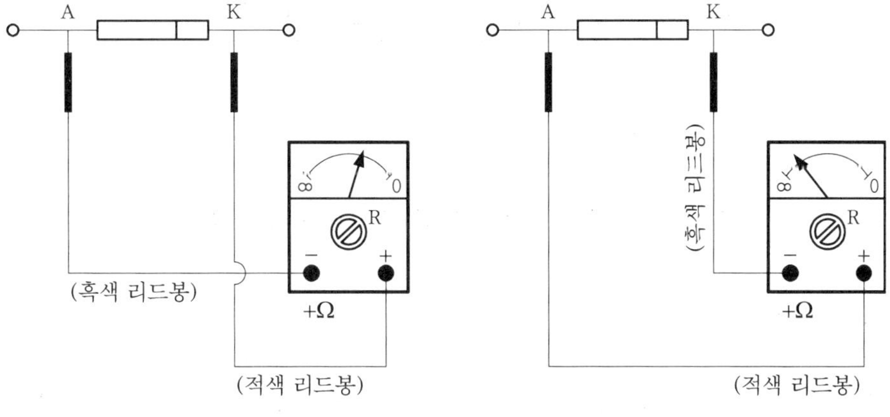

(a) 순방향 (저항이 적다(5~10[Ω] 정도 지시) (b) 역방향 (저항이 매우 크다)

그림 4-4 아날로그 테스터를 이용한 다이오드 극성 판별 및 검사법

① 테스터의 저항전환레인지를 R×100~1000[Ω]에 놓고, 다이오드의 양단자에 테스터의 리드봉을 교대로 대어본다. 이 때 한 번은 지침이 많이 움직이고(순방향), 다른 한 번은 지침이 거의 움직이지 않으면(역방향) 이 다이오드는 정상이다.

② 순방향의 경우 그림 4-4(a)처럼 흑색 리드봉이 애노우드(A)가 되고 적색 리드봉이 캐소우드(K)이다.

③ 역방향의 경우 그림 4-4(b)처럼 흑색 리드봉이 캐소우드(K)가 되고 적색 리드봉이 애노우드(A)가 된다.

• 디지털 멀티미터(DMM : Digital Multi-Meter) 사용시

DMM의 기능 스위치를 다이오드 검사측에 맞춘다. 그림 4-5와 같이 테스터봉은 다이오드 리드선에 접속한다. DMM의 내장전지의 전압은 적색 리드봉에서 (+)가 나오므로 적색리드봉을 애노드에 접속하고 흑색리드봉을 캐소드에 접속할 때 순방향전류가 흐른다. 역으로 접속하면 역방향이 되어 전류가 거의 흐르지 않는다.

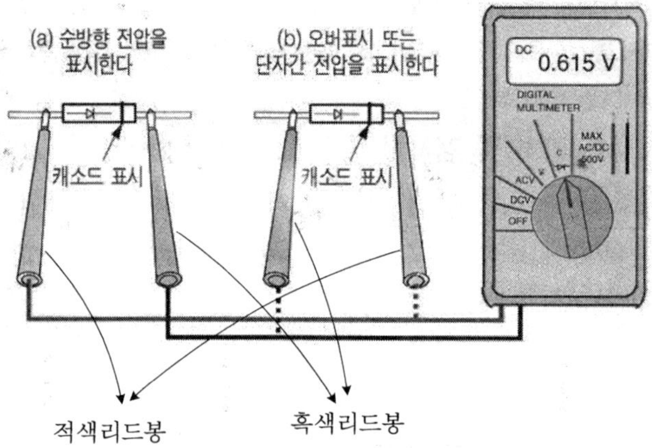

그림 4-5 DMM을 사용한 다이오드 극성판별법 및 검사

① **순방향 시험**

DMM을 다이오드 검사모드로 하고 적색리드봉을 애노드측에, 흑색리드봉을 캐소드측에 연결하면 순방향전류가 흘러 DMM의 LCD에 단자전압(0.6[V] 혹은 0.15[V])의 단자전압이 표시된다.

순방향전압이"0"으로 되지 않는 이유는 실리콘 다이오드에서 약 0.6[V], 게르마늄 다이오드에서 약 0.15[V]를 걸어야 전류가 흐르기 때문이다.

그림 4-6은 다이오드 종류에 따른 순방향 전압을 나타내었다.

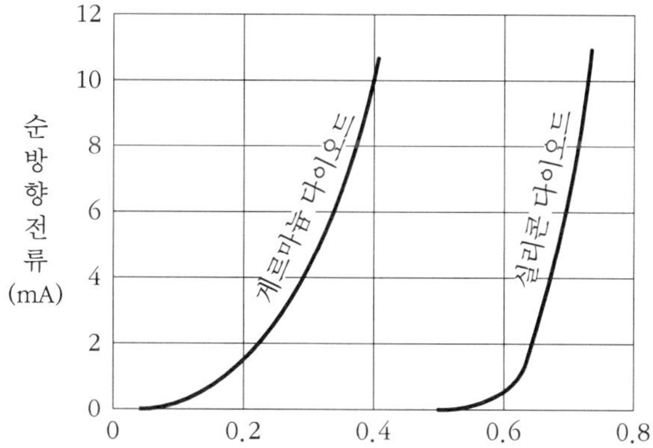

그림 4-6 다이오드 순방향 특성

② 역방향 시험

다이오드 기능의 유무를 확인하려면 기능 스위치를 다이오드 검사 모드에 맞추어 놓은 상태에서 적 테스트 봉을 캐소드에, 흑 테스트 봉을 애노드에 접속하면 역 방향으로 전류가 흐르도록 DMM 내부에서 절환되어 다이오드에 전압이 걸린다.

다이오드를 접속하기 전에는 LCD는 오버 표시 또는 단자간 개방 전압을 표시한다.

실리콘 다이오드의 역 방향 시험을 하는 경우 양품이면 역 방향으로는 전류가 거의 흐르지 않기 때문에 표시는 거의 변하지 않는다. 게르마늄 다이오드의 경우는 약간 표시 전압이 낮아진다. 역 방향으로도 전류가 약간 흐르기 때문이다.

③ 요약

DMM을 다이오드 검사모드에 놓고 두 리드봉을 다이오드 양쪽에 접촉시켰을 때 DMM의 LCD에 약 0.6[V](실리콘 다이오드 경우)의 단자전압이 표시되면 적색 리드봉이 애노드(+), 흑색 리드봉은 (-)가 되며, 순방향이고, LCD에"OL"이 표시되면 역방향이 되어, 적색 리드봉이 캐노드(-), 흑색 리드봉은 애노드(+)가 된다. 따라서 ①, ②의 상태이면 다이오드 성능은 양호하다고 할 수 있다.

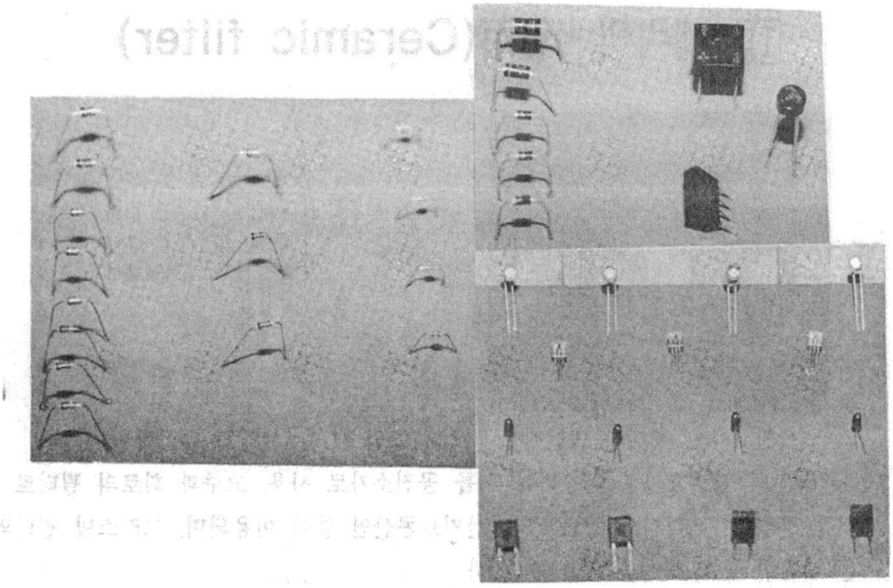

그림 4-7 다이오드의 여러 가지 형태

5) **발광 다이오드** (LED ; Light Emiting Diode)

- 아날로그 테스터 사용시

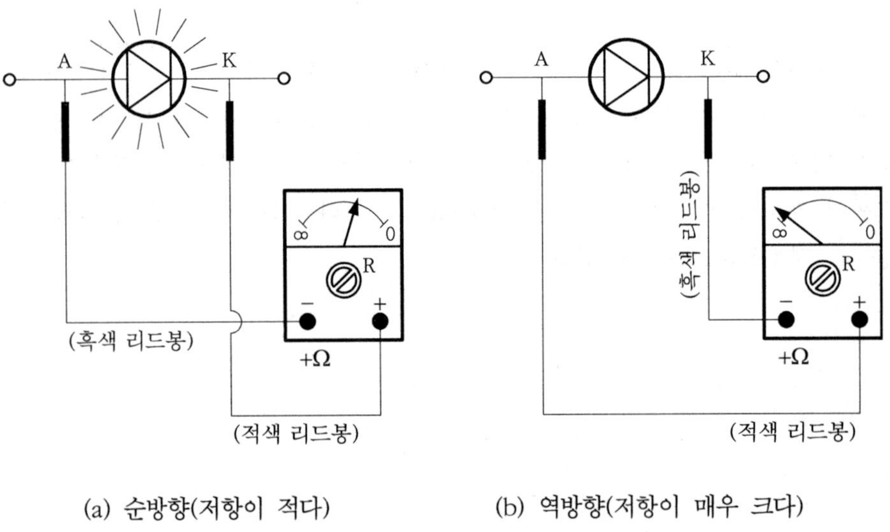

그림 4-8 테스터를 이용한 LED의 전극 판별법

① 테스터의 저항 전환레인지를 R×1~1000[Ω]에 놓고, LED의 양 단자에 테스터의 리드봉을 교대로 대어본다. 이 때 LED가 점등하면서 동시에 지침이 많이 움직이면(순방향)이 LED의 정상이다.
② 순방향의 경우 그림 4-8(a)처럼 흑색 리드봉이 애노우드(A)가 되고 적색 리드봉은 캐소우드(K)가 된다.
③ 역방향의 경우 그림 4-8(b)처럼 흑색 리드봉이 캐소우드(K)가 되고 적색 리드봉은 애노우드(A)가 된다.

※ 주의사항

아날로그 테스터를 저항계로 놓고 측정할 때 한 가지 주의할 것은 내장 전지의 전압은 적색 리드봉에서 (-)전압이, 흑색 리드봉에서 (+)전압이 나오게 되어 있으므로 사용할 때에는 항상 잊지 말아야 된다. 그리고 낮은 레인지일수록 큰 전류가 흐르므로 소신호 트랜지스터나, 게르마늄 다이오드 같은 것은 높은 레인지를 꼭 사용해야 된다.
(예: R×1000)

- 디지털 멀티미터 사용시

앞의 다이오드 측정법과 같으나 DMM의 LCD에 1.5~2.0[V]의 단자전압이 나타나면 순방향,"OL"이면 역방향이다.

- 일반적(육안)으로 긴 쪽(일자)이 애노드(+)이고 짧은 쪽(ㄱ자)이 캐소드(–)이다.

2-2) 트랜지스터(TR = Transistor)

일반적으로 반도체의 PN접합에서의 도전 작용을 이용한 것으로, 저항이나 콘덴서, 코일과 조합하여 전자회로를 구성하며, 기본이 되는 것이 증폭회로이다. 이외에 발진회로나 변·복조 회로가 대표적이다.

1) 트랜지스터의 종류 및 구조

① NPN형 트랜지스터 : 2개의 N형 반도체 사이에 P형 반도체가 있는 트랜지스터
② PNP형 트랜지스터 : 2개의 P형 반도체 사이에 N형 반도체가 있는 트랜지스터
③ 어떤 형이든 중앙의 좁은 영역을 베이스(base, B), 베이스와의 사이에 순방향의 전류를 흘리는 영역을 이미터(emitter, E), 역방향의 전류를 흘리는 영역을 컬렉터(collector, C)라고 한다.

그림 4-9와 그림 4-10은 트랜지스터의 구조와 종류 및 기호를 나타내었다.

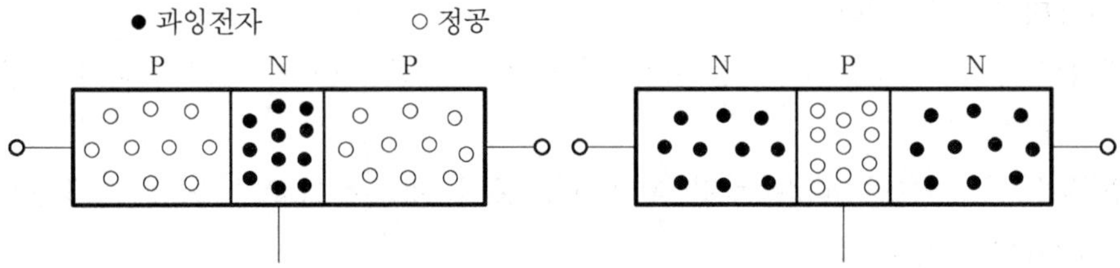

(a) PNP형 트랜지스터　　(b) NPN형 트랜지스터

그림 4-9 트랜지스터의 구조

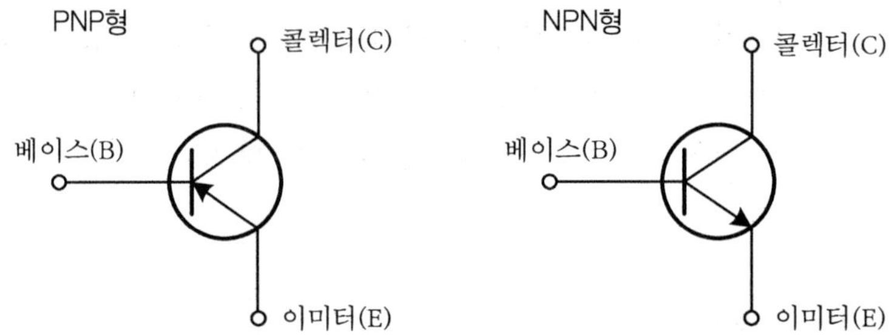

(a) PNP형　　(b) NPN형

그림 4-10 트랜지스터의 종류 및 기호

2) 트랜지스터의 동작

트랜지스터의 동작원리 및 특성의 자세한 설명은 실험에서 다시 한 번 확인하기로 하고, 여기서는 간략히 설명하고자 한다.

① NPN형 트랜지스터의 동작

NPN형 트랜지스터를 동작시키기 위하여 에미터에 마이너스, 콜렉터에 플러스 전압을 건다.(그림 4-11(a)) 에미터내의 전자는 전지의 마이너스 극과 반발하여 베이스측으로 움직인다. 베이스에는 정공이 있지만 아직 결합할 단계는 아니다. 결합하기 위해서는 베이스 단자에서 별도의 플러스 전기(정공)가 들어가야 한다. 그런데 이직 베이스 단자에는 아무것도 연결되어 있지 않다. 또한, 콜렉터내의 전자는 플러스극으로 이끌리어 외측으로 움직여야 하지만 아직 전자가 유입되지 않고 있기 때문에 전류의 흐름이 생기지 않는다. 에미터와 베이스간에 전압이 걸리면(그림 4-11(b)) 에미터 내의 전자는 베이스로 들어가고 베이스내의 정공은 에미터내로 들어가서 전자와 정공이 결합하므로 전류가 흐른다. 이 때, 베이스로 들어간 전자의 움직임은 진공중의 전자속도보다 늦고, 또한 결합하는 정공의 숫자가 전자보다 적기 때문에 결합할 때까지는 시간이 걸린다. 이 사이에 콜렉터에 강한 플러스 전압이 걸려 있기 때문에 전자는 콜렉터를 통해서 콜렉터측으로 들어간다.

콜렉터에 흐르는 전류는 트랜지스터의 종류에 따라서 차이가 있지만 보통 베이스에 흐르는 전류의 10배~1000배 정도이다. 한 예를 (그림 4-12)의 그래프에 나타내었다.

베이스에 흐르는 전류가 10μA(100만분의 10A)일 때 콜렉터에 흐르는 전류는 0.8mA 이지만 20μA가 되면 1.6mA를 초과한다. 일반적으로 베이스로 흘러 들어오는 전류를 베이스 전류 I_B, 콜렉터에 흐르는 전류를 콜렉터 전류 I_C에 미터에 흐르는 전류를 I_E라 한다.

PNP는 NPN형과 전지연결이 반대 극성이고, 다수 캐리어는 정공이다.

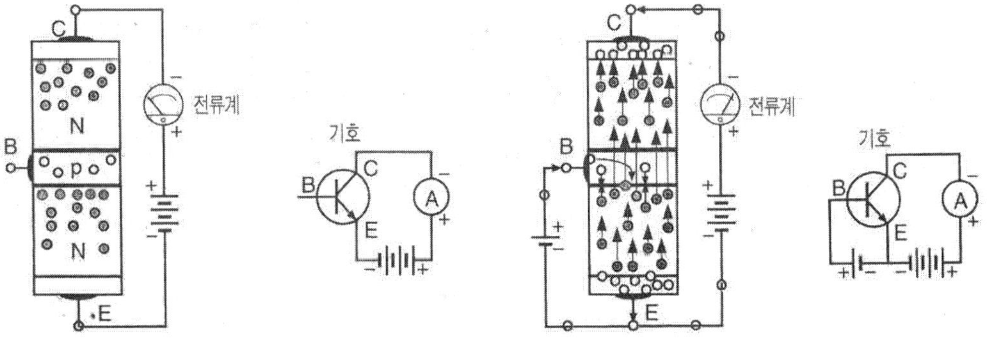

(a) 흐르지 않는다. (b) 흐른다.

그림 4-11 트랜지스터의 작용 (NPN형)

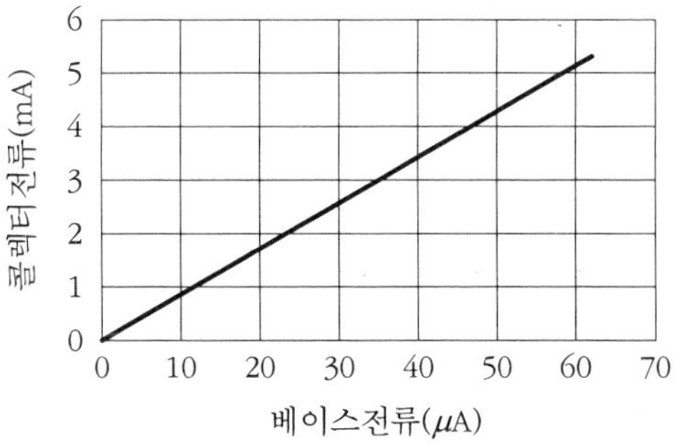

그림 4-12 NPN 트랜지스터의 콜렉터와 베이스 전류 한계

3) 트랜지스터의 극성 판별법

- 아날로그 데스터 사용시

① 베이스 전극을 찾는다.

테스터를 R×100 또는 R×1000의 레인지로 하고 임의의 리이드봉을 트랜지스터의 핀에 댄 다음 남은 테스터의 리이드봉을 트랜지스터의 남은 두 핀에 대어본다. 이 때 순방향을 지시하는 상태(저항값이 (0~10[Ω] 부근의 작은 상태)에서 NPN 트랜지스터이면 흑색 리이드봉이 닿은 쪽이 베이스 전극, PNP형이면 적색 리이드봉이 닿은 쪽이 베이스 전극이다.

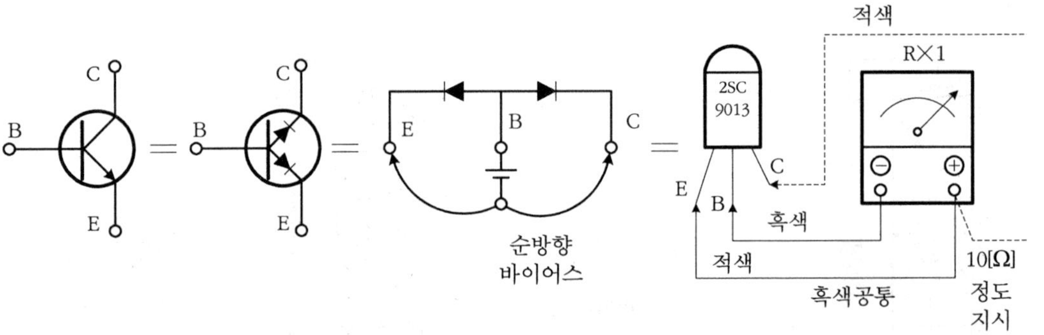

(a) (b) (c) (d) BASE 판별

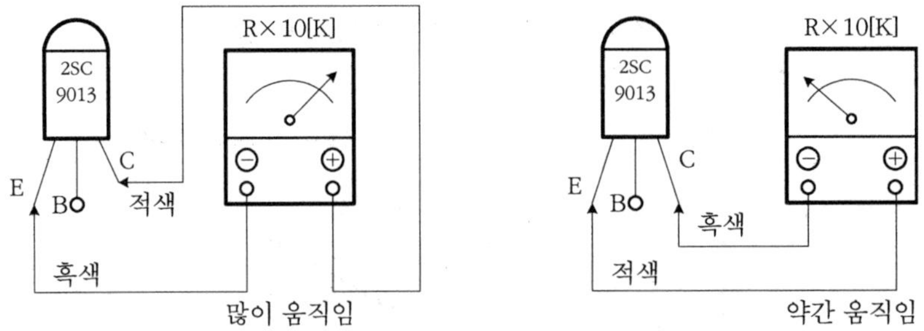

(e) COLLECTOR 판별 (f) EMITTER 판별

그림 4-13 NPN TR 극성 판별법

② 컬렉터 전극을 찾는다.

테스터를 R×10000레인지로 하고 나머지 두 핀의 저항값을 번갈아 측정하여 순방향 지시 상태로 했을 때 NPN형이면 적색 리이드봉이 닿은 쪽이 컬렉터 전극이며, PNP형이면 흑색 리이드봉이 닿은 쪽이 컬렉터가 된다.

③ 위의 측정에서 남은 핀 전극이 이미터이다.

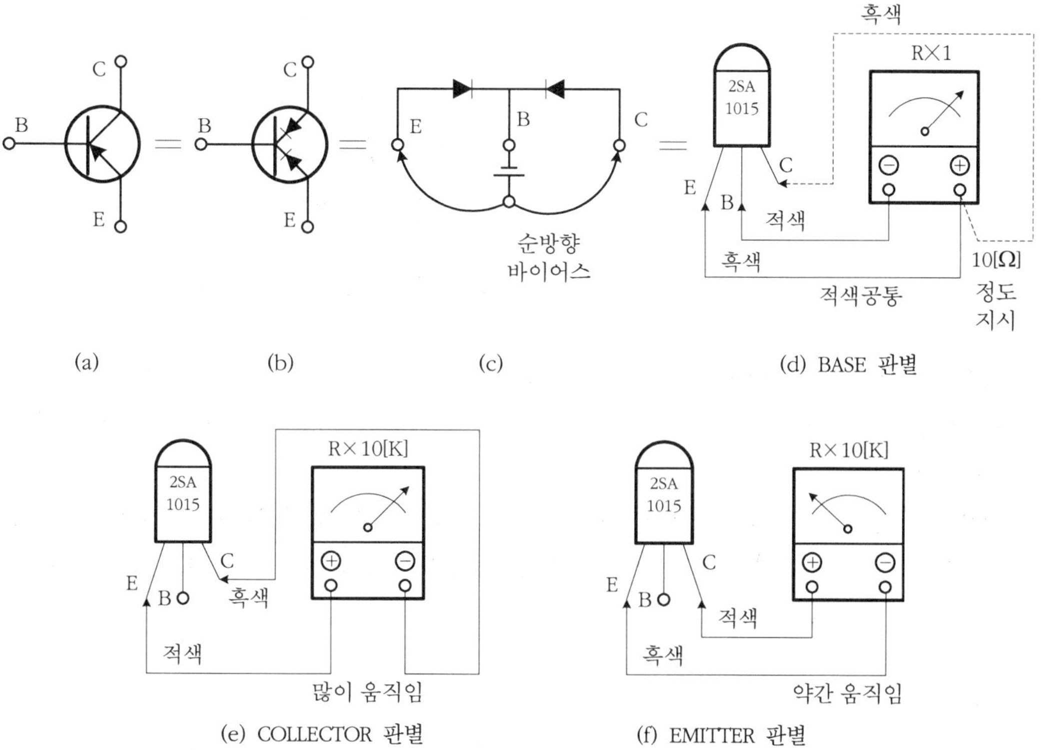

그림 4-14 PNP TR 극성 판별

- 디지털 멀티미터를 사용시

① NPN형 트랜지스터는 [N(E) P(B) N(C)]의 형태이고 E-B, B-C는 그림 4-14(c)와 같이 두 개의 다이오드 접합이다. 따라서 B는 공통이고 (+)이며 E와 C는 (-)임을 알 수 있다. NPN 트랜지스터의 E, B, C 판별과 기능양호여부를 알기 위해서는 DMM을 다이오드 검사모드로 하여 적색리드봉을 베이스에, 흑색리드봉을 콜렉터와 이미터에 따라 접촉시킨다.

어느 쪽에 접촉해도 같은 순방향 전압이 LCD에 나타난다.

② 2SC1815의 경우 NPN 트랜지스터로 숫자를 바로 모았을 때 왼쪽부터 E, C, B이다. 보통 2SAxxxx, 2SCxxxx는 대부분 E, C, B이다.

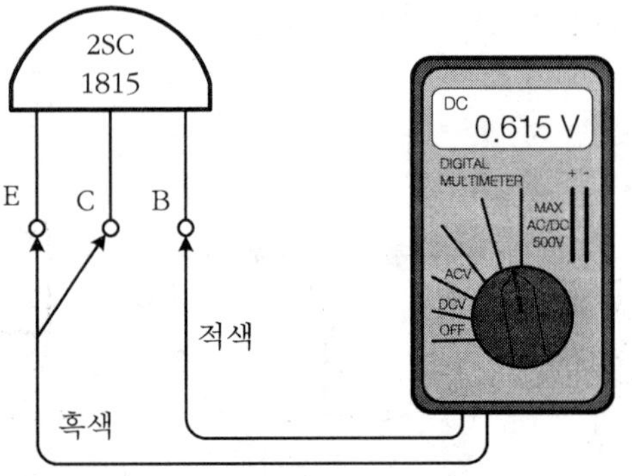

그림 4-15 DMM을 이용한 NPN TR의 E, B, C 판별 및 검사

그림 4-15와 같이 적색회로봉을 B에 흑색리드봉을 E와 C에 각각 접촉시키면 각각 약 0.6[V]의 전압이 DMM의 LCD에 나타나면 E, C, B 판별이 되고, 트랜지스터도 양호함을 알 수 있다.

PNP는 반대로 하면 되고, 대략적으로 TR은 왼쪽이 E가 대부분이므로, 흑색리드봉을 트랜지스터의 왼쪽에, 적색리드봉을 중간이나 오른쪽에 대해 약 0.6V 정도 전압이 나타날 때 B이고 그 외는 C이다.

- 간략식별법

① 또한 2 S A, B는 PNP, 2 S C, D는 NPN이므로, NPN, PNP를 알면 아날로그 테스터기의 전환스위치를 TR로 놓고 TR을 꽂으면 NPN의 경우 파란 램프가, PNP의 경우 빨간 램프가 반짝일 때 꽂은 그대로 E, B, C를 판별할 수 있고(77page 그림 6-1의 ①, ② 참조)

② 그림 4-15와 같이 DMM의 경우 h_{FE}로 놓고, TR을 꽂았을 때, h_{FE}값이 LCD에 표시되면, 꽂은 상태의 E, B, C를 판별하면 된다.

그림 4-16 h_{FE}를 이용한 E, B, C 식별법

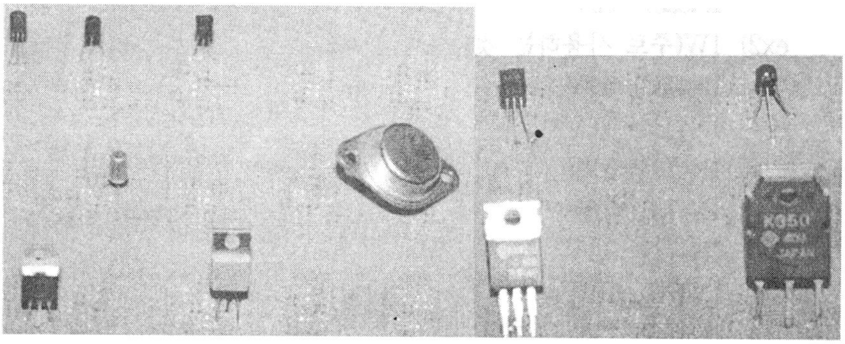

그림 4-17 트랜지스터의 여러 가지 예들

2-3) 기타 반도체 소자 극성 판별법

1) 전계효과 트랜지스터(FET : Field Effect Transistor)

전계효과 트랜지스터(Field Effect Transistor)는 바이폴러형인 일반트랜지스터에서 소수 캐리어와 다수 캐리어의 상호작용으로 전류가 제어되는 소자와는 달리 FET는 유니폴러 트랜지스터라고 부르는 전류의 운반체가 다수 캐리어만에 의하는 것으로 전류는 전계(전압)에 의해 제어되는 소자로 접합형(Junction)FET, MOS형 FET, 듀얼(Dual)게이트 MOS FET가 있으며 보통의 경우 N채널 FET는 NPN형 트랜지스터와 P채널 FET는 PNP형 트랜지스터와 유사하다.

□ FET의 극성 판별 및 점검

① 테스터를 R×100레인지로 하여 트랜지스터의 베이스를 찾는 방법으로 게이트(G)를 찾는다. (순방향, 역방향의 공통 단자를 찾는다.)

② 게이트-소오스 간의 순방향 저항값이 게이트-드레인 간의 저항값보다 약간 작게 지시되는 것이 보통이며 같은 값일 때는 소오스와 드레인은 바뀌어도 좋다.

③ 소오스-드레인 간은 R×1000 또는 R×10000 레인지로 측정하면 드레인에 순방향 극성이 가해질 때의 저항값이 작다.

④ 테스터의 저항계를 드레인과 소오스간에 대고 게이트에 손가락을 대어보았을 때 지침이 흔들리면 대체로 양호하다고 본다.

그림 4-18은 FET의 점검을 나타내었다.

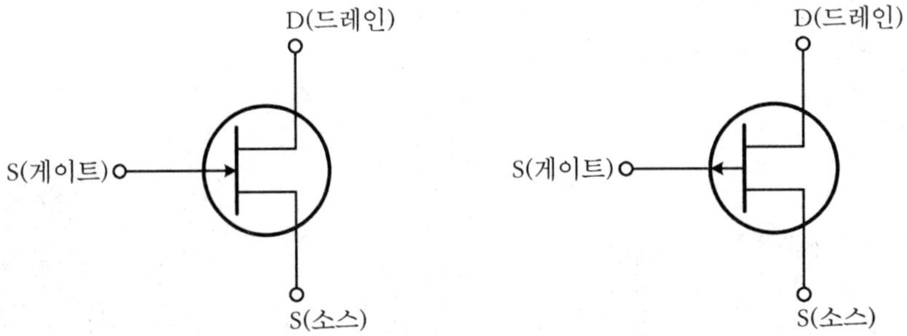

(a) N채널 FET

NPN형 TR 점검 방법과 같다.
다만, TR은 E와 B간, B와 C간 순방향 저항이 같지만 FET는 G와 S간의 순방향 저항값이 G와 D간 순방향 저항값보다 약간 적다.

(b) P채널 FET

PNP형 TR 점검 방법과 같다.
E와 B간, B와 C간 순방향 저항이 같지만 FET는 G와 S간의 순방향 저항값이 G와 D간 순방향 저항값보다 약간 적다.

그림 4-18 FET의 점검

2) 단접합 트랜지스터(UJT : UniJunction Transistor)

UJT는 그림 4-19와 같이 시형 실리콘 막대 양단에 B_1, B_2를 만들고 중간부분에 P형을 형성시켜 이미터(E)로 한 것으로 더블 베이스 다이오드라고도 하며 부성저항 특성의 발진동작에 의해서 SCR게이트 트리거와 펄스파 계단파 발생회로나 CR 지연 특성을 이용하여 타이머 회로 등에 사용된다.

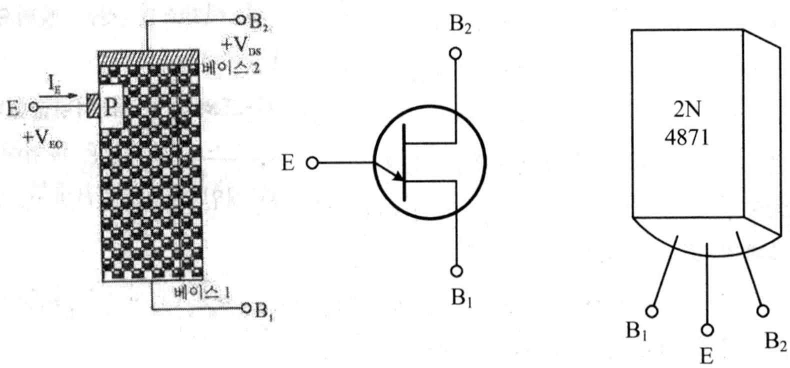

그림 4-19 UJT의 구조와 심벌

□ UJT의 극성 판별 및 점검

① 테스터를 R×100[Ω] 레인지로 하여 NPN 트랜지스터의 베이스 전극을 찾는 방법으로 이미터(E) 전극을 찾는다.

② 흑색 리드봉을 이미터에 대고 이를 중심으로 적색 리드봉을 B_1, B_2에 번갈아 대어 보아 순방향 저항이 500[Ω] 정도이면 B_1이다.

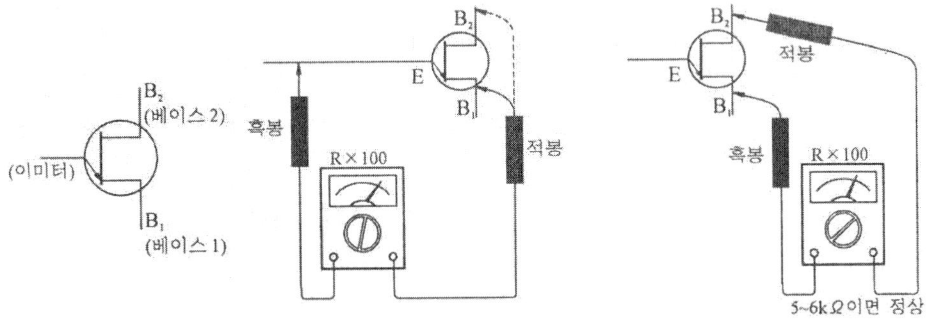

(a) E와 B_1, B_2간의 점검　　　　(b) B_1과 B_2간의 점검

E와 B_2간 : 순방향(순방향 저항이 약간 크다.) → 500[Ω] 정도

E와 B_1간 : 순방향(순방향 저항이 E와 B_1간보다 약간 적다.) → 400[Ω] 정도

그림 4-20 UJT 극성 판별 및 점검

3) 실리콘 제어 정류기 (SCR : Sillcon Controlled Rectifier)

1958년 GE사에서 개발된 것으로 $P_1N_1P_2N_2$ 소자의 P_2에 게이트를 달아 P_2, N_2 사이에 전류를 흘릴 수 있게 만든 단방향성 소자로 일반적인 명칭은 싸이리스터(Thyristor)라고 한다. SCR은 순방향으로 부성저항을 가지고, OFF 상태의 저항은 매우 높으며, ON 상태에서는 PN 접합의 순방향과 같이 낮은 저항을 갖는다. 내압, 허용전류도 2 ~ 3[kV] 수백[A]의 것까지 나와 산업용의 대전력제어 등 여러 분야에 응용되고 있다.

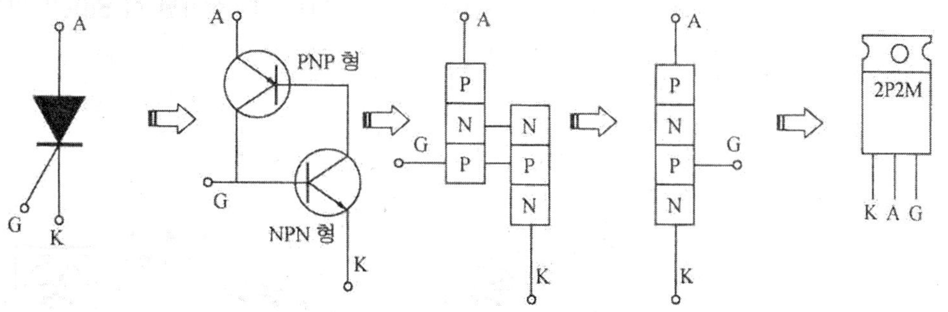

(a)　　(b)　　(c)　　(d)　　(e)

그림 4-21 SCR의 구조와 심벌

□ SCR의 극성 판별 및 점검

① 테스터를 R×1[Ω] 레인지로 하여, SCR의 각 리드 단자에 테스터봉을 번갈아 대어볼 때 지침이 약 10[Ω] 정도의 순방향 저항값이 나타났을 때 테스터의 흑색리드봉을 접속한 단자가 게이트(G)이고 적색 리드봉을 접속한 단자가 캐소우드(K)이다. 나머지 단자가 애노우드(A)이다.
그림 4-22를 참조바란다.

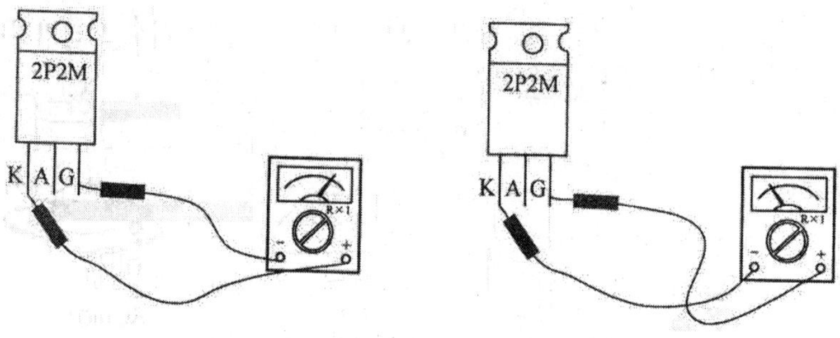

(a) 지침이 10[Ω] 정도 지시　　(b) 지침이 100[Ω] 정도 지시

그림 4-22 SCR 극성 판별

② SCR의 점검은 그림 4-23과 같이 테스터의 흑색 리드봉을 애노우드(A)에 적색리드봉을 캐소우드(K)에 접속했을 때 역방향(무한대 저항값 지시)을 나타내고, A, G 사이를 순간적으로 단락시켰다가 떼면 A와 K가 순방향 (약 10[Ω])정도로 도통된다. 이 도통 상태는 계속되는데 차단시키기 위해서는 테스터의 적색봉이나 흑색봉을 잠시 떼었다가 다시 대면 처음 상태로 되돌아가면 이 SCR은 양호하다.

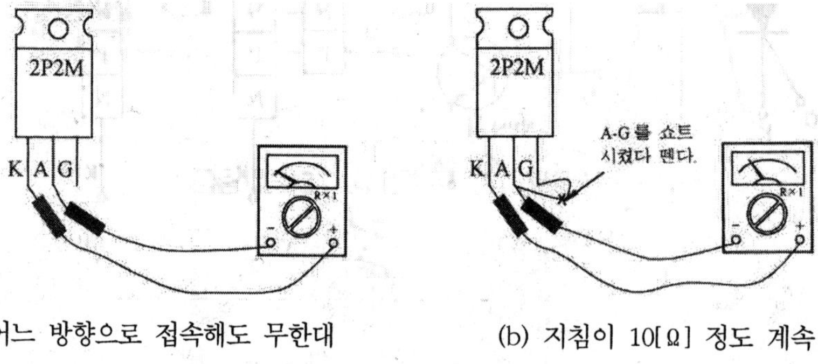

(a) 어느 방향으로 접속해도 무한대　　(b) 지침이 10[Ω] 정도 계속 지시

그림 4-23 SCR의 점검

4) 트라이액 (TRIAC)

SCR은 한 쪽 방향으로만 도통하므로 교류의 반파에서만 동작하나 트라이액은 쌍방향성 소자이므로 교류의 전파제어가 가능하여 교류전력의 위상제어나 직권모터의 정역전제어 등에 사용된다.

트라이액은 주전극 T_1과 T_2 사이의 영역에 두 개의 PNPN 스위치가 서로 반대방향으로 배치되어 있어 마치 SCR을 역병렬로 접속한 것과 같은 특성을 나타내며, 게이트와 T_1, T_2 사이에서 어느 방향으로도 작은 전류를 흘려도 트리거된다.

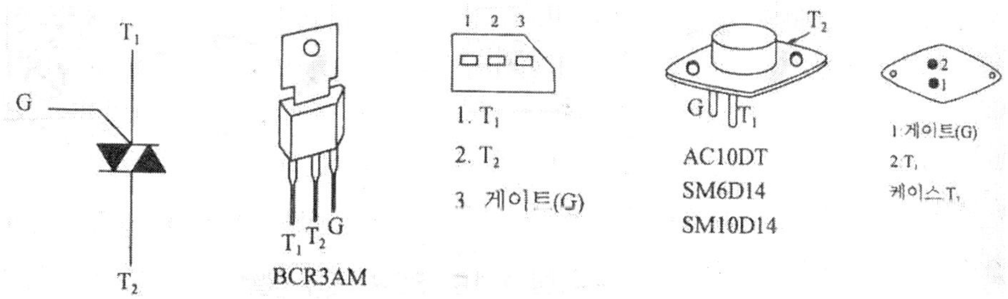

그림 4-24 트라이액의 심벌과 외형

□ 트라이액의 극성 판별 및 점검

① 테스터를 R×1[Ω] 레인지로 하여, 트라이액의 T_1과 T_2 단자와 게이트(G), T_2 단자에 테스터의 리드봉을 어느 방향으로 접속하여도 저항값은 무한대이다.

② 트라이액의 게이트(G) 단자에 흑색 리드봉을, T_1에 적색 리드봉을 접속하면 약 10[Ω] 정도가 지시한다.

③ 테스터의 리드봉을 트라이액의 T_1, T_2 단자에 각각 접속하고, 게이트(G)를 T_2에 쇼트시키면 그 순간부터 T_1과 T_2는 도통되고, G_2와 T_2를 제거하여도 계속 도통 상태를 유지한다.

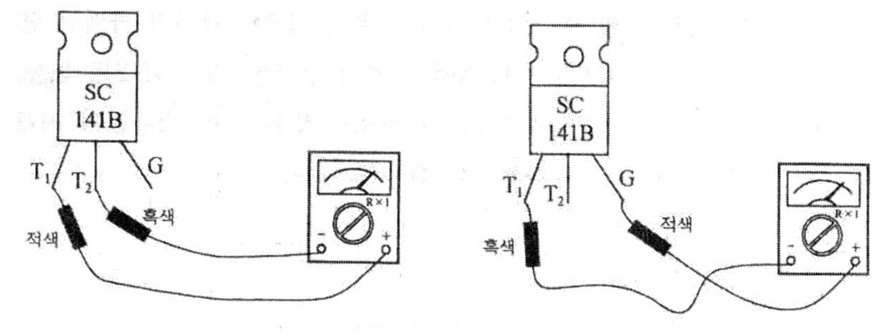

(a) T_1~G ≒ 15[Ω] 정도 지시 (b) T_1~G ≒ 10[Ω] 정도 지시

그림 4-25 트라이액의 극성 판별

5) 포토트랜지스터 점검 (Photo Transistor)

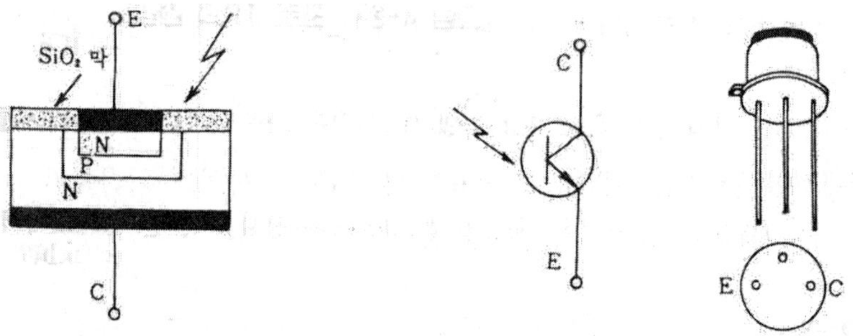

(a) 구조　　(b) 심벌　　(c) 외형

그림 4-26　포토 TR의 심벌 및 구조

빛에 의하여 트랜지스터의 컬렉터 전류가 제어되는 광 트랜지스터로서 그림 4-20과 같은 구조의 NPN 또는 PNP 접합으로 구성되어 있으며 상단에 빛을 투과시키는 창이 있다.

소자에 따라서는 바이어스를 공급하는 베이스핀이 나와 있는 것도 있으며, 소자 자체의 구성이 다이오드로 된 포토 다이오드도 있으나 감도가 낮다.

■ **포토 TR의 극성 판별 및 점검**

① 회로시험기의 측정 레인지를 R×100[Ω]에 설정한다.

② 포토 트랜지스터의 창으로 빛을 비추고, 회로시험기의 테스트 봉을 두 단자에 교대로 접속하였을 때, 지시하는 저항값이 낮은 접속 상태에서 적색 테스터봉이 접속된 단자가 에미터, 흑색 테스트 봉이 접속된 단자가 콜렉터 단자가 된다.

③ 회로시험기의 흑색 테스트 봉을 콜렉터 단자에, 적색 테스트 봉을 에미터에 접속하고, 포토 트랜지스터의 창으로 빛을 쬐면 저항값이 저하하고, 빛을 차단하면 저항값이 증가하면 양호한 제품이다.

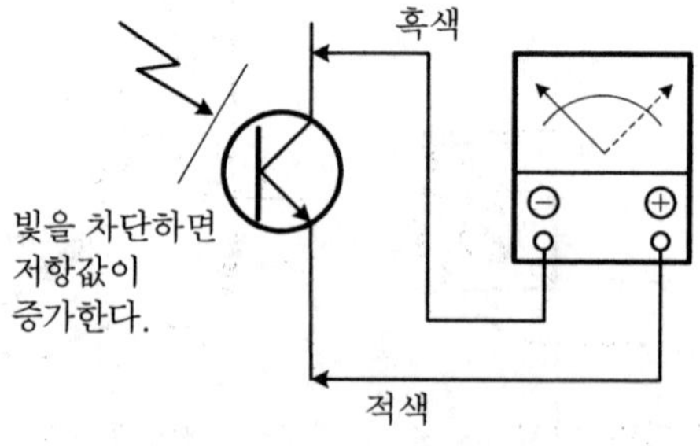

그림 4-27　포토 TR의 점검

지금까지 반도체 소자의 식별 및 점검은 가장 많이 쓰이는 소자를 기준으로 설명하였다.

기타 반도체 소자는 해당 실험 시간이나 전자공학, 전기 회로에서 분석하기 바란다.

4. 실험순서

① 각종 반도체 소자의 극성 판별 및 부품 점검을 이해하시오.

② 표 4-3를 완성하시오.

③ 표 4-3를 완성하였으면 실제 반도체 소자를 tester를 이용하여 앞에서 익힌 극성판별 및 점검을 실험을 통해 이해하시오.

5. 실험결과

표 4-3

반도체 소자 종류	극성 판별 및 점검법 〈요약〉	비고
TR (NPN, PNP)		
Diode (일반 다이오드, LED)		
FET		
UJT		
SCR		
TRIAC		
Photo TR		

과제 및 검토 사항

1. 실험에서 주어진 각종 반도체 소자의 극성 판별 및 점검법을 완전히 이해하였는가?

2. 실제 주어진 반도체 소자로 테스터를 이용하여 극성 판별 및 점검을 신속, 정확하게 할 수 있는가?

3. 신속, 정확하게 판별할 수 있도록 반복적인 연습을 하라.

실 험 보 고 서

학 과		학 년		제출일	20 / /
학 번		성 명			
실험조		평 가	A B C D F	확 인	
실험일	20 / /	온 도	℃	습 도	%
소 요 시 간		시간 분			

1. 실험제목

2. 실험목적

3. 실험관련 이론(요약)

4. 실험 절차

5. 실험 결과
   표 4-3을 완성하여 첨부할 것

6. 실험 고찰 및 소감
   이론적인 판독법과 실제 반도체 소자를 이용하여 판독했을 때 느낀점 등을 기재하라.

실험 05

전자기기의 부품연결 및 배선 조립

1. 실험 목표

[1] 각종 전기 · 전자 · 통신 회로의 확실한 동작을 위해서 기판의 특성을 이해하여 올바른 납땜방법을 실험을 통해 이해한다.

[2] 회로를 구성하는 수동 및 능동 소자의 올바른 연결과 배치하는 기법을 익힌다.

2. 실험 장비 및 부품 (조당)

[1] 디지털 멀티미터 : 1 대

[2] 공구(전기 인두 포함) : 1 Set

[3] 저항(반고정 포함) : 각각 1 개

[4] TR, IC 소켓 : 각각 1 개

[5] 2음 교차 발진기의 부품 목록 : 1 식 (표 5-1 참조)

[6] 기판(20×20) : 3 개

[7] 리드선(0.5m) : 약간

[8] 실납 : 약간

3. 실험 관련 지식

[1] 납땜 (Soldering brazing)

납땜은 각종 전기 · 전자 · 통신 회로나 기기 등에 있어서 회로를 구성하고 있는 수동소자(저항, 콘덴서, 인덕터 등)와 능동소자(다이오드, 트랜지스터, IC) 등의 부품을 납이란

용매를 이용하여 용질의 용융점보다 낮은 온도에서 부품을 접합하기 위한 작업으로써, 기기의 확실한 동작을 위해서는 올바른 납땜과 충실한 연습이 필요하다.

1) 납땜

전기 통신용 땜납은 녹는 온도와 납땜 강도 등을 고려하여 주석과 납이 6 : 4 [주석(Sn) 60(%), 납(Pb) 40(%)]의 비율로 혼합된 것을 사용하는 것이 좋고, 굵기는 0.8 ~ 3 mm 정도의 여러 종류가 있어나 0.8 mm 정도의 스프링(Spring) 납을 사용하는 것이 좋다.

2) 납땜 인두 (전기 인두)

납땜 인두는 납을 녹일 수 있는 온도까지 가열하는 공구로써 사용목적에 따라 다소 차이는 있으나 전자기기 조립 및 수리에는 30 ~ 40W 정도의 막대형 인두로써 가열온도에 따라 인두팁의 길이를 조절할 수 있는 것이 무난하고 가격도 경제적이다.

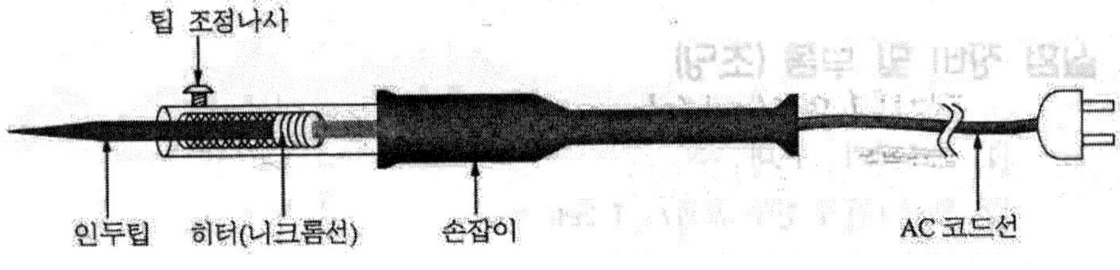

그림 5-1 전기 인두의 구조

■ **인두 팁의 조절**

① 인두 팁의 온도가 너무 높으면 땜 표면이 광택을 잃게 되고, 기판의 동박이 떨어지거나 파손된다. 따라서 인두 팁 조정나사를 풀고 팁을 앞으로 적당히 당긴 다음 팁 조정나사를 다시 조여 사용한다.

② 인두 팁의 온도가 너무 낮으면 냉납이 되며 부품의 접촉불량의 원인이 생기므로 인두 팁 조정나사를 풀고 팁을 안으로 적당히 집어 넣은 다음 팁 조정나사를 다시 조여 사용한다.

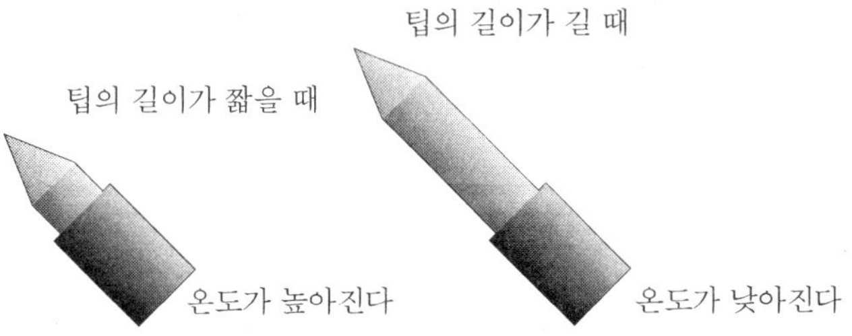

그림 5-2 인두 팁의 구조

■ **납땜 인두 사용시 주의사항**

인두 팁의 청소는 도금된 팁을 사용할 때는 별문제가 되지 않지만 도금되지 않은 것은 사포나 줄로 깨끗이 닦아서 사용해야 한다.

① 인두 팁의 청소를 위해서 스펀지나 휴지를 물에 적셔서 사용해서는 안된다.
② 인두 끝의 열을 식히기 위해서 물에 담금질을 해서는 안된다.
③ 가열된 상태에서는 팁 조정나사를 돌려서는 안된다.
④ 인두 팁을 물에 담금질하면 팁의 강도가 달라져 열전도율이 변화하여 납이 잘 녹지 않게 된다.

3) 납땜 작업의 순서 및 방법

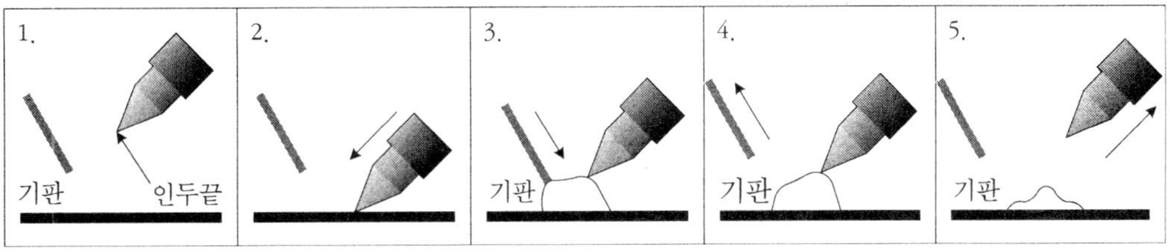

그림 5-3 납땜의 순서

① 인두 끝과 납을 가까이 하고 납땜 준비를 한다.
② 인두 끝으로 모재를 가볍게 누르며 모재(프린트 기판)를 가열한다.
③ 납땜할 위치에 납땜을 대고 적량 녹인다. 이 때 납이 곧 녹지 않으면 인두의 가열 부족이다.
④ 적량의 납이 녹으면 납을 뗀다. 납의 양은 약간 퍼졌을 때가 적량이다.

⑤ 납이 빛나고 약간 퍼질 때까지 기다렸다가 타이밍 좋게 인두를 뗀다. 이 때 인두 끝이 흔들리면 마무리가 잘 안된다. 위치에 납을 대고 적량 녹인다.

⑥ 검사하여 불량 땜인 경우에는 납제거기(desolder)를 사용한다.

4) 부품 납땜 방법

① 부품의 리드선은 그림 5-4와 같이 부품 끝에서 3[mm] 이상 되는 곳에서 구부리고, 기판에 삽입시킬 때에는 리드선의 높이가 5[mm] 이상 되도록 삽입한다.

② 삽입한 부품의 기판 밖 리드선이 2~3[mm] 되게 절단한다.

③ 리드선을 구부려 기판에 밀착시킨다.

④ 납땜한다.

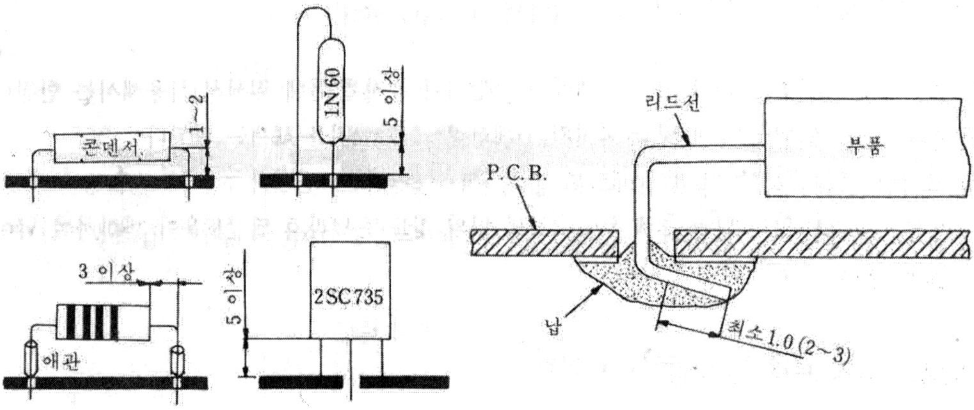

그림 5-4 리드선 구부리기와 삽입하기

5) 납땜의 양·부 판정 및 검사

① 납땜의 양 · 부 판정은 그림 5-5와 같다.

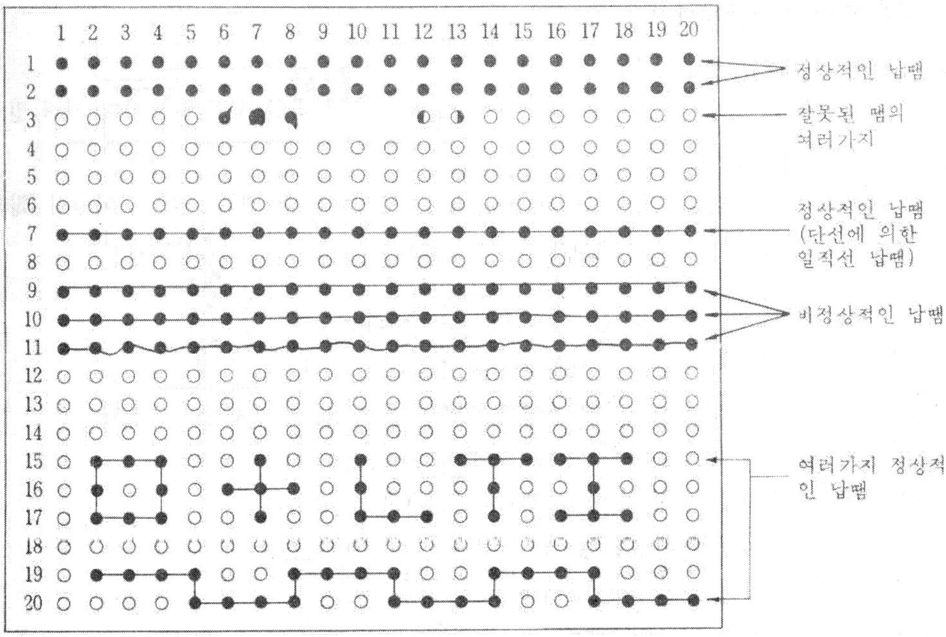

그림 5-5 20×20 기판의 납땜 양부상태

② 납땜 작업 후 경사각 및 검사는 그림 5-6과 같다.

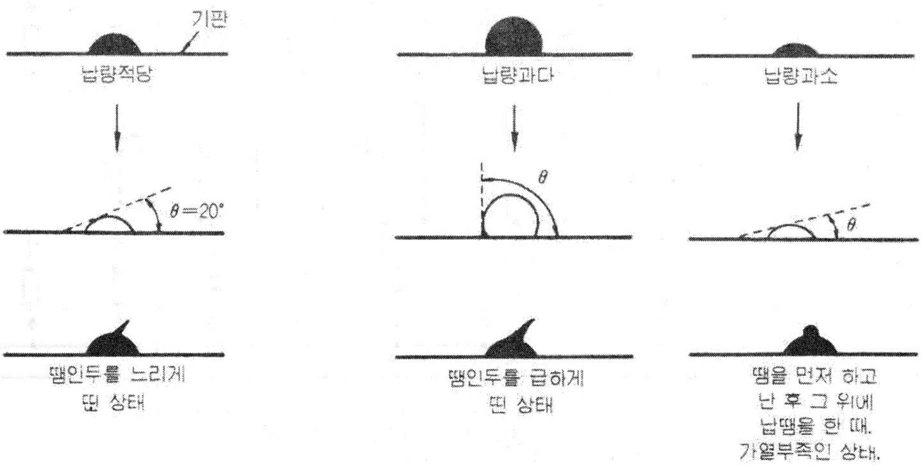

그림 5-6 납땜의 검사

③ 기판의 동박이나 부품의 리드선이 부식되었을 때는 납땜이 잘되지 않는다. 따라서 사포나 줄로 부식된 부분을 깨끗이 닦아내고 페이스트를 칠하여 작업을 하면 융착이 용이하게 된다. 그러나 질이 좋은 땜납을 사용할 때에는 필요치 않게 된다.

[2] 부품의 배선 및 배치

1) 부품 배치

부품 배치는 주어진 회로의 구성 및 요구사항 등에 따라 배치해야 하며 기판 전체를 균형있게 활용해야 한다.

기판과 회로도를 비교하여 방한지 및 기판지에 기판면(동박이 붙어있지 않는 면)을 중심으로 하여 다음 순서에 의하여 그린다.

① 입력은 왼쪽, 출력은 오른쪽에 오도록 그린다.
②"+"선은 기판상단에"-"선은 하단에 오도록 그린다.
③ 회로를 가로로 3등분하여 중앙에 트랜지스터나 IC를 배치하여 그린다.
④ 기판 위와 아래에는 기타 부품을 배치하여 그린다.
⑤ 리드선이 굵고 큰 부품은 면 전체를 고려하여 그려야 한다.
⑥ 부품은 서로 교차하지 않도록 그린다.
⑦ 선은 수평과 수직선만을 이용하여 그린다.
⑧ 저항이나 콘덴서 등은 세로로 배치하는 것이 바람직하나 점프선이 생길 때나 부득이 한 경우에는 가로로 배치해도 무방하다.

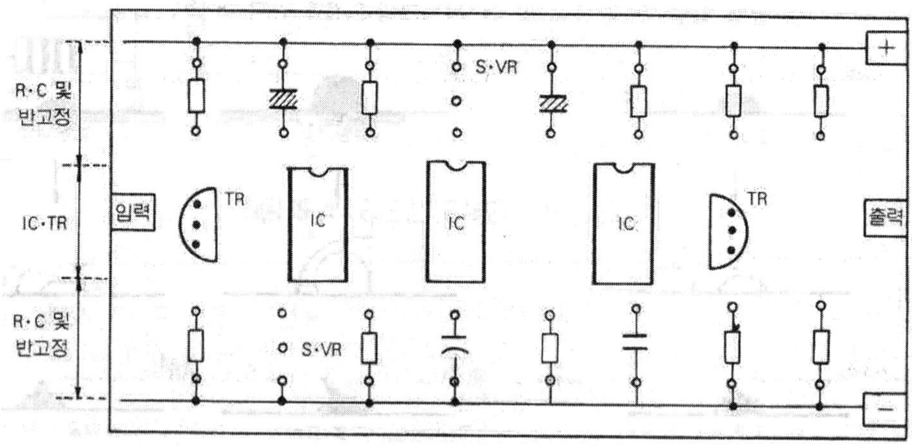

그림 5-7 부품 배치 요령

2) 부품 배선

부품 본체의 파열이나 납땜할 때의 파열로 치수가 변경되고 파손될 우려가 있기 때문에 그림 5-8과 같이 부품을 기판에 꼽아야 한다.

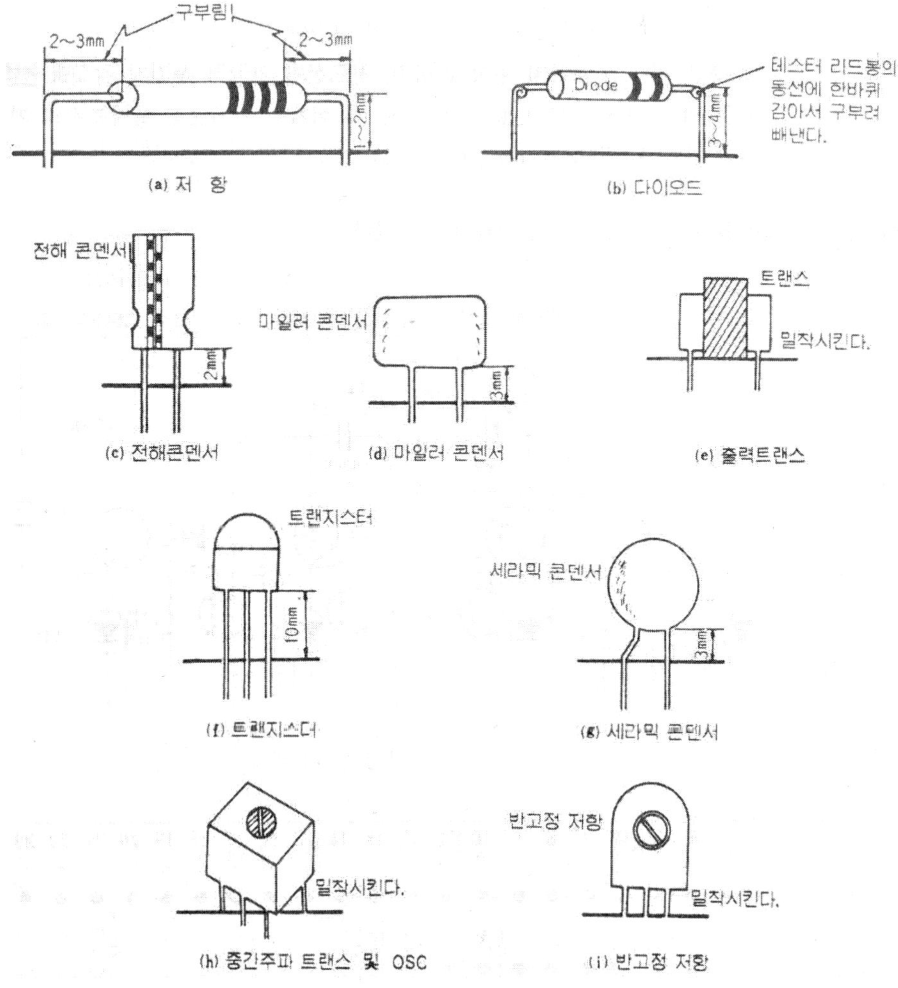

그림 5-8 부품 배선 요령

3) 회로의 패튼(patten) 연습

패튼 작성는 조립하고자 하는 회로의 부품들을 기판 전체에 균형있게 연결하기 위한 아주 중요한 작업으로, 다음 순서에 의한다.

① 기판의 전면(동박이 붙어 있는 곳)을 기준으로 입력은 왼쪽, 출력은 오른쪽으로 하고, 전원의 ⊕는 오른쪽 상단 ⊖측 접지는 오른쪽 하단에 오도록 한다.
② 부품은 기판의 후면(동박이 없는 곳)에서 꼽는 것을 기준으로 한다.
③ 보통 저항은 4 ~ 5칸, TR은 3칸 Diode, 콘덴서는 2 ~ 3칸으로 한다.
④ 부품의 배치는 그림 5-8의 부품 배치 요령에 의하되 기판 전체가 균등하도록 한다.

⑤ 리드선은 수평과 수직으로만 사용하여 그린다.

⑥ 부품은 서로 교차하지 말아야 하며, 점프선이 가급적 생기지 않도록 한다. 패튼을 그리는 것은 지면상 모두 설명하기가 어려운 것이므로 담당교수의 지도와 아래의 예를 보고 반복 연습하도록 한다.

그림 5-9는 4TR 전자점멸기와 패튼도이다.

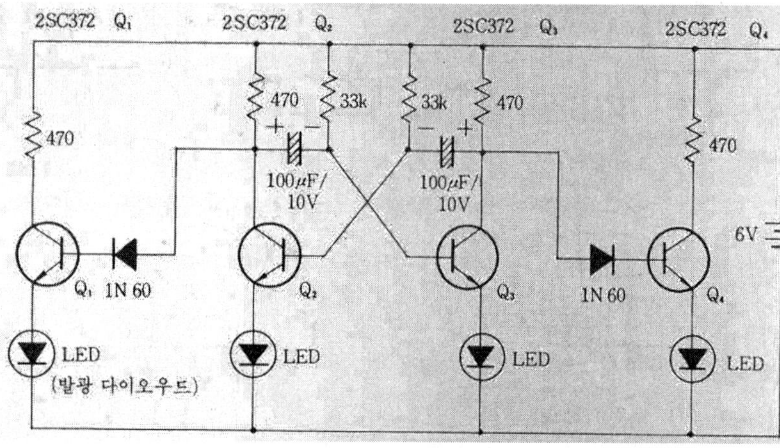

(a) 4TR 전자 점멸기 회로

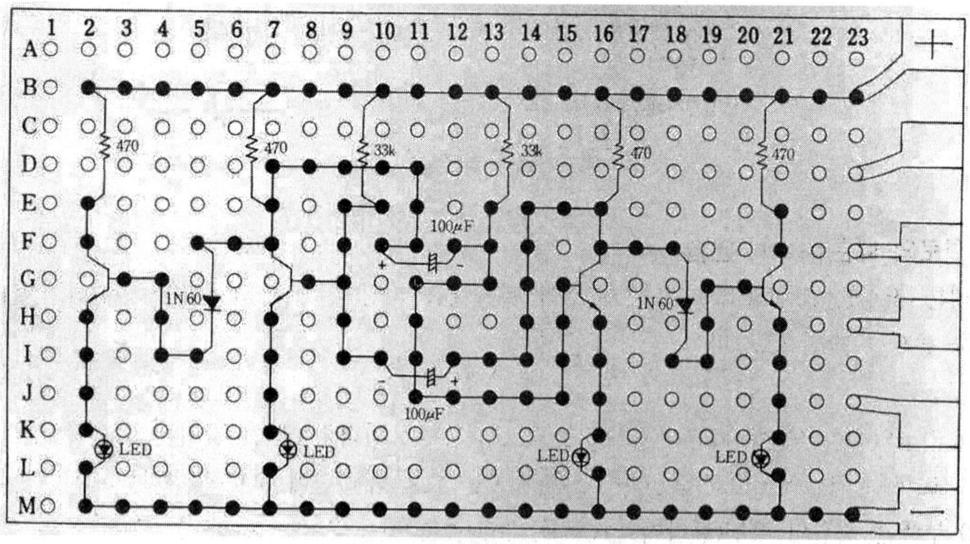

(b) 4TR 전자 점멸기 회로의 패튼도

그림 5-9 4TR 전자점멸기 회로 및 패튼도

4. 실험순서

① 20×20(TR, IC 이용할 수 있는 기판) 기판에 리드선을 연결하여 2칸마다 납땜 연습을 하시오.

② 수동 및 능동 소자를 20×20 기판에 그림 5-7의 부품 배치 요령에 의해 연결해 보시오.

③ 아래의 2음 교차 발진기 회로도를 보고 패튼도를 완성하고, 기판에 회로를 조립하시오.

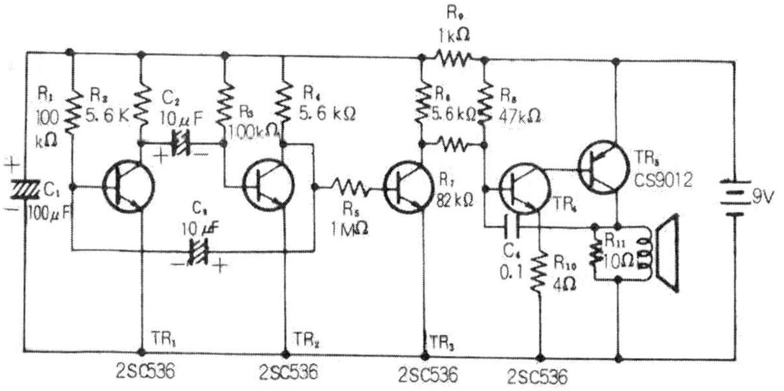

그림 5-10 2음 교차 발진기 회로

표 5-1 부품 목록

재료명	규 격	수량	재료명	규 격	수량
트랜지스터	2SC536(C1815)	4	저 항	5.6kΩ 1/4W	4
트랜지스터	CS9012(A562)	1	저 항	47kΩ 1/4W	1
전해콘덴서	16V 100μF	1	저 항	82kΩ 1/4W	1
전해콘덴서	10V 10μF	2	저 항	100kΩ 1/4W	2
콘 덴 서	0.1μF	1	저 항	1MΩ 1/4W	1
저 항	4Ω 1/4W	1	만능기판	13×23	1
저 항	10Ω 1/4W	1	스 피 커	2.2 인치	1
저 항	1kΩ 1/4W	1	전지스냅	기기용	1

5. 실험결과

① 납땜 연습한 기판을 제출하시오.

② 수동 및 능동소자의 부품 배치도를 제출하시오.

③ 2음 교차 발진기의 패튼도와 작품의 동작여부를 확인하고 제출하시오.

과제 및 검토 사항

1. 납땜 연습의 요령을 충분히 숙지하고 연습하여, 납땜이 능숙하도록 하자.

2. 각종 소자의 부품 배치도를 완전히 이해하였는가?

3. 회로의 패튼도를 신속, 정확하게 그릴 수 있도록 연습하였는가?

4. 패튼도에 따라 회로를 조립할 수 있도록 지속적인 연습을 하라.

실 험 보 고 서

<table>
<tr><td>학 과</td><td colspan="2"></td><td>학 년</td><td></td><td>제출일</td><td>20 / /</td></tr>
<tr><td>학 번</td><td colspan="2"></td><td>성 명</td><td colspan="3"></td></tr>
<tr><td>실험조</td><td></td><td>평 가</td><td colspan="2">A B C D F</td><td>확 인</td><td></td></tr>
<tr><td>실험일</td><td colspan="2">20 / /</td><td>온 도</td><td>℃</td><td>습 도</td><td>%</td></tr>
<tr><td colspan="3">소 요 시 간</td><td colspan="4">시간 분</td></tr>
</table>

1. 실험제목 : 전자기기의 부품 연결 및 배선 조립

2. 실험목적

3. 실험관련 이론(요약)

4. 실험 절차

5. 실험 고찰 및 소감

실험 06

테스터 및 전원공급기 사용법과 직 · 병렬회로 분석

1. 실험 목표

[1] 테스터의 종류와 사용법을 익힌다.

[2] 전원 공급기의 기본구성과 사용방법을 배운다.

[3] 직병렬 회로의 저항, 전류, 전압 관계를 실험을 통해 이해한다.

2. 실험 장비 및 부품 (조당)

[1] 아날로그 및 디지털 테스터기 : 각각 1대

[2] 전원 공급기 (DC Power Supply) : 1대

[3] 저항 9개(200[Ω], 300[Ω], 330[Ω], 470[Ω], 510[Ω], 620[Ω], 1[kΩ], 3.3[kΩ], 6.8[kΩ]

[4] 브레드 보드 : 1대

[5] 기판 (20×20) : 1개 (납땜의 경우)

[6] 리드선 및 납 약간 (납땜의 경우)

[7] 기타 Accessory : 1식

3. 실험 관련 지식

[1] 테스터(회로 시험기)의 개요

테스터는 한계기안에 직 · 교류 전압과 직류전류, 저항 측정의 기능을 종합한 것으로 VOM(Volt Ohm Meter)이라 하며, 진공관의 입력 저항이 큰 상점을 이용한 VTVM

(Vacuum Tube Volt Meter)과 반도체 소자를 이용한 Multi-tester가 있다.

측정값의 표시방법에 따라 아날로그(Analog)과 디지탈(Digital) 방식으로 분류된다.

최근에는 디지탈 테스터기가 정확도가 높고 사용하기 편리하기 때문에 아날로그보다 많이 사용되고 있다.

테스터의 외형은 서로 다르지만 그 기본구성 및 측정방법, 그리고 눈금판, 읽는 방법은 거의 비슷하다.

[2] 테스터에 의한 측정 분류

테스터로 보통 측정하는 사항은 다음과 같다.

① 저항 측정　　② 직류전압 측정
③ 직류전류 측정　　④ 교류전압 측정
⑤ 인덕턴스 측정　　⑥ 콘덴서 측정
⑦ 전압비(dB) 측정　　⑧ 각종 부품의 양·부 판정

[3] 테스터기 사용시 유의사항

① 기계적인 진동이나 충격을 주지 않는다.
② 직사광선 또는 먼지나 습기가 많은 곳은 피한다.
③ 강력한 자계가 있는 곳은 측정시 오차가 발생할 수 있으므로 피한다.
④ 측정하기 전에 측정 선택 스위치가 적절히 선택되어 있는지 확인한다.
⑤ 측정 Range를 예측할 수 없는 전압전류의 측정시에는 높은 Range에서 우선 측정하고 그에 따라 차츰 내려 적절한 Range를 선택 사용한다.
⑥ 피측정 회로에 연결된 상태나 테스터 리드가 연결된 상태에서 측정 선택 스위치를 조작하면, 계기가 손상될 수가 있으므로 주의한다.
⑦ 전원이 공급된 피측정 회로의 저항은 측정하지 않는다.
저항 측정시 회로 시험기는 자체의 내부 전원을 사용하므로 피측정 회로의 전원은 연결하지 말아야 한다.
⑧ 용량이 큰 콘덴서를 취급하는 경우에는 먼저 완전히 방전을 시켜 전기적 쇼크로 인한 안전 사고를 예방한다.
⑨ 사용하지 않을 때에는 회로 시험기의 전원을 끈다. 전원을 끄게 되면 아날로그(Analog) 회로 시험기의 표시부는 가동 코일형 검류계를 이용하므로 운반시의 충격으로 인해 바늘이 움직일 때 역기전력이 발생하여 검류계를 보호한다.

[4] 아날로그 테스터기의 사용법

가장 보편적으로 많이 사용되는 테스터기로 구조는 그림 6-1과 같고, 각 부위별 명칭 및 설명은 다음과 같다.

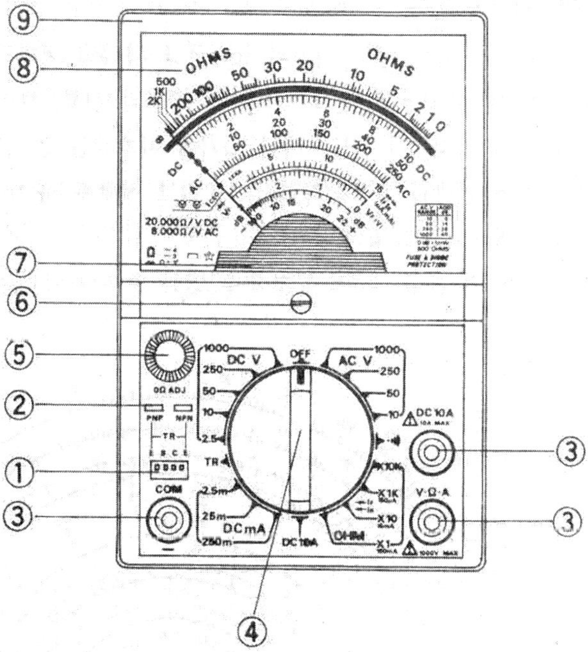

그림 6-1 아날로그 테스터기의 구조

① 트랜지스타 검사 소켓 : 트랜지스타 검사시 소켓에 표시된 각 극성간의 정확한 위치에 시험할 때 사용된다.

② 트랜지스타 판정 지시장치 : 적색 및 녹색 램프로 되어 있어 적색이 켜지면 양품의 PNP 극성의 트랜지스터이고 녹색이 켜지면 양품의 NPN 극성의 트랜지스터이다. 2개의 램프가 점멸되면 측정 트랜지스터의 극간의 단선상태의 고장을 알려주며 둘 다 점멸되지 않으면 콜렉타-에미터 간의 단락고장 상태를 뜻한다.

③ 입력 소켓 : 입력 소켓은 안전장치로 되어 있어 시험봉의 플러그 삽입시 손에 접촉되지 않게 되어 있어 매우 안전하다.

④ 레인지 선택 스위치 : 명확한 레인지선택이 가능한 스위치 방식으로 20레인지의 선택이 가능하다.

⑤"0"옴 조정기 : 옴 메타로 사용할 때 지침이 옴눈금의"0"점에 정확히 오도록 조정해야 한다.

⑥ 지침"0"옴 조정기 : 측정전, 반드시 지침이 왼쪽"0"점에 있는지 확인하고 필요시 조정한다.

⑦ 내자형 가동코일형 메타 : 고감도, 고 직선성 및 1% 미만의 정밀도이다.

⑧ 눈금판

⑨ 케이스

1) 테스터기의 눈금

그림 6-2는 회로 시험 기기의 눈금들을 나타낸 것이다. 제일 윗쪽에 있는 눈금은 저항 눈금이며, 아래의 눈금들은 교류의 전압과 전류, 그리고 직류의 전압과 전류값을 지시하기 위한 것이다. 회로 시험 기기에 따라서는 큰 전압과 전류를 측정하기 위한 눈금과 미소 전압과 전류용의 눈금, 그리고 신호를 dB값으로 읽을 수 있는 비선형적인 눈금이 있는 것도 있다.

회로 시험기는 교류 전류를 측정할 수 없는 경우도 있으므로 취급 설명서를 참조한다.

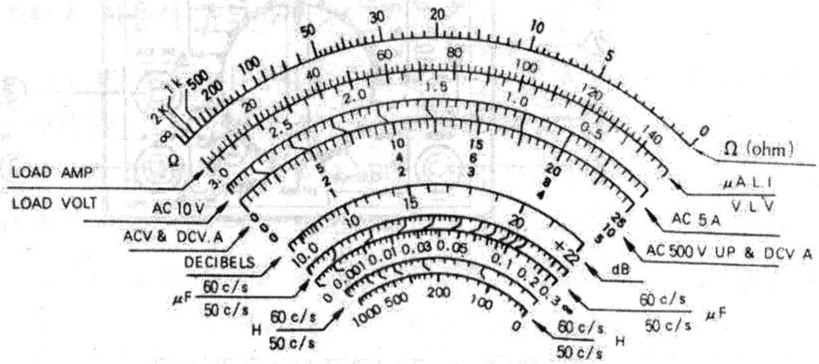

그림 6-2 테스터기의 눈금

2) 0점 조정

사용하기 전 눈금판의 지침이 좌측의 0점(영점)에 일치되었는지를 확인하고 맞지 않을 때는 그림 6-3과 같이 0점 조정나사를 돌려서 조정한다.

이 때 주의할 점은 좌우로 90°범위 내에서 돌려야 한다. 그 이상 돌리면 내부 이상이 생겨 더 이상 조정이 안되기 때문이다.

또한 저항계의 눈금은 측정레인지에 따라 변화하므로 테스터의 리드봉을 단락시켜 0Ω ADJ 볼륨(VR)을 조정하여 지침이 0점 위치에 맞도록 조정해야 한다. 만일 맞지 않을 때는 테스터 내부의 전지 (1.5V 2개, 9V 1개의 건전지가 내장되어 있다.)가 소모된 것이므로 교환해야 한다.

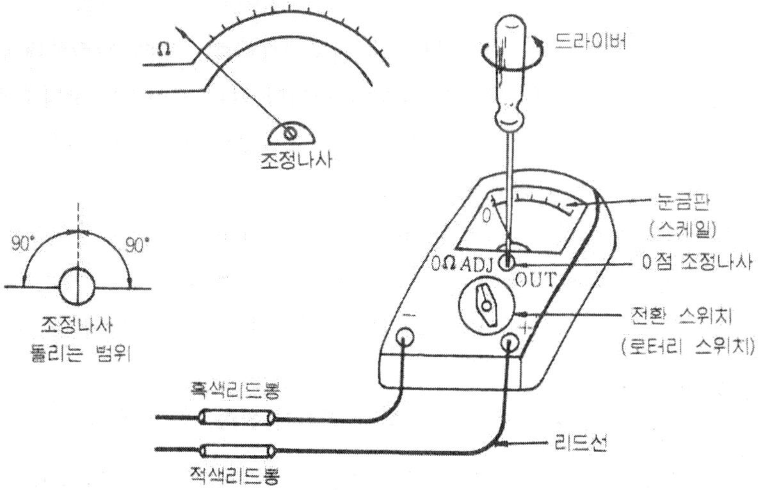

(주의) 0점 조정은 좌우로 90°범위 내에서 돌려야 한다.
그 이상 돌리면 내부 이상이 생겨 더 이상 조정이 안된다.

그림 6-3 테스터기의 0점 조정

3) 저항 측정 방법

저항 양단 리드에 테스터 리드봉을 그림과 같이 대고 측정레인지의 배수와 눈금판의 지시값을 계산하여 읽는다.

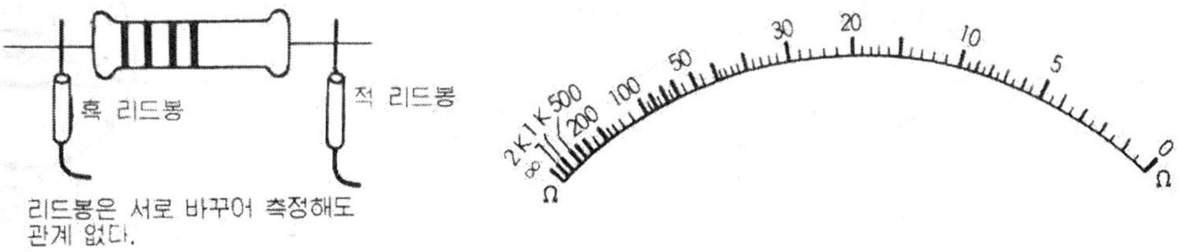

그림 6-4 저항계의 눈금

표 6-1 저항의 측정 레인지 및 눈금판

측정레인지	눈금판 (스케일)	배 수
R (X1)	Ω 눈금 (맨위)	1배
10R (X10)	Ω 눈금 (맨위)	10배
100R (X100)	Ω 눈금 (맨위)	100배
1000R (X1000)	Ω 눈금 (맨위)	1000배
10000R (X10K)	Ω 눈금 (맨위)	10000배

■ **보기**

어떤 저항을 1000R의 측정 레인지에서 측정하였더니 지침이 10을 지시하였다. 저항값은 얼마인가?

해설) R = 1000×10
= 10000 [Ω]
= 10 [KΩ]

4) 전압 측정 방법

① 직류 전압 측정 방법

테스터기의 측정레인지를 DC V의 가장 높은 위치 1000으로 전환하고 측정하고자 하는 곳의 전위 및 전극을 확인한 다음 ⊕측에 적색리드봉을 ⊖측에는 흑색 리드봉을 병렬로 접속하여 측정한다.

이 때 지침이 전혀 움직이지 않을 때는 측정레인지를 500, 250, 50, …, 5 순으로 내려 지침이 중앙을 전후하여 멈추는 곳에 레인지를 고정시키고 측정하는 것이 바람직하다.

그러나 측정전압을 미리 예측을 한 때는 예측한 전압보다 높은 위치에 측정레인지를 고정시키는 것이 안전한 방법이다.

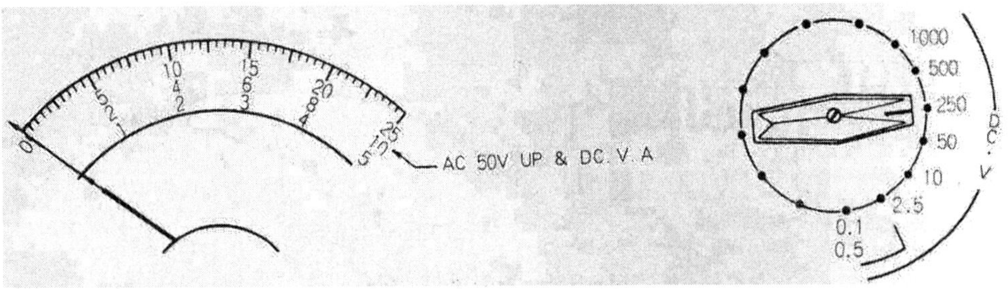

(a) 눈금판 (b) 측정레인지

그림 6-5 직류 전압 측정

표 6-2 직류 전압의 측정레인지 및 눈금판

측정레인지	눈금판 (스케일)	배 수
0.5	5	1/10 배
1.1. 2.5	25	1/10 배
10	10	1 배
25	25	1 배
50	5	10 배
250	25	10 배
500	5	100 배
1000	10	100 배

■ **보기**

그림과 같이 측정레인지를 DC 250에 위치하고 어떤 전압을 측정하였더니 지침이 15를 지시하였다. 전압은 [V]인가?

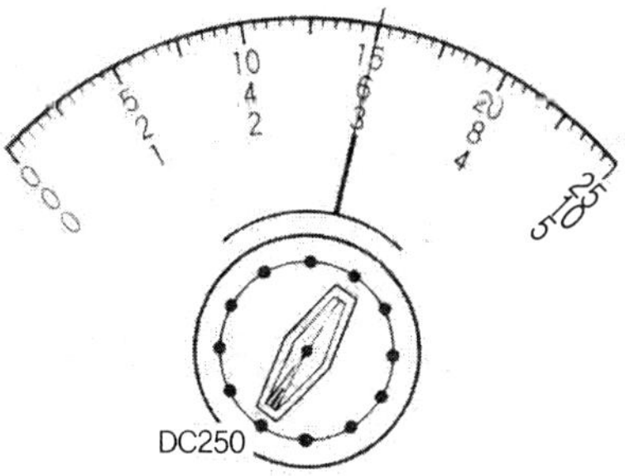

해설) 15 × 10 = 150 [V]
지시값 배수

② 교류 전압 측정 방법

테스터의 측정레인지를 AC. V의 가장 높은 위치 1000으로 전환하고 리드봉의 극성에 관계없이(테스터 리드봉의 극성은 구별없이 사용해도 된다) 병렬로 접속하여 측정을 한다.

여기에서 눈금을 그림 6-6(a)와 같이 직류 눈금을 병행해서 사용하는데 10 레인지에서만 AC 10V 눈금을 읽는다.

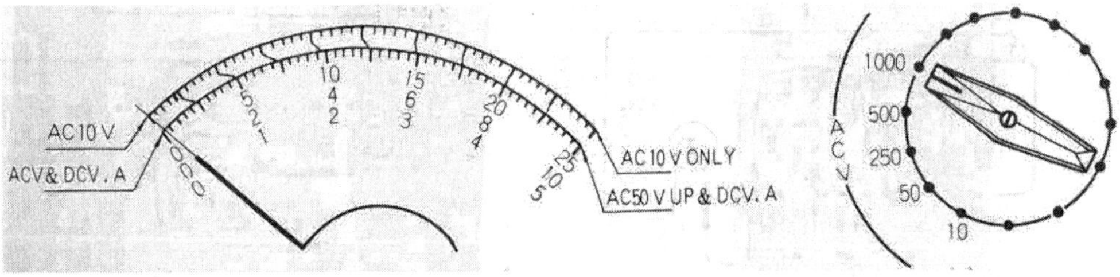

(a) 눈금판 (b) 측정레인지

그림 6-6 교류 전압 측정

■ **보기**

측정레인지를 AC에 위치하고 어떤 전압을 측정하였더니 지침이 그림과 같이 나타났다. 전압은 몇 [V]인가?

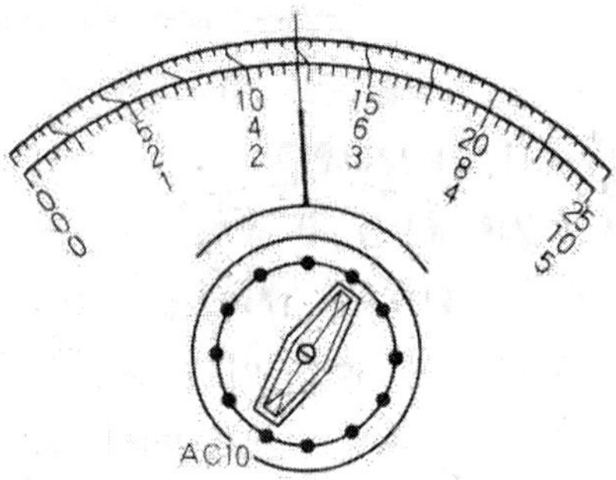

해설) 5 × 1 = 5 [V]
지시값 배수

5) 직류 전류 측정 방법

테스터의 측정레인지를 DC. mA의 가장 높은 위치 250으로 전환하고 측정하고자 하는 곳의 회로를 확인한 다음 부하와 직렬로 접속 측정을 해야 한다. 이 때 지침이 움직이지 않으면 250, 25, …, 0.1 순서로 내려서 지침이 눈금 중앙을 전후하여 멈추는 곳에 레인지를 고정시키는 것이 바람직하다.

그리고 눈금은 표 6-2와 같이 DC. V 눈금을 공용으로 사용되고 배수도 같은 방법으로 하여 읽는다.

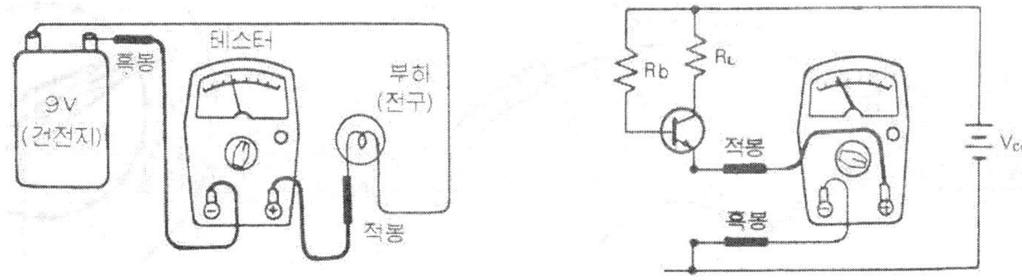

그림 6-7 직류 전류 측정 방법

[5] 디지털 멀티미터 사용법

1) 디지털 멀티미터(DMM : Digital Multi-Meter)의 개요

디지털 멀티미터는 LCD(표시판)와 기능 스위치로 구성되어 있으며 DMM으로 약칭한다. 소형이면서 1개의 측정기로 직 · 교류 전압, 전류 저항, 다이오드 등을 측정할 수 있는 기능을 갖추고 있다.

DMM는 아날로그 테스터기에 비해 사용법이 편리하고 측정값이 정밀하다는 장점 때문에 널리 사용되고 있다.

2) 디지털 멀티미터의 종류

시판되고 있는 DMM의 종류는 다양하지만 많이 사용되고 있는 것은 펜형, 카드형, 포켓형 핸디형, 탁상형 등이 있다.

(a) 카드형

(b) 포켓형

(c) 핸디형

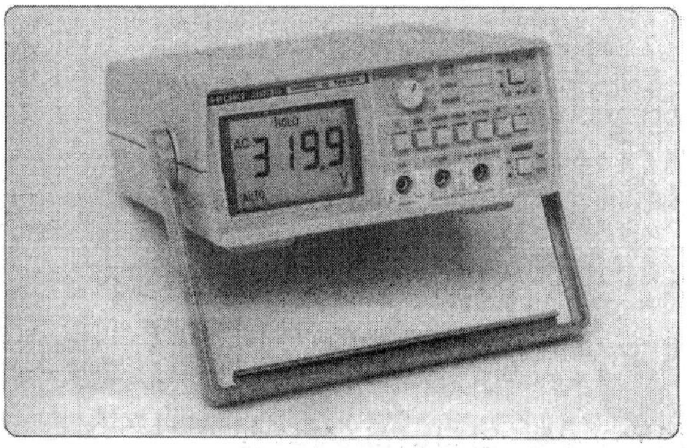

(d) 탁상형

그림 6-8 DMM의 종류

3) 디지털 멀티미터의 특징

디지털 테스터기 중 널리 보급되어 있는 모델은 EDM-4750과 METEX ME31737을 중심으로 설명하기로 한다.

① 각 범위(range)별로 무입력시에는 자동적으로 0점 조정이 된다.
② 직류 측정시 반대 극성으로 단자가 연결된 경우에는 측정값 앞에'−'가 표시된다.
③ 직류 전압 1000[V], 교류 전압 750[V] 이상의 입력에서는 자동 보호 장치가 작동하고 각 범위에 초과 입력이 생기면 초과 상태를 표시하기 위해'1'만 표시하도록 되어 있다.

4) 측정범위

디지털 멀티미터의 각 선택 범위를 누름으로서 최대, 최소 측정 범위를 선택할 수 있다. 다만 디지털 테스터기의 종류에 따라 약간씩 다를 수 있으나 크게 범주는 벗어나지 않으며, 여기서는 전압, 전류, 저항의 범위인 나타내고, Diode, 주파수, 콘덴서, 인덕터의 범위 및 측정법은 각각의 테스터 매뉴얼을 참조하기 바란다.

① 직류(DC) 전압

각 선택 범위를 누름으로서 표 6-3과 같은 최대 측정 전압과 최소 측정 가능 전압을 선택할 수 있다.

표 6-3 측정 가능한 직류(DC) 전압의 범위

범 위	최대 측정 가능 전압	최소 측정 가능 전압
200 [mV]	200 [mV]	100 [μV]
2 [V]	2 [V]	1 [mV]
20 [V]	20 [V]	10 [mV]
200 [V]	200 [V]	100 [mV]
1,000 [V]	1,000 [V]	1 [V]

② 교류 (AC) 전압

40 ~ 500[Hz]의 사인파만을 측정할 수 있고, 표 6-4와 같은 실효값의 측정 범위를 갖는다.

표 6-4 측정 가능한 직류(AC) 전압의 범위

범 위	최대 측정 가능 전압	최소 측정 가능 전압
200 [mV]	200 [mV]	100 [μV]
2 [V]	2 [V]	1 [mV]
20 [V]	20 [V]	10 [mV]
200 [V]	200 [V]	100 [mV]
750 [V]	750 [V]	1 [V]

③ 직류, 교류 전류

직류 및 교류 전류의 측정은 250[V] / 2[A]의 퓨즈 때문에 과전류 입력으로부터 계기를 보호할 수 있도록 되어 있고, 표 6-5와 같은 측정 범위를 찾는다.

표 6-5 측정 가능한 직류 및 교류의 범위

범 위	최대 측정 가능 전류	최소 측정 가능 전류
200 [μA]	200 [μA]	100 [μA]
2 [mA]	2 [mA]	1 [μA]
20 [mA]	20 [mA]	10 [μA]
200 [mA]	200 [mA]	100 [μA]
2,000 [mA]	2,000 [mA]	1 [mA]
20 [A]	20 [A]	1 [A]

④ 저항

저항 측정시 사용되는 내부 전지는'HI V', 즉'DC'로 선택되었을 때 다이오드나 트랜지스터의 순방향 통전 시험이 가능할 정도의 전압 크기가 되고,'LOV'즉'AC'로 선택되면 일반 저항의 측정만 가능할 정도로 낮은 전압값을 갖는다.

저항 측정 범위는 표 6-6과 같다.

표 6-6 측정 가능한 저항의 범위

범 위	최대 측정 가능 전압	최소 측정 가능 전압
200 [Ω]	200 [Ω]	0.1 [Ω]
2 [kΩ]	2 [kΩ]	1 [Ω]
20 [kΩ]	20 [kΩ]	10 [Ω]
200 [kΩ]	200 [kΩ]	100 [Ω]
2,000 [kΩ]	2,000 [kΩ]	1 [kΩ]
20 [MΩ]	20 [MΩ]	10 [kΩ]
40 [MΩ]	40 [MΩ]	10 [kΩ]

5) 사용법

디지털 멀티미터는 그림 6-8과 같이 많은 종류가 있으나 탁상형인 EDM-4750과 휴대하기 편리하고 간편하며 초급자에서 중급자 기술인에게 많이 사용되고 있는 METEX ME31에 대해 알아본다.

6) EDM-4750 디지털 멀티미터의 단자 기능 설명

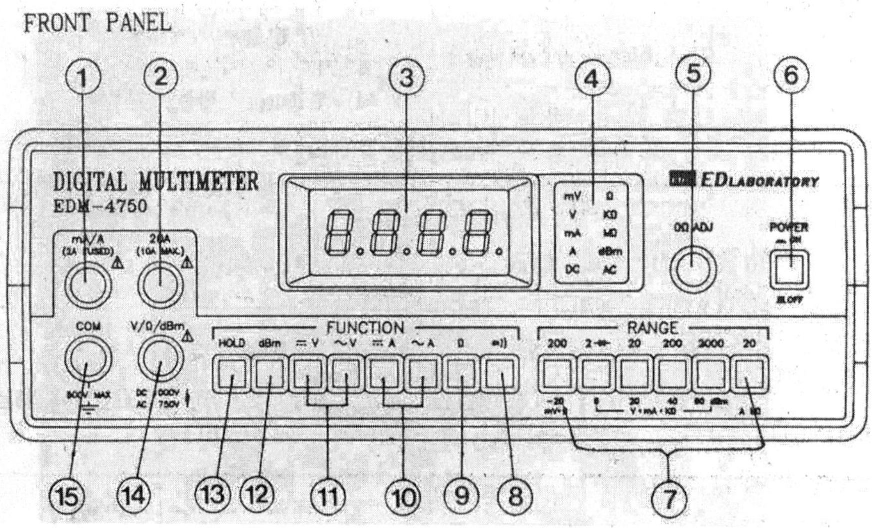

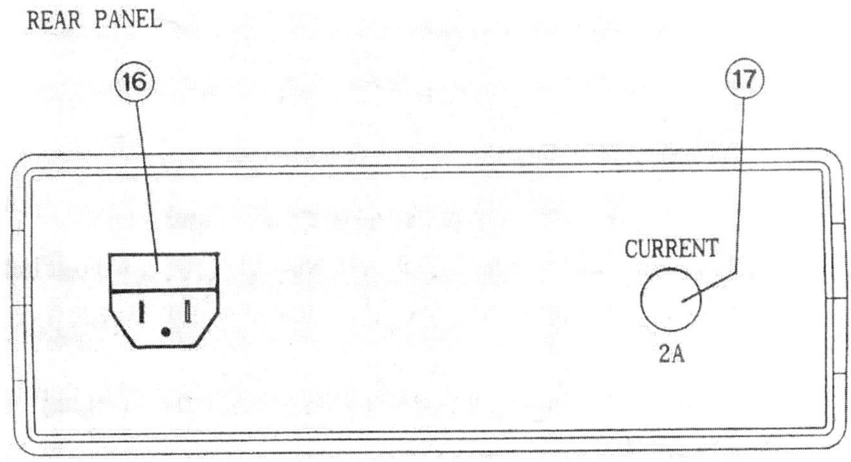

그림 6-9 EDM-4750 디지털 테스터기의 구조

① mA/A : AC, DC 전류 측정 단자로서 COM 단자의 함께 Range 2A 이하에서 사용하는 Input 단자이다.

② 20A △ : AC, DC 전류 2A ~ 20A 범위를 측정하기 위한 Input 단자이다.

③ Display Pancel : 측정값을 나타내는 5 Digit의 LCD Pancel

④ Unit Indicator :

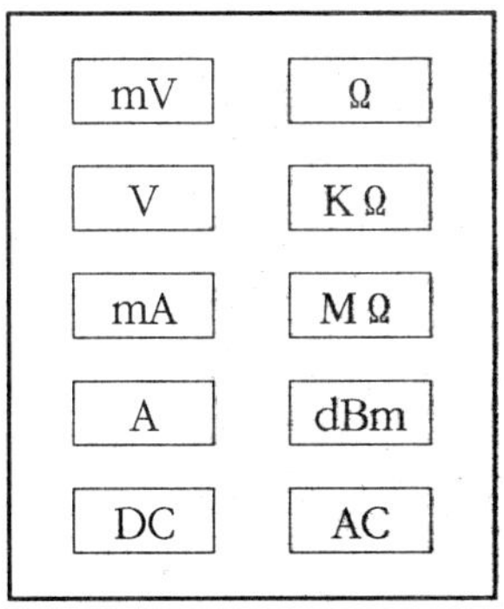

측정값의 단위를 나타내며 이는 AC 또는 DC에서 mV, V, mA, A를 구분 지시하게 된다. 또한 AC 전압을 dBm 나타내는 선택표시와 저항 측정시 Ω, KΩ, MΩ의 Range 선택을 표시한다.

⑤ 0Ω ADJ : Zero Ohm Set를 위한 Adjust Knob

⑥ POWER : 전원 ON / OFF 스위치

⑦ RANGE : 전압/전류/저항 측정 Range 선택 스위치임

⑧ CONTINUITY : Continuit Check 기능을 갖게 하며 200Ω(대략)보다 낮은 경우 Buzzer음을 내게 한다.

⑨ Ω : 저항 측정 기능 선택 버튼

⑩ ~A, =A : AC 또는 DC 전류 측정 기능 선택 버튼
⑪ ~V, =V : AC 또는 DC 전압 측정 기능 선택 버튼
⑫ dBm : AC 측정 전압을 dBm (Z=600)으로 나타낸다.
⑬ HOLD : 측정값을 Hold 시키는 버튼
⑭ V/Ω/dBm▽ : COM 단자와 함께 전압, 저항, 데시벨 측정을 위한 Input 단자
⑮ COM : 전압, 전류, 저항 측정의 Input Common 단자
⑯ P ower Inlet AC 110/220V 전원 입력 Inlet로써 전원 입력 Fuse Holder와 함께 부착되어 있다. 또한 입력 전원 전압 110V 또는 220V를 선택할 수 있도록 되어있다.
⑰ Current 체크 Fuse : 2A 이하의 Current 측정 Range 회로를 보호하기 위한 Fuse이다.

7) ME-31 DMM(디지털 멀티미터)의 외형

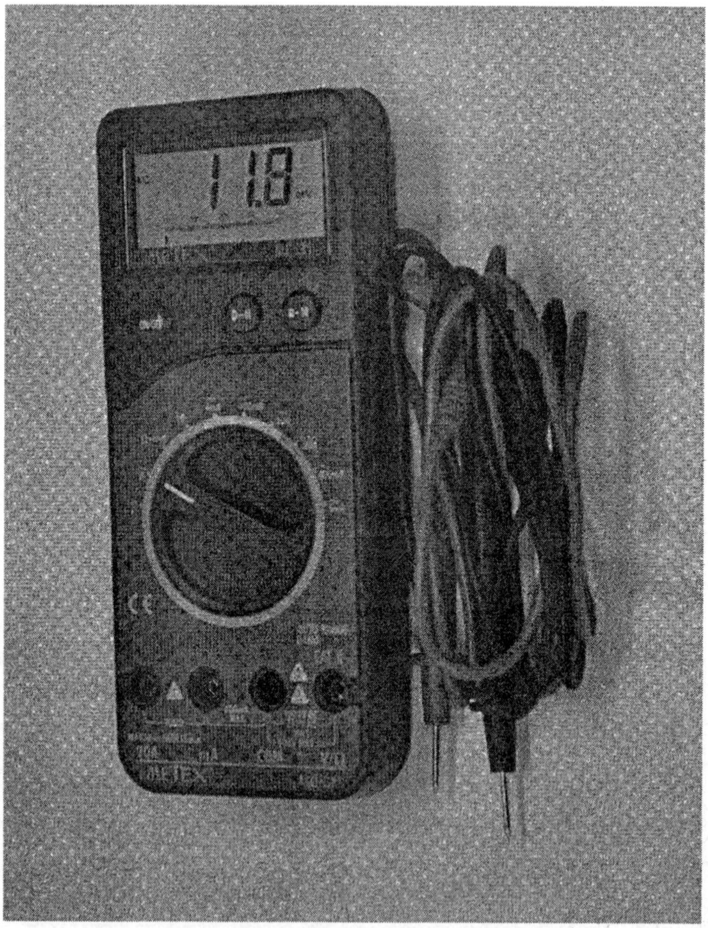

그림 6-10 ME-31 DMM의 외형

8) ME-31 DMM의 단자기능설명

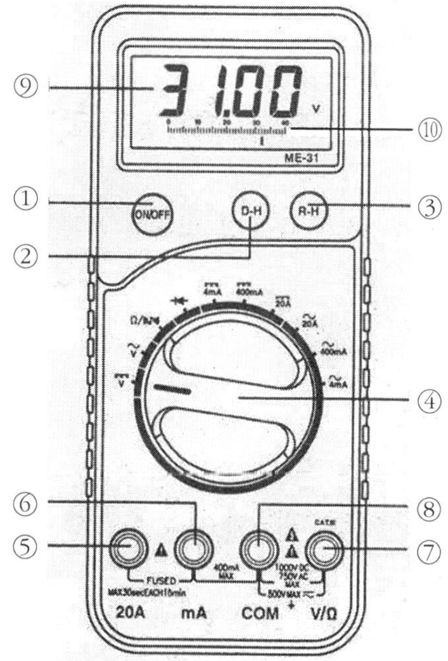

그림 6-11 DMM의 단자 표시

①: 전원스위치 기능이다. Push Button형으로 Power ON/OFF 스위치이다.

⑨: LCD창으로 전원스위치 ON시, 현재 측정하는 값이 표시된다.

만약 LCD창 값이 31.00V가 아니고, 아래 표시가 나타난다면 선택된 범위에 대한 입력이 너무 큰 경우로"삐"소리가 나든지, 아니면 처음 측정값을 판독할 때 2~3초 표시되다가 측정값이 표시되는 것이다. OL은 Overload Indication의 약자이다.

그림 6-12 OL 및 Bargraph 표시

⑩: Bargraph이다.

선택된 범위를 Bargraph로 나타내는 기능으로 현재 측정값의 측정 범위 정도를 지시한다.

즉, 신호의 증감 변화를 아날로그처럼 감각적으로 체크하는 기능으로 ⑨번 LCD창에 31.00 V이므로 밑의 Bargraph는 30 근처에 지시하고 있다.

②: LCD창에 나타나는 현재 측정값을 고정시키는 기능으로 Data Hold 약자이다.
만약, LCD창의 값이 31.00이나 31.01, 31.02로 변할 때 D-H는 한 번 누르면 31.00 값이 고정되고 이후 그 이상, 이하의 값이 측정되어도 31.00이 그대로 유지된다. D-H를 다시 한 번 누르면 해제된다.

③: LCD창에 나타나는 현재 측정값의 소수점 범위의 이동 기능으로 Range-Hold 약자이다.
만약 LCD창의 측정값이 28.54이라면 R-H를 한 번 누르면 28.54가 되고, 한번 더 누르면 28.5, 또 한번 더 누르면 028이 되고 또 한번 더 누르면 소수점 범위를 벗어나 "OL"이 표시되고"삐"소리가 난다. 이 단자는 실험시 누르지 않고 사용하는 것이 일반적이다.

④: Rotary Selector로 직 · 교류 전압, 전류범위 선택이나, 다이오드나 트랜지스터 성능시험, 저항 측성시 사용한다.

⑤: 최대 10[A]의 직류 및 교류 전류를 측정하는데 사용되는 단자로 적색리드봉을 연결한다.

⑥: 최대 400[mA]의 직류 및 교류 전류를 측정하는데 사용되는 단자로 적색리드봉을 연결한다.

⑦: 최대 500[V]의 직 · 교류 전압과 저항을 측정하는데 사용되는 단자로 적색리드봉을 연결한다.

⑧: 모든 측정에 사용되는 공통단자로 흑색리드봉을 연결한다.

9) DMM을 이용한 저항 · 전압 · 전류 측정의 간단한 예

① 저항 측정

만약 저항이 1[kΩ]이라면 DMM의 Rotory Selector를 저항(Ω) 모드로 놓고 흑색연결단자는 ⑧, 적색연결단자는 ⑦에 꽂고 저항 양쪽에 흑색, 적색리드봉을 접촉시킨다.

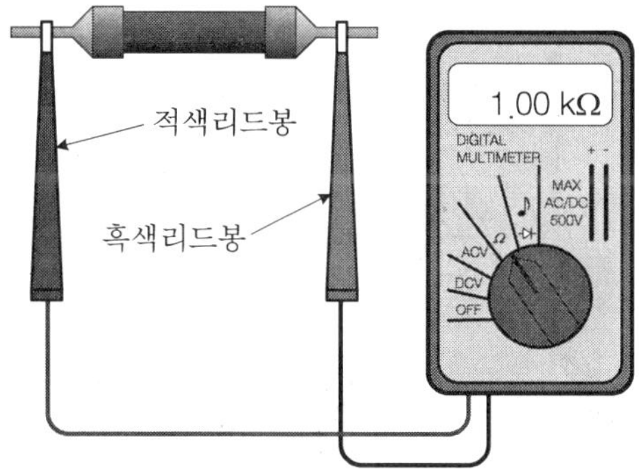

그림 6-13 DMM을 이용한 저항측정

② 직류전압(DC) 측정

DMM의 Rotory Selector를 직류전압 모드로 놓고 흑색 연결단자는 ⑧번 적색연결단자는 ⑦에 꽂고, 건전지 ⊕에는 적색리드봉, ⊖에는 흑색리드봉을 접촉시킨다.

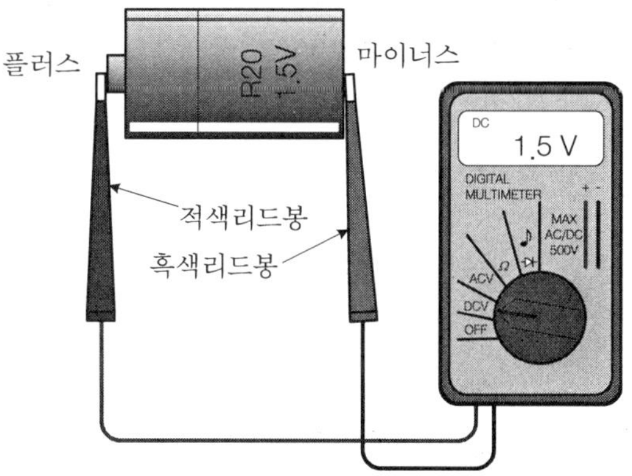

그림 6-14 DMM을 이용한 직류전압측정

③ 교류전압(AC) 측정

DMM의 Rotory Selector를 교류전압($\tilde{V}$) or ACV 모드로 놓고 흑색연결단자는 ⑧번, 적색연결단자는 ⑦에 꽂고, 적색리드봉과 흑색리드봉을 콘센트에 접촉시킨다.

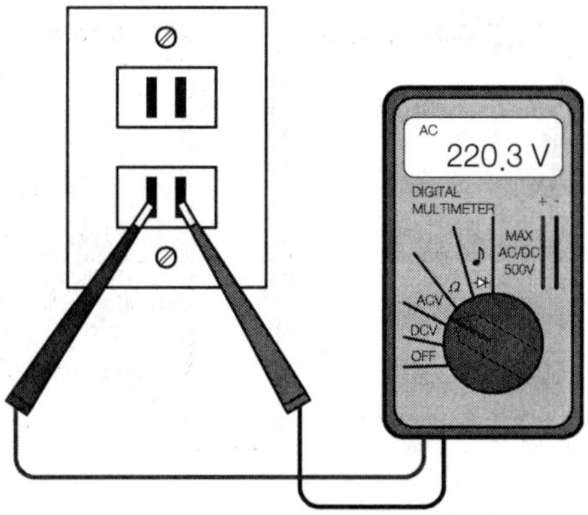

그림 6-15 DMM을 이용한 교류전압(220V) 측정

④ 직류전류 측정

DMM의 Rotory Selector를 직류전류($\overline{\overline{4\,\mathrm{mA}}}$) 모드로 놓고 흑색연결단자는 ⑧번, 적색연결단자는 ⑥번에 꼽고 적색리드봉을 ⊕, 흑색리드봉을 ⊖에 연결한다.

만약 DC 전원이 5[V]이고, 저항이 5[kΩ]이라면

$$I = \frac{V}{R} = \frac{5}{5 \times 10^3} = 1[\mathrm{mA}]$$

이다. 이를 측정하는 회로는 그림 6-16과 같다.

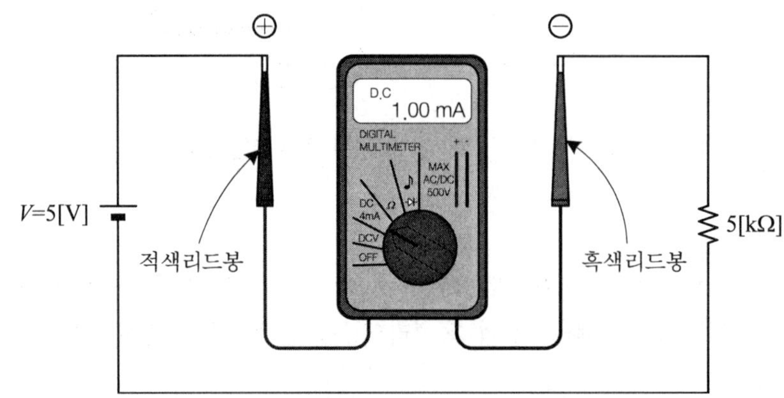

그림 6-16 DMM을 이용한 직류전류측정

* 기타 측정법은 실험을 통해 습득할 수 있을 것이다.

[6] 전원 공급기 (DC Power Supply)

가장 보편적으로 많이 사용되는 전원공급기는 그림 6-17과 같다.

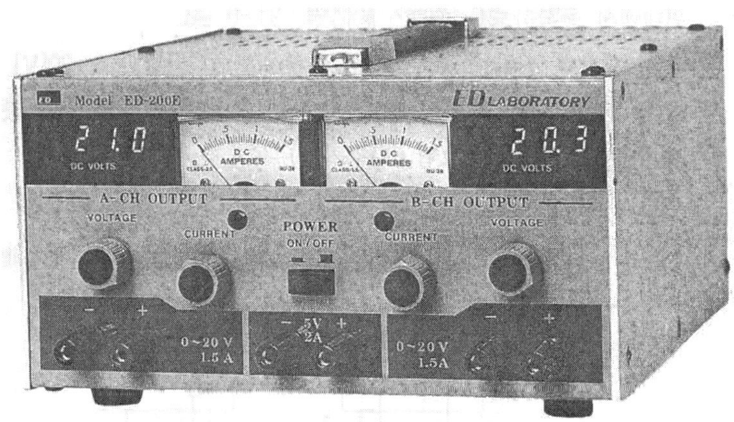

그림 6-17 전원공급기의 구조

모든 전원공급기(power supply)에는 내부저항이 있으며, 내부저항이 큰 경우에는 부하값의 변화에 따라 출력전압이 크게 변화한다. 따라서 보통 실험실에서 사용하는 직류 선원공급기는 정전압의 안정화 전원공급기(regulated power supply)를 사용함으로써 부하가 변화하더라도 출력전압이 거의 변화하지 않도록 하고 있다.

안정화 전원공급기는 부하값의 변동에 대해서 뿐만 아니라 이를 작동시키는 전원 전압의 변동에 대해서도 어느 범위 내에서는 출력전압이 거의 변화되지 않게 설계되어 있다. 또한 대부분 2개 이상의 출력 전압을 제공하고 있으며, 이들 출력 전압을 각각 가변시킬 수 있도록 하고 출력 전류의 상한값도 각각 가변할 수 있게 하여 부하에 공급하는 전력을 어느 범위 내로 사전에 제한시킬 수 있게 한다. 보통 안정화 전원공급기는 전면에 출력 전압계 및 출력 전류계가 장착되어 있으며, 과부하(over load) 보호장치가 마련되어 있으나 이를 초과하는 부하가 걸리면 안정화 전원공급기라 할지라도 파손될 수 있으므로 반드시 최대 정격출력 범위 내에서 사용하여야 한다.

1) 전원 공급기의 사용법

직류 전원 공급기의 구조는 그림 6-17과 같고, 보통 출력 전압은 0~30[V]의 가변전압과 고정전원[5V, 2A]을 가지고 있다. 또한 두 개의 출력 단자에 대한 각각의 해당전압, 전류 표시등 및 눈금이 있으며 조정자가 있다.

① 입력전원을 연결하기 전에 출력전압 및 전류 조정자를 반시계 방향으로 완전히 돌려 놓고, 전원 S/W를 ON한다. 이 때 전류 전압계의 지시가"0"이 되지 않으면 조정자를 드라이버로 조정한다.

② 부하에 흐를 전류나, 출력전압을 미리 계산하거나 예측하여 최대 정격 출력 범위 내에서 동작하도록 한다.

③ 만약 필요한 전압이 30[V]를 넘을 경우는 두 채널의 0~30[V] 전원을 서로 직렬로 연결하여 60[V]까지의 전압을 얻을 수 있다. 이 경우 전류값을 비슷하게 유지해 주는 것이 좋다. (그림 6-18 참조)

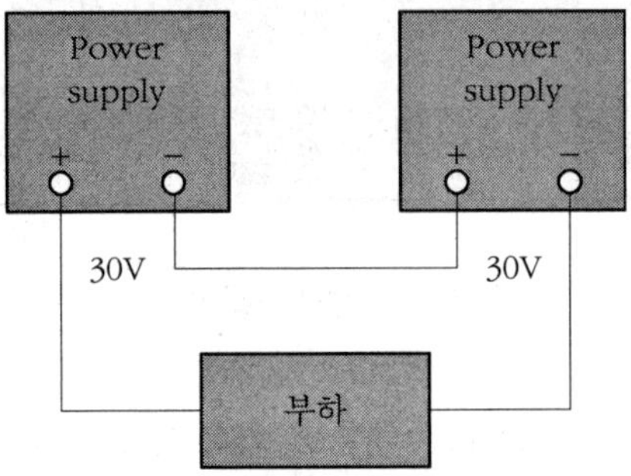

그림 6-18 전원의 직렬 연결법

④ 전류용량이 부족한 경우 두 전원을 병렬로 연결하여 사용할 수 있으나, 이 경우 각 전원의 전압이 같지 않으면 전압이 낮은 쪽의 전원부로 전류가 흘러 이 전원부의 내부를 파손시키는 경우가 많다. 따라서 2개의 전원공급기를 함께 직 · 병렬로 사용하는 것을 피하는 것이 좋다.

⑤ 부하 측에 다른 전원이 연결되어 있는 경우에, 이 전원의 전압이 전원 공급기의 출력보다 높으면 역으로 전원 공급기에 전류가 흘러, 전원 공급기가 파손될 우려가 있으므로, 전원 공급을 다이오드를 통해 부하에 전원을 공급하되, 이 때 다이오드 용량은 부하측의 전류보다 충분히 커야 한다. (그림 6-19 참조)

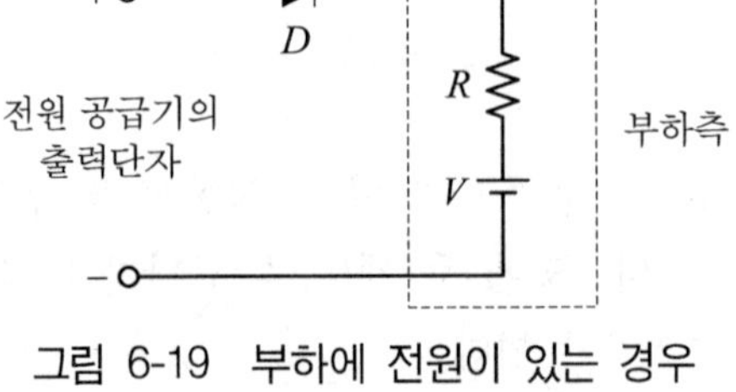

그림 6-19 부하에 전원이 있는 경우

※ 기타사항은 해당 전원공급기의 메뉴얼을 참조하기 바란다.

[7] 직병렬 회로의 분석

1) 직렬회로의 전압, 전류계산

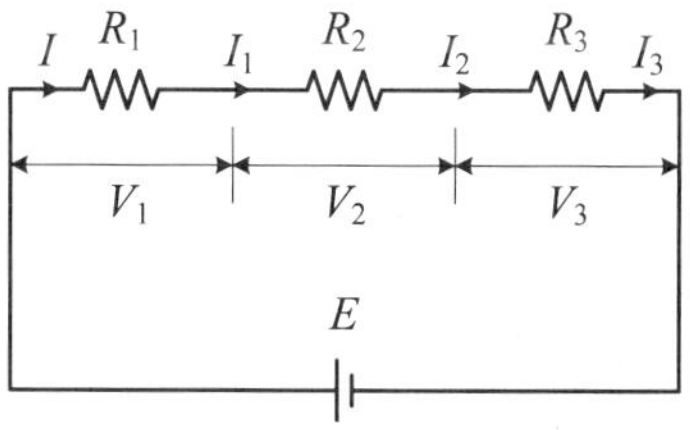

그림 6-20 직렬회로

오옴의 법칙 $\left(I = \dfrac{E}{R}\right)$에 의해서 전압과 전류의 계산은 다음과 같다.

① 합성저항은 각 저항의 합과 같다.

$$R_T = R_1 + R_2 + R_3 \ [\Omega]$$

② 각 저항의 전압강하는 저항값에 비례하여 분배된다.

$$V_1 = I_1 R_1, \quad V_2 = I_2 R_2, \quad V_3 = I_3 R_3$$

③ 전체 전류 $I = \dfrac{E}{R_1 + R_2 + R_3} [A \text{ or } mA]$이다.

④ 각 저항의 전압강하의 합은 전원 전압과 같고 전체 전류 I는 각 저항의 I_1, I_2, I_3와 같다.

$$E = V_1 + V_2 + V_3$$
$$I = I_1 = I_2 = I_3$$

2) 병렬회로의 전압, 전류계산

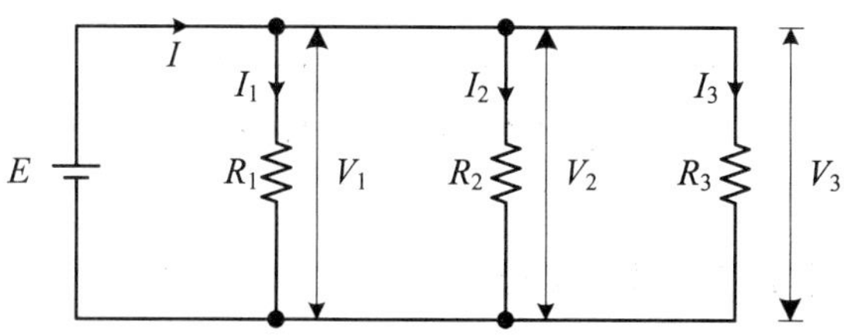

그림 6-21 병렬회로

① 병렬회로의 경우 합성저항(R_T)의 계산은 다음과 같다.

$$\frac{1}{R_T} = \frac{1}{R_1} + \frac{1}{R_2} + \frac{1}{R_3}$$

$$= \frac{R_2 \cdot R_3 + R_1 \cdot R_3 + R_1 \cdot R_2}{R_1 \cdot R_2 \cdot R_3}$$

$$\therefore \ R_T = \frac{R_1 \cdot R_2 \cdot R_3}{R_1 \cdot R_2 + R_2 \cdot R_3 + R_3 \cdot R_1}$$

$$= \frac{R_1 \cdot R_2 \cdot R_3}{R_{12} + R_{23} + R_{31}} [\Omega]$$

이다.

② 전체 전류 I는 각 전류의 합과 같고, 각 전류의 분배는 저항에 반비례하며 인가전압과 전압강하는 같다.

· $I = \frac{E}{R_T}$ [A or mA] · $I_1 = \frac{V_1}{R_1} = \frac{V}{R_1}$

· $I_2 = \frac{V_2}{R_2} = \frac{V}{R_2}$ · $I_3 = \frac{V_3}{R_3} = \frac{V}{R_3}$

· $E = V_1 = V_2 = V_3$ [V or mV]

3) 직병렬회로의 전압, 전류계산

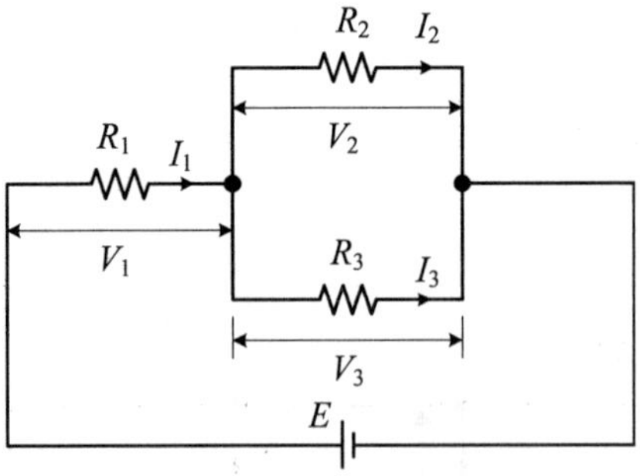

그림 6-22 직병렬회로

① 직병렬회로의 합성저항(R_T)는 직병렬 저항의 합과 같다.

$$R_T = R_1 + \cfrac{1}{\cfrac{1}{R_2} + \cfrac{1}{R_3}}$$

$$= R_1 + \frac{R_2\, R_3}{R_2 + R_3} \ [\Omega]$$

② 전체 전류와 각 저항에 흐르는 전류의 계산은 다음과 같다.

· $I_1 = \dfrac{E}{R_T}$ [A or mA]

· $I_2 = \dfrac{V_2}{R_2} = I_2 \cdot R_2 \cdot \dfrac{1}{R_2}$

$= I_1 \cdot \dfrac{R_3}{R_2 + R_3} \cdot R_2 \cdot \dfrac{1}{R_2}$

$= I_1 \cdot \dfrac{R_3}{R_2 + R_3}$

· $I_3 = \dfrac{V_3}{R_3} = I_3 \cdot R_3 \cdot \dfrac{1}{R_3}$

$= I_1 \cdot \dfrac{R_2}{R_2 + R_3} \cdot R_3 \cdot \dfrac{1}{R_3}$

$= I_1 \cdot \dfrac{R_2}{R_2 + R_3}$

$\therefore\ I_1 = I_2 + I_3$

③ 인가전압과 전압강하의 계산은 다음과 같다.

· $V_1 = I_1\, R_1$

· $V_2 = I_2\, R_2$

· $V_3 = I_3\, R_3$

· $E = V_1 + V_2$ or $V_1 + V_3$

4. 실험회로

[1] 직렬회로의 전압, 전류 측정

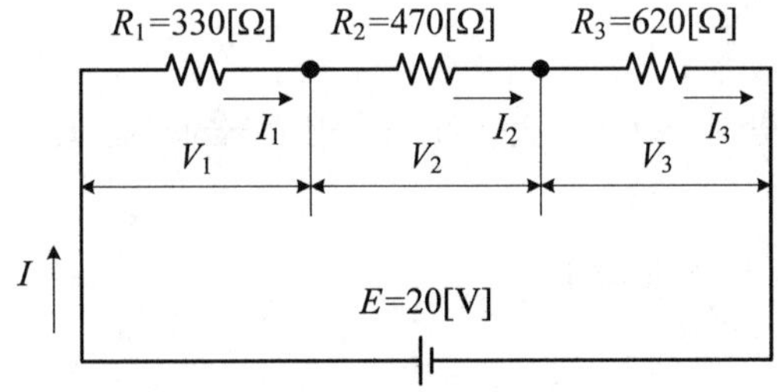

[실험회로 1] 직렬 회로

[2] 병렬회로의 전압, 전류 측정

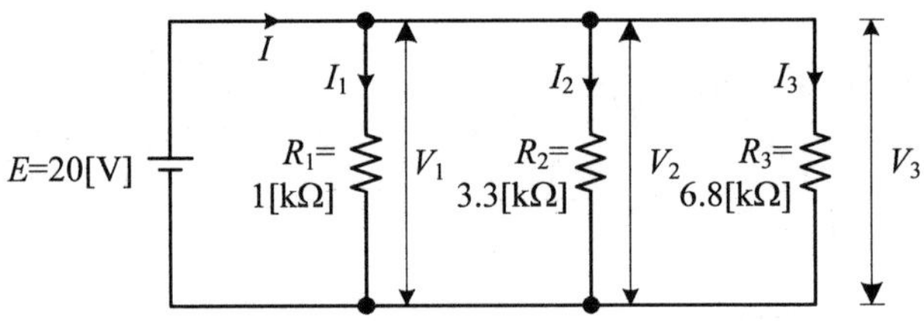

[실험회로 2] 병렬 회로

[3] 직병렬회로의 전압, 전류 측정

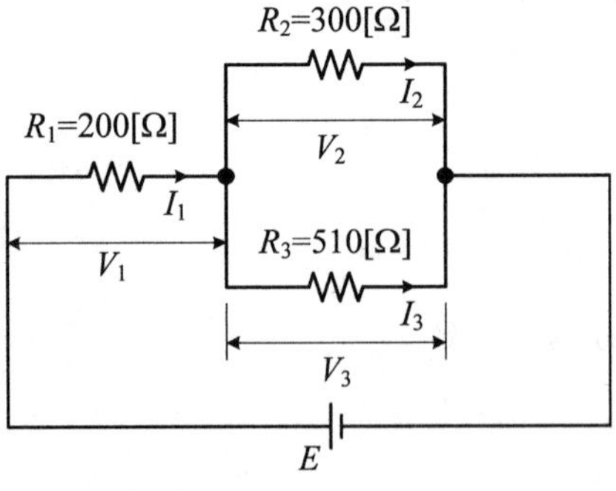

[실험회로 3] 직 · 병렬 회로

5. 실험순서

① 저항 측정

[실험회로 1, 2, 3]의 저항값을 테스터기로 측정하여 표 6-7에 기록하시오.

② 직류 전압, 전류 측정

[실험회로 1, 2, 3]에서 전류, 전압 값을 계산한 이론값과 테스터기로 측정한 전류, 전압 값을 표 6-8, 표 6-9, 표 6-10에 기록하시오.

③ 교류 전압, 전류는 실험 7 신호 발생기의 사용법을 익힌 후 측정하도록 한다.

6. 실험결과

저항 및 직류 전압, 전류를 측정한 표 6-7, 표 6-8, 표 6-9, 표 6-10를 제출하시오.

과제 및 검토 사항

1. 테스터기의 사용법과 주의사항을 설명하시오.

2. 전원공급기(DC Power Supply)의 사용법과 주의사항을 설명하시오.

3. 테스터기를 사용한 저항, 전류, 전압 측정법을 이해하였는가?

4. 직병렬 회로의 분석을 설명하시오.

5. 아날로그와 디지털 회로를 측정한 값을 서로 비교하여 그 값이 틀리다면 그 이유를 설명하시오.

실험보고서

학 과			학 년		제출일	20 / /
학 번			성 명			
실험조		평 가	A B C D F		확 인	
실험일	20 / /		온 도	℃	습 도	%
소 요 시 간			시간 분			

1. 실험제목 : 테스터 및 전원공급기 사용법과 직병렬회로 분석

2. 실험목적

3. 실험관련 이론(요약)

4. 실험 절차

5. 실험 결과

[1] 저항 측정

표 6-7

저항값	측 정 값		오 차		비 고
	아날로그 테스터기	디지털 멀티미터	아날로그	디지털 멀티미터	
200					
300					
330					
470					
510					
620					
1K					
3.3K					
6.8K					

[2] 직렬회로 전류, 전압 측정

표 6-8

전류 및 전압		이 론 값		측 정 값		오 차		비 고
				아날로그	디지털 멀티미터	아날로그	디지털 멀티미터	
전류	I							
	I_1							
	I_2							
	I_3							
전압	V_1							
	V_2							
	V_3							

[3] 병렬회로 전류, 전압 측정

표 6-9

전류 및 전압		이 론 값		측 정 값		오 차		비 고
				아날로그	디지털 멀티미터	아날로그	디지털 멀티미터	
전류	I							
	I_1							
	I_2							
	I_3							
전압	V_1							
	V_2							
	V_3							

[4] 직병렬회로 전류, 전압 측정

표 6-10

전류 및 전압		이 론 값		측 정 값		오 차		비 고
				아날로그	디지털 멀티미터	아날로그	디지털 멀티미터	
전류	I							
	I_1							
	I_2							
	I_3							
전압	V_1							
	V_2							
	V_3							

6. 실험 고찰 및 소감

실험 07

오실로스코우프와 신호발생기 사용법

1. 실험 목표

[1] 오실로스코우프의 구조와 단자기능 및 사용법을 익힌다.

[2] 신호발생기의 단자기능과 사용법을 이해한다.

[3] 오실로스코우프와 신호발생기를 이용하여 전압과 주기(T), 주파수(f)를 측정한다.

2. 실험 장비 및 부품 (조당)

[1] 오실로스코우프 : 1대

[2] 신호발생기 : 1대

[3] 디지털 멀티미터 : 1대

[4] 전원공급기 : 1대

[5] 브레드보드 : 1대

[6] 저항 2개 (100[Ω]×1, 300[Ω]×1)

[7] 리드선 : 약간

[8] 기타 Accessory : 1식

3. 실험 관련 지식

[1] 오실로스코우프

오실로스코우프는 파형분석을 통하여 시각적으로 회로를 분석하는데 매우 중요한 전자 측정 장치로서 텔레비전과 같이 연산 증폭 및 수직, 수평 증폭의 원리를 이용하여 미지의 직·교류전압, 전류, 주파수, 변조도, 위상 등의 시간적으로 변화하는 전기적인 변화를 측정, 분석하는데 널리 사용되는 계측기이다.

[2] 오실로스코우프의 구성

오실로스코우프의 간략한 구성은 그림 7-1과 같이 전자빔조정시스템, 수직 및 수평 편향시스템, 트리거시스템으로 구성된다.

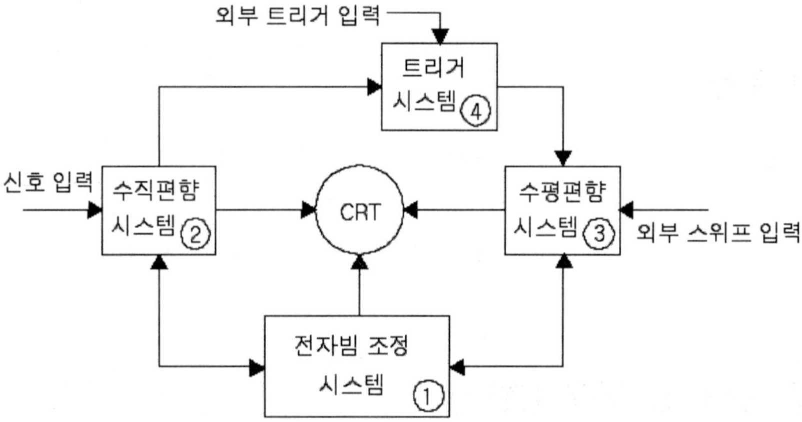

그림 7-1 오실로스코우프의 구성

① 전자빔 조정 시스템

전자류를 만들과 위치를 정하는데 필요한 전원을 공급하며, 궤적을 선명하게 하고 파형 촛점 조정, 휘도의 세기를 조정한다.

② 수직편향 시스템

입력 신호 파형을 받아들이고 증폭 또는 감쇄시킨다.

③ 수직편향 시스템

수평 스위프 발진기와 수평편향 증폭기로 구분되며, 수평 스위프 발진기는 음극선관의 면에서 편향되는 데 요구되는 이득을 얻는 톱니파를 만드는 발진기이다. 또한 수평편향 증폭기는 외부에서 발생된 스위프 파형을 받아들일 수 있도록 되어 있다.

④ **트리거 시스템**

수평 스위프 발진기의 시간을 정하는데 필수적이며, 동기 또는 트리거 펄스는 입력파형의 정해진 점에서 스위프 발진기가 연속적으로 시작되도록 한다. 적절한 트리거 작용으로 음극선관의 표면상에서 입력신호가 안정하게 표시되도록 된다.

[3] 오실로스코우프의 단자기능

오실로스코우프의 전면에 있는 조정단자들의 형태, 위치, 기능 등은 생산회사에 따라 약간 다르지만, 근본적인 기능은 거의 같다. 그림 7-2는 40[MHz]용 2현상 오실로스코우프의 단자 기능에 대해서 설명한다.

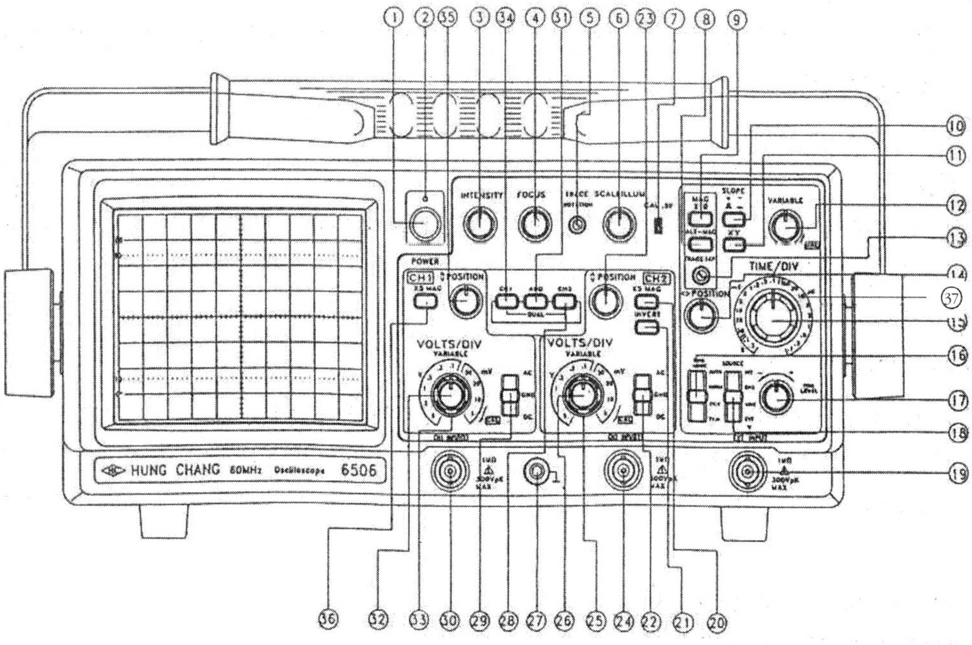

그림 7-2 오실로스코우프 구조

① POWER SWITCH ON / OFF

110~220 전원은 연결하는 AC INLET 단자이다.

② POWER LAMP

전원이 ON일 때 점등된다.

③ INTENSITY KNOB

시계방향으로 돌려서 휘선 및 휘점의 밝기를 조정한다.

④ FOCUS KNOB

CRT에 나타나는 파형을 선명하게 조정한다.

⑤ TRACE ROTATION VOLUME

수평휘선이 지자기의 영향으로 수평눈금이 기울어지는 것을 보정하기 위한 것으로 드라이브로 조정한다.

⑥ SCALE ILLUM KNOB

CRT면의 눈금을 비추어 주어 눈금의 밝기를 조정한다. 시계방향으로 돌리면 밝아지며 어두운 장소에서 사용할 때나 사진 촬영시 사용된다.

⑦ CAL 0.5V (교정) 단자

오실로스코우프의 전압과 주기를 조정하는 교정용 단자로 구형파의 출력단자이다. probe의 ⊕를 연결하여 고정한다.

⑧ ALT MAG KNOB

CH1, CH2에 인가된 입력 신호의 SWEEP을 ×1[NORM]과 ×10(MAG) (×5MAG)를 한 번 SWEEP할 때마다 전환해서 관면에 ×1의 파형과 ×10(5)의 파형을 동시에 관측할 수 있는 단자이다.

⑨ PUSH×10MAG (PUSH×5MAG)

수평방향으로 휘선을 확대할 수 있는 단자이다.

⑩ SLOPE KNOB

입력 신호가 정의 펄스인 경우에는 스위치를 +부의 펄스인 경우 -로 한다. 손잡이를 +(-)에서 -(+)로 이동하면 형광면의 파형은 반전된다.

⑪ X-Y KNOB

channel I, channel II의 두 신호에 대한 위상차를 리사주도형으로 보는 단자로 수직위치는 ㉓으로, 수평위치는 ⑭로 조절한다.

⑫ VARIABLE KNOB

소인시간(주기 T의 교정)을 설정하는 단자이다.

시계방향으로 돌리면 CAL 위치의 교정치가 되고, 반시계 방향으로 돌리면 2.5배 이상 지연된다.

⑬ TRACE.SEP

⑧에 의해 확대된 파형×10(5)를 ×1파형의 약 2div 이상 가변된다.

⑭ POSITION KNOB

휘선을 좌우로 이동시킨다 (CH1, CH2 공통)

⑮ 교정시 0.5m^{3}를 맞추기 위해 오른쪽 끝까지 돌린다.

㊲ Time/DIV 절환스위치

소인시간을 설정하는 스위치로 SWEEP TIME O.1μS/div~0.2s/div (20단)으로 전환할 수 있다.

⑯ TRIG MODE 절환 SWITCH

AUTO : 자동 동기 SWEEP이 되어 계속적으로 SWEEP한다. 동기 신호가 있을 때는 통상의 SWEEP으로 되고 파형은 정지하게 되지만 무신호 또는 동기가 맞지 않을 경우 자동적으로 휘선이 나타나며, 통상 이 MODE로 설정해 주면 편리하다.

NORM : 동기 SWEEP으로 되어 동기가 걸렸을 때만 SWEEP한다.
무신호 또는 동기가 맞지 않을 경우 휘선은 나타나지 않는다.
저주파 신호(25Hz)로 동기를 맞출 때도 사용한다.

TV-H : TRIG MODE가 TV로 설정할 때만 사용한다. (H 동기)

TV-V : TRIG MODE를 TV로 설정했을 때만 유효하고 TV 신호의 수직신호에 동기를 걸어서 관측할 때 사용한다.

⑰ TRIG LEVEL KNOB

TRIG LEVEL을 설정해서 파형의 어느 부분에서 SWEEP을 시작하느냐를 결정하는 단자이다.

⑱ SOURCE 절환 SWITCH

SWEEP 동기 신호원을 선택합니다.

INT : CH1 또는 CH2에 인가된 입력 신호가 동기신호원이 된다.

CH2 : CH2에 인가된 입력신호가 동기 신호원이 된다.

LINE : 전원주파수가 동기 신호원이 된다.

EXT : TRIG에 인가된 외부 동기신호가 동기신호로 된다.
수직축신호와는 별개로 특정신호로 동기시킬 때 사용한다.

⑲ EXT INPUT CONNECTOR

SWEEP의 부동기신호용 입력단자이다.

⑳ ㊱ PUSH S/W ×5 MAG GAIN KNOB를 눌렀을 경우

수직축의 이득이 5배로 확대되고 최대감도는 1mV/DIV로 된다.

㉑ PUSH S/W INVERT KNOB

KNOB을 늘른 상태에로 CH2에 인가된 입력 신호의 극성이 반전된다. 극성이 다른 2개의 파형을 비교할 때나, ADD을 사용해서 CH1과 CH2의 차 신호 (CH1)-(CH2)의 파형 관측에 편리하다. 통상 관측시에는 KNOB는 뺀 상태로 해준다.

㉒ ㉙ AC-GND-DC SWITCH

입력신호와 수직축 증폭기의 결합방식을 선택한다.

AC : 콘덴서를 통해 접속된다. 입력신호의 직류성분은 차단되고, 교류성분만이 표시된다.

GND : 수직축증폭기의 입력이 접지된다.

DC : 직접 접속된다. 입력 신호는 직류도 포함하여 그대로 표시된다.

㉓ ㉟POSITION

관면상의 휘선을 상하로 이동할 수 있는 단자이다.

㉔ CH2 INPUT CONNECTOR

CH1과 같지만 X-Y OSCLLOSCOPE로 사용할 때 이 단자로 입력된 신호는 Y축 신호로 된다.

㉔ ㉚

· ㉚은 CH1 INPUT CONNECTOR 단자로 수직입력용 CONNECTOR이다.
  이 단자로 입력된 신호는 X-Y OSCLLOSCOPE로 사용할 때 X축 신호가 되고

· ㉔는 CH2 INPUT CONNECTOR 단자로 이 단자로 입력된 신호는 Y축 신호가 된다.

㉕ ㉝ VOLTS/DIV 절환 스위치

수직축 편향 감도를 절환하는 STEP 감쇄기이다. 입력신호의 크기에 따라 관측하기 쉬운 RANGE로 5[mV]~5[V] 사이를 10의 범위로 절환시킨다.

㉖ ㉜ VAR KNOB

소인시간의 미세조절기로서, 입력신호의 크기를 조정하는 단자로 시계방향으로 돌리면 CAL 위치의 교정값이 되고, 반시계 방향으로 돌리면 2.5배이상 지연된다.

㉗ GND 단자

접지용 단자이다.

㉘ ㉛ ㉞

MODE 절환 KNOB로 ㉘은 CH2에 가해진 신호만 화면에 나타나고 ㉛은 ADD로서 CH1과 CH2 동시에 동작시킨다. CH1, CH2의 입력신호의 대수합 및 차의 신호를 표시한다. 또한 ㉞는 가해진 신호만 화면에 나타낸다.

■ 프로브(Probe)

피측정회로의 전압을 일반 도선으로 오실로스코프의 입력단자에 연결하면 전기장 또는 자장에 의한 잡음 신호가 입력신호에 중첩된다. 이 현상을 줄이기 위하여 동축 케이블로 된 프로브를 사용한다. 프로브에는 입력신호를 감소없이 입력단자에 연결해주는 배율 ×1인 프로브와 1/10로 감쇠시켜서 전송해 주는 프로브가 있다. 대부분의 프로브의 옆에 ×1, ×10을 선택하도록 되어있으며, 보통 ×1로 선택하여 사용한다.

[4] 오실로스코우프의 기본측정

1) 오실로스코우프의 기본조작 및 교정

① 오실로스코우프의 전원을 ON하기 전에 표 7-1과 같이 단자를 설정한다.

표 7-1

단 자	번호	위 치	단 자	번호	위 치	비 고
Intensity	③	중앙	TriG. Mode	⑯	Auto	프로브 감쇄비는 ×1로 둔다.
Focus	④	중앙	Source	⑱	INT	
Position 〈상,하〉	㉟	중앙	Position 〈좌,우〉	⑭	중앙	
Volts/Div	㉝	0.5V	MODE	㉚	CH1	
AC-GND-DC	㉙	AC or DC				
Time/Div	㊲	0.5m/s				

② 오실로스코우프의 전원을 ON하고 약 30초 정도 기다린다.

③ 촛점, 휘도, 수직 및 수평 위치를 조정하여 선명한 상이 되도록 한다.

④ 프로브를 CH-1의 Input에 연결하고, 프로브 끝을 CAL 0.5Vp-p (⑦번) 출력단자에 연결하면, (AL 0.5[V] 단자가 0.5[V], 1[KHz]로 교정된 단자이므로 그림 7-3과 같은 구형파가 나타낼 것이다. 아래의 파형이 정확히 맞지 않으면

⑤ Volt/DIV 조정인 ㉜번 단자를 딱소리 날때까지 오른쪽 끝까지 돌린다.

⑥ Time/DIV 조정인 ⑮번 단자를 오른쪽 끝까지 돌린다.

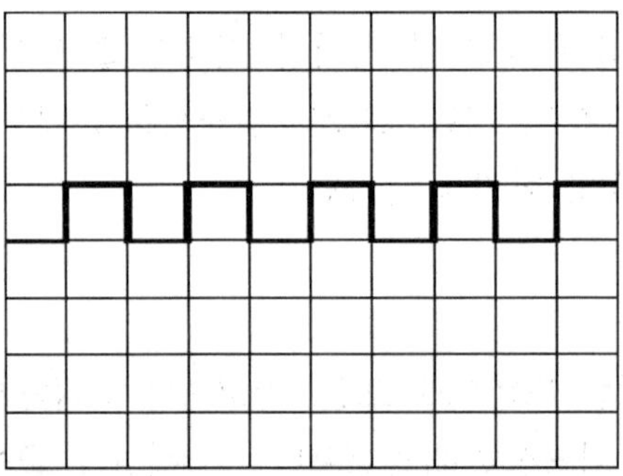

Volt/Div = 0.5[V], Time/Div = 0.5[ms]

그림 7-3 오실로스코우프의 교정파형

⑤ 그림 7-3에서 수직축에 1Div, 수평축 주기가 2DIV이므로 전압은 1DIV×0.5[V]=0.5[V]이고, 시간(주기)은 2DIV×0.5[ms]=1[ms]가 된다.

⑥ 따라서 주파수 $f = \frac{1}{T}$이므로 $f = \frac{1}{1 \times 10^{-3}} = 1[\mathrm{kHz}]$이다.

⑦ 만약 위의 파형이 정확히 나타나지 않으면 전압(수직축)은 ㉜(CH2의 경우 ㉖)으로, 시간(주기)은 ⑫번으로 그림 7-3이 되도록 한다.

⑧ 교정이 완료되었으면 출력단자 ⑦으로부터 프로브를 떼어낸다.

2) 전압측정

① 교정을 완료한 후 직류전압을 측정하고자 할 때는 AC(GND) DC(㉙)을 DC에 교류전압을 측정할 때에는 AC에 놓고 VOLTS/DIV (㉝)을 높은 배율에 놓는다.
② 측정단자에 프로브(probe)를 연결한 후 파형관측이 용이하도록, VOLTS/DIV을 측정하고자 하는 전압의 오차가 적도록 적절한 배율에 놓는다.
③ 수직이동거리와 VOLT/DIV의 배율에서 전압을 계산한다.

직류전압[V] = VOLT/DIV의 배율[V/cm]×수직이동거리(cm)×프로브감쇠비
교류전압[V] = VOLT/DIV의 배율[V/cm]×진폭(cm)×프로브감쇠비
최대전압[Vp] = $V_{p-p}/2$
실효전압[Vrms] = $V_p/\sqrt{2} = V_{p-p}/2\sqrt{2}$

[예제 1]

그림 7-4에서 직 · 교류 전압을 구하라.
(단 VOLTS/DIV의 배율은 1[V/m]이고 프로브 감쇄비는 1이다.)

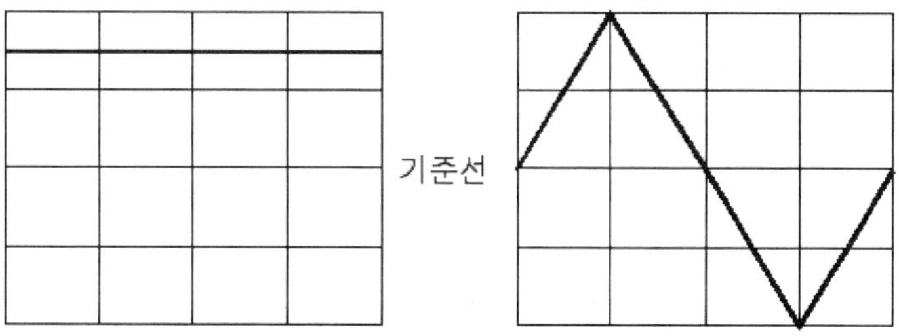

(a) 직류 전압 파형　　(b) 교류 전압 파형

그림 7-4　직 · 교류 전압 파형

풀이)　· 직류전압 = 1.5[V/m]×1[V/m]×1 = 1.5 [V]
　　　· 교류전압 = 4[V/m]×1[V/m]×1 = 4[V_{p-p}]

3) 주기(T) 및 주파수(f) 측정

① 오실로스코우프를 교정한다.
② TIME/DIV을 조정하여 한 주기분 이상의 파형이 나타나도록 하고 수평 POSITION

으로 파형을 수평눈금선에 맞춘다.

③ 수평거리와 TIME/DIV의 배율로부터 측정한다.

주기(T[sec]) = TIME/DIV의 배율 [sec/cm] × 수평거리[cm]
× 수평확대비의 역수(PULL × 5MAG, ⑨번 단자를 누를 경우)

주파수(f [Hz]) = 1/ T[sec]

④ ③의 경우 오실로스코우프의 ⑨번 단자를 누르지 않을 경우는 정상적 주기가 되고 누를 경우 주기 T는 1/5이나 1/10로 감소된다.
즉, 수평방향의 휘선이 50×10으로 확대된다.

[예제 2]

그림 7-5의 경우 ⑨번 단자를 적용해 보자.

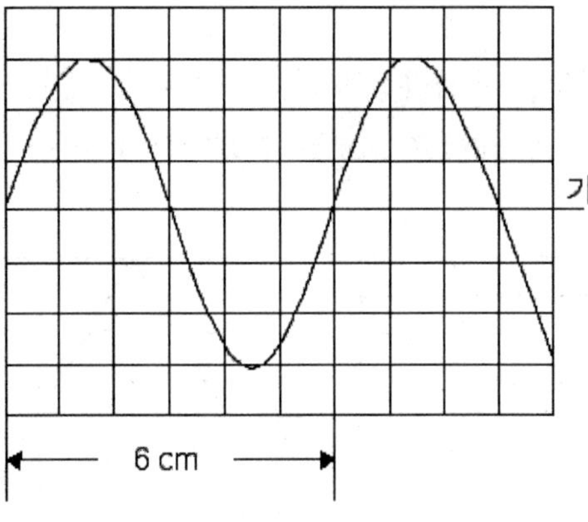

그림 7-5 주기(T) 및 주파수(f) 측정

· ⑨번 단자 누르지 않을 경우

$$T = 0.5\,[\mathrm{msec/cm}] \times 6\,[\mathrm{m}] = 3\,[\mathrm{m/sec}]$$

$$f = \frac{1}{T} = \frac{1}{3 \times 10^{-3}\,[\mathrm{sec}]} = 333.33[\mathrm{Hz}]$$

· ⑨번 단자를 누를 경우 (5MAG)

$$T = 0.5\,[\mathrm{msec/cm}] \times 6\,[\mathrm{cm}] \times \frac{1}{5} = 0.6\,[\mathrm{m/sec}]$$

$$f = \frac{1}{T} = \frac{1}{0.6 \times 10^{-3}[\mathrm{sec}]} \fallingdotseq 1.67[\mathrm{kHz}]$$

⑤ 신호주파수가 높을 경우 정상적인 주기에서는 신호주파수 주기를 식별하기 어려우므로, 이 때는 주기 T를 확대하여 조정하면 정확하다.

[예제 3]

주파수	정상주기 및 칸수	확대주기 및 칸수
1[kHz]	1[ms] × 1	0.5[ms] × 2
5[kHz]	0.2[ms] × 1	50[μs] × 4
10[kHz]	0.1[ms] × 1	20[μs] × 5
30[kHz]	0.0333[ms] × 1	5[μs] × 6.67

[5] 신호발생기

신호발생기는 정해진 주파수에서 다양한 형태의 파형을 갖는 전압을 공급하는 기기이다. 신호발생기는 모든 주파수 범위를 수용할 수 없으나 1[Hz]에서 수천[MHz]대의 주파수를 발생할 수 있다. 발생되는 파형은 정현파, 삼각파, 구형파 등이며 전원공급기와는 달리 시험용으로 사용하기 때문에 출력전압은 낮다. 함수발생기라도 불리는 특별한 형태의 신호발생기는 상대적으로 낮은 출력 전압의 정현파, 삼각파, 구형파 등의 파형을 광범위한 주파수대에서 발생시킬 수 있다.

신호발생기는 설계된 주파수 범위에 의해서 구별된다. AF 신호발생기는 수[Hz]에서 20[kHz]까지의 가청주파수 범위를 수용하며 수[V]에서 20[V] 이상의 출력전압을 갖는 단순한 정현파를 발생한다. 신호발생기는 주로 실험용으로 사용되므로 출력의 정확도와 안정성이 매우 중요하다.

[6] 신호발생기의 단자기능

신호발생기의 전면에 있는 조정단자들의 형태, 위치, 기능등은 생산회사에 따라 약간씩 다르지만 근본적인 기능은 거의 같다.

실험용으로 많이 쓰이는 신호발생기는 AG203E, FG-1882이다.

그림 7-6은 AG203E의 전면 PANEL이고, 그림 7-7은 FG-1882의 전면 PANEL로서 각 단자의 기능에 대해 설명한다.

AG203E가 간편하고, 쓰기가 단순하므로, 실험시 많이 사용되고 있다.

1) AG203E

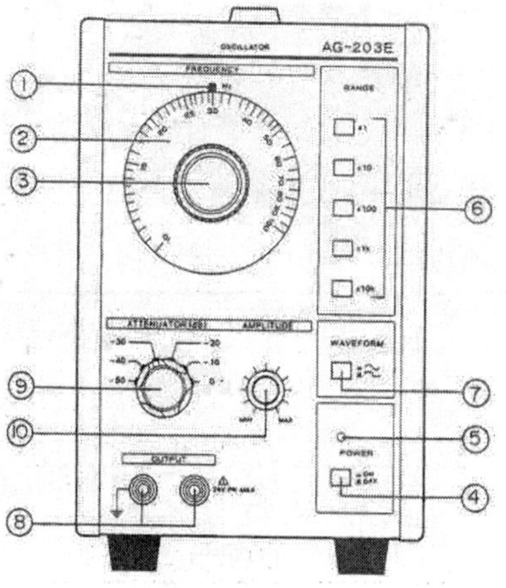

그림 7-6 AG203E 전면 PANEL

①, ②, ③ : 주파수 크기 선택 Dial 단자이다.

④ : Power ON/OFF 단자이다.

⑤ : Power ON시 녹색 lamp가 점등된다.

⑥ : 주파수 배유선택단자이다.

⑦ : 사인파, 구형파 선택단자로 Push-on하면 사인파, Push-off하면 구형파가 선택된다.

⑧ : 출력 ⊕, ⊖ 잭 연결단자이다.

⑨ : 파형의감쇄선택단자로 보통"0"으로 두고 실험한다.

⑩ : 파형의 진폭크기(V_{p-p}) 조절단자이다.

■ 만약 $V_{p-p}=8[\mathrm{V}]$ 이고, 주파수(f)를 3[kHz]의 사인파를 출력시키고자 할 때 ①, ②, ③의 dial을 30으로, ⑥번 단자의 배율을 ×100, ⑦번 단자를 사인파로 선택한다면

$$
\begin{aligned}
f &= 30 \times 100 \\
&= 3[\mathrm{kHz}]
\end{aligned}
$$

가 되고, ⑧번의 ⊕, ⊖ 잭을 오실로스코우프의 프로브에 연결한 후 현시되는 사인파 크기는 ⑩번 단자로 조절하면 되고 ⑨번 단자는"0"으로 선택한다.

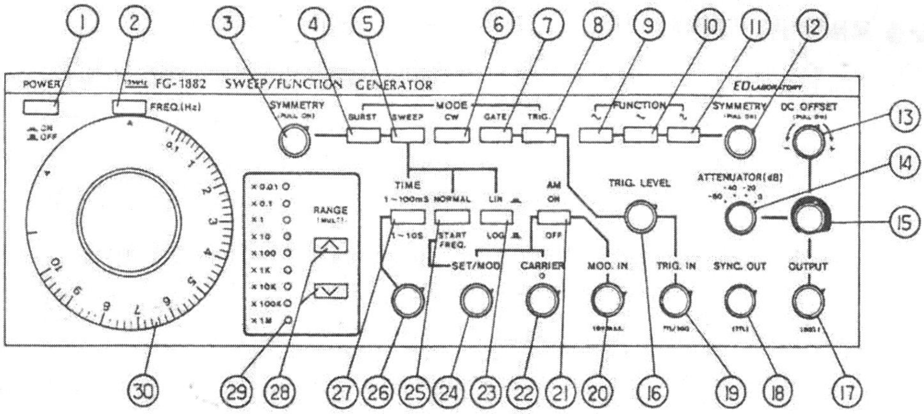

그림 7-7 FG-1882 신호발생기 전면 PANEL

① POWER : Main 전원 스위치로 push on/off 형이다.

② Dial 기준표시 : 선택하고자 하는 주파수의 배율이다.

③ symmetry : pull-on 상태로 돌리면 Burst 및 sweep 파형의 on/off 시간비를 임의로 조정할 수 있는 단자이다.

④ ⑤ ⑥ : 각각 출력 파형을 Burst, Sweep, CW Mode로 선택단자이다.

⑦ Gate : Gate 입력에 의해 출력을 on/off 시키는 Mode 선택 단자이다.

⑧ Trig : Trigger 입력에 의해 1개 파형이 출력하게 한다.

⑨ ⑩ ⑪ : 각각 Sine, Trianlle, Square 파형을 출력하는 단자로 측정하고자 하는 파형에 따라 선택하면 된다.

⑫ Symmetry : pull-ON 상태로 돌리면 출력파형을 20:80 혹은 80:20 범위에서 임의로 조정 가능하다.

⑬ DC offset : pull-ON 상태로 돌리면 출력파형의 ±DC offset 값을 조정할 수 있다.

⑭ Attenuator : 출력 파형을 0, 1/10, 1/100, 1/1000으로 감쇄시킨다.

⑮ Variable : ⑭번의 선택한 범위 내에서 출력 파형의 크기를 조정할 수 있다.

⑯ Trig.Level : Triggering Start 위치를 조정할 수 있다.
즉, Gate 또는 Trig Mode에서 어떤 출력 파형의 Start 위상을 조정할 수 있는 단자이다.

⑰ output : Function Generator의 출력 단자로, 보통 Hi에 프로브를 연결한다.

⑱ sync.out : 동기 신호 출력 connector로 TTL Level로 출력되며 출력 임피던스는 50[Ω]로 출력 파형에 대해 180° 위상차의 구형파가 출력된다.

⑲ Trig.IN : Trigger 또는 Gate 입력 connctor로 TTL Level로 입력된다.

⑳ Mod.IN : 진폭변조(Amplitude Modulation)을 위한 입력 신호 Connector이며 입력 주파수는 DC-1MHz, 진폭은 ±10V[AC+DC]이다.
㉑ AM[ON/OFF] : 진폭변조(AM) 기능을 ON/OFF 시킨다.
㉒ Carrier : 진폭변조(AM)에서 반송파 Level을 임의로 조정할 수 있다.
㉓ Lin./Log : Sweep Mode에서 Linear Sweep 또는 Logarithmic Sweep를 선택하게 한다.
㉔ Set/MOD : Start frequency(Sweep Mode에서)를 조정 Set 시키게 한다.
　㉕가 Start Freq로 되어야 하며, Modulation Level를 조정케 한다.
㉕ Nor/Start Freq : NOR(Normal)이 되면 정상상태, Start Freq이면 Sweep의 Start 주파수를 Set시킨다.
㉖ Time Adj : Burst 및 Sweep Time을 조정하는데 반시계 방향으로 돌리면 시간은 감소된다.
㉗ Time : Burst 또는 Sweep Time Range를 설정하며 이 때 ㉖Time 조정기와 함께 사용하게 된다.
㉘ Range : 설정 주파수 전환 Button으로 주파수에 따라 9단끼리 전환할 수 있다.
㉙ Range Indicator : 설정 주파수 표시 LED이다.
㉚ Dial : 설정 주파수 지시 눈금이다.

[7] 신호발생기의 사용법 및 파형 측정

1) 신호발생기의 사용법

신호발생기 사용법은 여러 가지가 있으나 가장 기본적으로 많이 사용되는 사인파, 삼각파, 구형파의 출력파형과 V_{p-p} 크기를 조정하는 법만 설명하고, 기타 AM 변조 등은 해당 실험시 메뉴얼을 참조하길 바란다.

① 기본파형(사인파, 삼각파, 구형파)를 측정하려면 CW 출력 MODE에서 필요한 파형을 얻게 한다.
② MODE에서 CW ⑥을 선택하고, Function의 ⑨ ⑩ ⑪ 중 필요한 파형을 선택한다.
③ 기본 파형의 출력 조정은 ⑭와 ⑮의 단자를 조정한다.
④ 주파수 선택은 ㉘ 단자의 Range를 선택하면 LED가 점등하고 ㉚단자의 Dial로 원하는 주파수 배율을 선택한다.
⑤ 출력 파형이 찌그러질 경우 ⑬번 단자로"+","-"off set 값을 적당히 조정한다.
⑥ 필요에 따라 다른 조정 단자를 이용하고 그 외는 모든 단자를 OFF시켜 놓는다.

2) 전압측정

① 신호발생기의 전원을 넣기 전에 신호발생기의 단자 기능 및 사용법을 익힌 후 표 7-2와 같이 단자를 설정한다.

실험에서 많이 쓰이는 사인파, 삼각파, 구형파의 기본파형의 현시에 대해 표 7-2, 표 7-3으로 간략히 설명하고 그 외 사항은 해당 Manual을 참고한다.

표 7-2 (AG-203E)

단자명	번호	용도 및 위치	비고
FREQUENCY	① ② ③	출력하고자 하는 주파수 크기를 dial로 선택한다.	
RANGE	⑥	출력하고자 하는 주파수의 배율을 선택한다.	
ATTENUATOR	⑨	출력하고자 하는 주파수 파형의 Vp-p 감쇄 선택, 대부분"0"으로 선택한다.	
AMPUTUDE	⑩	오실로스코우프에 현시된 출력파형을 보고 원하는 Vp-p값으로 적절히 맞추어준다.	

표 7-3 (FG-1882)

단 자	번호	용도 및 위치	비고
CW	⑥	PUSH-ON	
FUNCTION	⑨	사인파 PUSH-ON	
	⑩	삼각파 PUSH-ON	
	⑪	구형파 PUSH-ON	
ATTENUATOR	⑭	출력파형의 Vp-p 감쇄선택 대부분 0 [dB] 위치에 놓는다.	
AMPLITUDE	⑮	단자를 좌, 우로 돌리면서 Vp-p값의 조정	
RANGE 〈Mult〉 (주파수 선택)	㉘	원하는 LOW 주파수로 PUSH 해준다.	
	㉙	원하는 HIGH 주파수로 PUSH 해준다.	
FREQ. CHZ 〈주파수배율〉	②	원하는 LOW, HIGH 주파수의 배율 값에 다이알 조정	
DC OFFSET	⑬	출력 파형이 찌그러질 때 PUSH-ON, OFF하여 ± DC OFFSET 조정	

② 그림 7-7과 같이 장비를 결선하여 [예제 4]의 파형을 오실로스코우프에 현시시켜보시오.

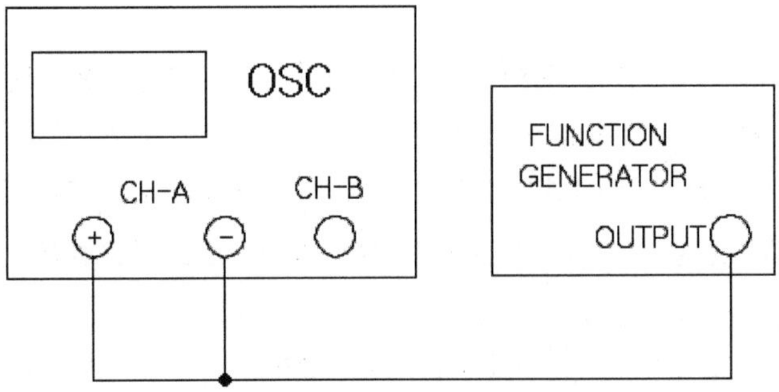

그림 7-8 오실로스코우프와 신호발생기의 연결

[예제 4]

V_{P-P} = 6[V]로, f =1[kHz]로 조정하라. (단 VOLTS/DIV = 1, TIME/DIV = 0.5[ms]로 한다)

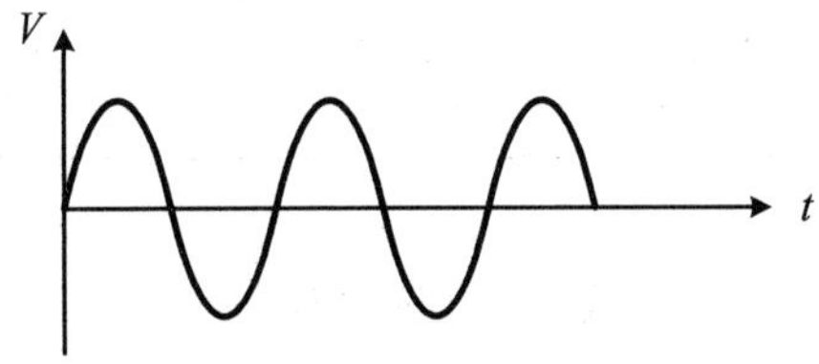

V_{P-P} = 4[V]로, f =2[kHz]로 조정하라. (단 VOLTS/DIV = TIMER/DIV = 1[ms]로 한다)

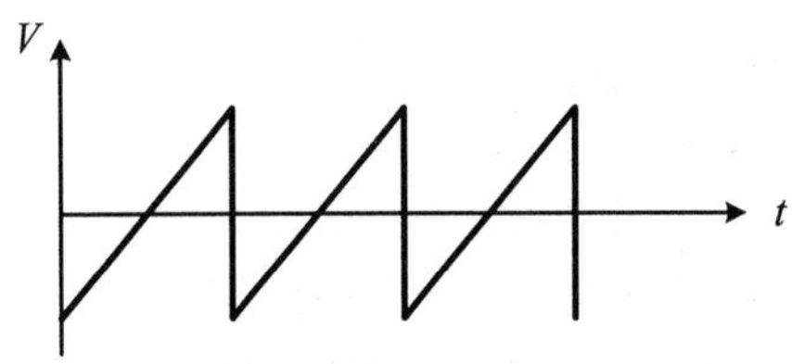

V_{P-P} =2[V]로, f = 500[Hz]로 조정하라.(단 VOLTS/DIV = 0.5, TIME/DIV = 1[ms]로 한다)

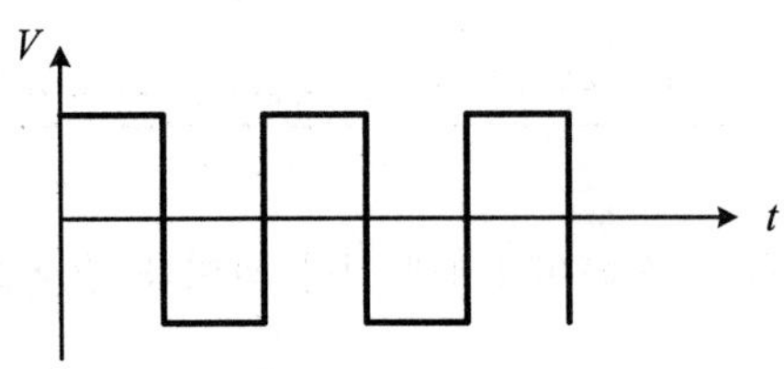

[예제 5]

아래 정현파의 V_{P-P}와 주파수(f)를 구하라.
〈단, VOLTS/DIV=1, TIME/DIV=0.5[ms]이다〉

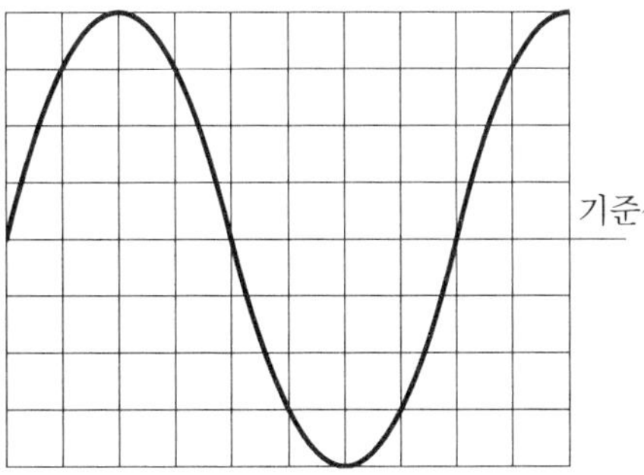

4. 실험순서

[1] 직류 전압 측정

① 오옴법칙에 의해 실험 회로 1에서 전압 $E=5,\ 10,\ 15,\ 20$[V]의 경우 V_1, V_2의 이론값을 계산하여 표 7-3에 기재한다.

② 오실로스코우프 CH1, CH2를 교정한다.

③ 실험 회로 1을 결선하고 표 7-3에 표시한 인가전압에 대해 저항 양단의 전압 V_1과 V_2를 오실로스코우프로 측정하여 표 7-3에 기입한다.
이 때 AC-GND-DC (㉙)의 결합선택 스위치는 DC에 놓는다.

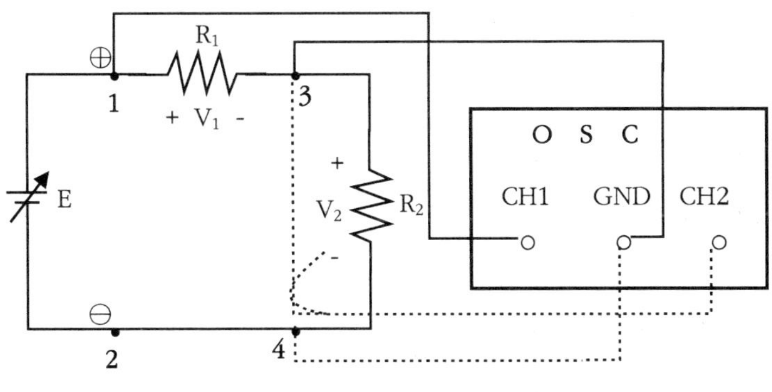

$E=0\sim20[\mathrm{V}],\ R_1=100[\Omega],\ R_2=300[\Omega]$

[실험회로 1] 직류 전압 측정 및 상비 연결도

④ 실험 회로 1에서 1, 2에는 전원 공급기의 ⊕, ⊖를 연결한다.
⑤ 1, 3에는 오실로스코우프의 CH1 프로브의 ⊕,⊖를 연결한다.(V_1 측정 : 실선)
⑥ 3, 4에는 오실로스코우프의 CH2 프로브의 ⊕,⊖를 연결한다.(V_2 측정 : 파선)
⑦ 모든 ⊖는 오실로스코우프의 접지에 공통 연결한다.
⑧ 위의 측정이 끝나면 디지털 멀티미터로 V_1, V_2를 측정한다.

[2] 교류 전압 측정

① 오옴법칙에 의해 실험 회로 2에서 V_1, V_2의 이론값을 계산하여 표 7-4에 기재한다.
② 오실로스코우프가 교정된 상태에서 실험 회로 2를 연결하고 표 7-4에 표시된 인가 전압에 대해 저항 양단 전압 V_1, V_2를 오실로스코우프를 이용 측정하여 표 7-4에 기입한다. 이 때 AC-GND-DC의 결합선택 스위치는 AC에 놓는다.

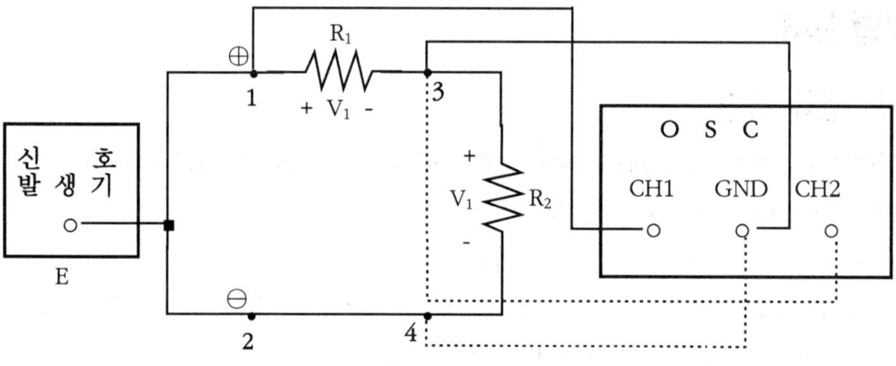

$E = 0 \sim 20[V]$, $1[kHz]$, $R_1 = 100[\Omega]$, $R_2 = 300[\Omega]$

[실험회로 2] 교류 전압 측정 및 장비 연결도

③ 실험 회로 2에서 1, 2에는 신호발생기의 ⊕, ⊖를 연결한다.
④ 직류전압 측정의 ⑤, ⑥, ⑦에 따라 실험한다.
⑤ 디지털 멀티미터로 V_1, V_2의 실효값을 측정한다.

[3] 주기 및 주파수 측정

[예제 6]

예제 3에 주어진 내용을 오실로스코우프로 현시시켜보시오.
〈단, V_{P-P}=8[V], 사인파, VOLT/DIV=2로 하라〉

5. 실험결과

실험 순서에 따른 결과를 아래 해당표에 기재하라.

표 7-3 직류 전압 측정

측정장비	전압 / V_1, V_2		5 V	10 V	15 V	20 V
오실로 스코우프	V_1	이론값				
		실험값				
		오 차				
	V_2	이론값				
		실험값				
		오 차				
디지털 멀티미터	V_1	이론값				
		실험값				
		오 차				
	V_2	이론값				
		실험값				
		오 차				

표 7-4 교류 전압 측정

측정장비	전압 / V_1, V_2		5 $V_{p\text{-}p}$	10 $V_{p\text{-}p}$	15 $V_{p\text{-}p}$	20 $V_{p\text{-}p}$
오실로 스코우프 F = 1[KHz]	V_1	이론값				
		실험값				
		오 차				
	V_2	이론값				
		실험값				
		오 차				
디지털 멀티미터 〈V_{rms}〉	V_1	이론값				
		실험값				
		오 차				
	V_2	이론값				
		실험값				
		오 차				

과제 및 검토 사항

1. 오실로스코우프의 구성과 단자 기능을 이해하였는가?

2. 신호발생기의 단자 기능과 기온 파형 측정법을 이해하였는가?

3. 오실로스코우프를 이용하여 직·교류 전압 측정법을 요약해보자.

4. 주기(T)와 주파수(f)의 관계에서 주파수가 높아질수록 주기(T)를 오실로스코우프상에서 정확히 조정하는 법을 설명하라.

5. 교류전압(Vp-p)와 실효전압(rms) 관계를 설명하라.

6. 오실로스코우프로 전압, 주기(T), 주파수(f)를 측정할 경우 발생할 수 있는 오차에 대해 설명하라.

실험보고서

학 과			학 년		제출일	20 / /
학 번			성 명			
실험조		평 가	A B C D F		확 인	
실험일	20 / /		온 도	℃	습 도	%
소 요 시 간			시간 분			

1. 실험제목 : 오실로스코우프 사용법

2. 실험목저

3. 실험관련 이론(요약)

4. 실험 결과
   표 7-1, 표 7-2, 표 7-3을 완성하여 첨부할 것

5. 실험 고찰 및 소감

실험 08

오실로스코우프를 이용한 두 신호의 위상차 및 주파수비측정

1. 실험 목표

[1] 오실로스코우프를 사용하여 두 신호에 대한 위상각의 측정법을 이해한다.

[2] 오실로스코우프를 사용하여 리사쥬도형에 의한 위상차와 주파수비를 측정한다.

2. 실험 장비 및 부품 (조당)

[1] 오실로스코우프 : 1대

[2] 신호발생기 : 1대

[3] 회로실험대(B.B) : 1대

[4] 저항 : 1[kΩ]

[5] 콘덴서 : 세라믹 0.1[μF] 1개

[6] 리드선 (굵은 것) : 약간

[7] 기타 Accessory : 1식

3. 실험 관련 지식

[1] 오실로스코우프를 이용한 위상차 및 주파수비 측정

오실로스코우프의 수직축 입력과 수평축 입력에 각각 같은 진폭의 신호 전압을 넣는다. 한쪽에는 미지주파수의 신호를 다른 한쪽에는 주파수가 판독되는 정현파 발진기의 출력신호를 넣는다. 그 다음에 발진기의 주파수를 변화시켜 양쪽의 주파수의 비가 정수가 되도록 하면 두 신호간의 주파수 및 위상차에 따른 리사쥬 도형(Lissajous figure)이 얻어진다. 이와 같은 리사쥬도형에 의해 두 신호간의 주파수비 및 위상차를 구할 수 있다.

[2] 위상차 측정

주파수가 같은 2개의 정현파 신호 간의 위상차(Phase difference) 측정은 오실로스코우프로 간단히 측정할 수 있다. 2현상 오실로스코우프로 두 신호간의 위상차를 측정하는 경우 두 신호를 수직입력(Y축)과 수평입력(X축)에 각각 연결하고 CRT면상에 두 신호의 크기와 주기(T)가 맞도록 TIME/DIV와 VOLTS/DIV를 조정하고, 그 후 신호발생기의 AMDLITUDE로 크기를 조정한다.

두 신호의 위상차는 다음과 같이 계산될 수 있다.

$$위상차(\theta) = \frac{위상편이의수평거리(DIV)}{1주기동안의수평거리(DIV)} \times 360°$$

■ **보기 1**

그림 8-1에서 위상차를 구하라.

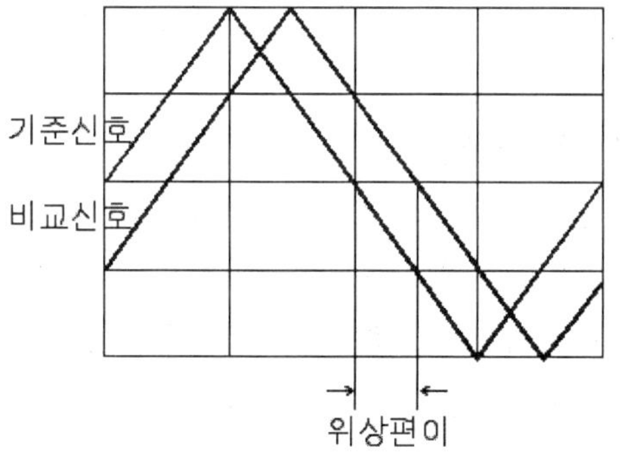

그림 8-1 두 신호의 위상차

풀이) $\theta = \frac{0.5}{4} \times 360° = 45°$이다.

그런데 V_1과 V_2의 $V_{p\text{-}p}$ 크기가 다를 경우에는 정확한 위상차를 계산하기 어려우므로 이 때는 리사쥬 도형(Lissajous figure)을 이용한다.

[3] 리사쥬 도형을 이용한 주파수 및 위상 측정

오실로스코프의 입력과 수평축 입력에 각각 같은 진폭의 신호전압을 넣는다. 한쪽에는 미지주파수의 신호를, 다른 한쪽에는 주파수가 판독되는 정현파 발진기의 출력신호를 넣는다. 그 다음에 발진기의 주파수를 변화시켜 양쪽의 주파수의 비가 정수가 되도록 하면 두 신호간의 주파수 및 위상차에 따른 리사쥬 도형(lissajous-figure)이 얻어진다. 이와 같은 리사쥬 도형에 의해 두 신호간의 주파수비와 위상차를 구할 수 있다.

오실로스코프의 수평축 동작방식 선택기를 X-Y 동작위치로 하면 소인회로를 정지시켜 X-Y 오실로스코프로 동작시킨다. 2현상 오실로스코프에서는 CH1과 CH2의 증폭기를 X축, Y축의 증폭기로 각각 사용하므로 감도도 같게 되고 또한 감쇄기도 그대로 사용할 수 있다.

리사쥬 도형에 의해 미지의 신호주파수를 알아내기 위해서 수평축(X축)에 미지 주파수 신호를, 수직축(Y축)에 기지 주파수의 신호를 넣고 두 입력신호의 진폭이 같지 않을 경우에는 입력감쇄기 및 미세조정기를 조절하여 정사각형 안에 리사쥬도형이 나타나도록 한다. 기지의 주파수를 가변하여 변한 리사쥬 도형이 나타나면 그 도형으로부터 미지의 주파수를 다음의 관계식으로부터 구할 수 있다.

$$\frac{\text{미지주파수}(f_x)}{\text{기지주파수}(f_y)} = \frac{\text{수평입력주파수}}{\text{수직입력주파수}} = \frac{\text{수직선과의교차접점수}}{\text{수평선과의교차접점수}}$$

1) 리사쥬 도형을 이용한 위상 측정

2개의 동일 주파수의 정현 신호간의 위상차(Phase difference)를 측정하기 위해서는 두 신호를 수직입력(Y축=CH1)과 수평입력(X축=CH2)에 각각 인가하고 CRT면 상의 리사쥬 도형이 정사각형 안에 나타나도록 입력감쇄기 및 미세 조정기를 조정한다. 전체의 크기(B), (D)와 수직축(Y축)에 접합 값(A), (C)의 비로써 구한다. 이에 따른 수식은 다음과 같다.

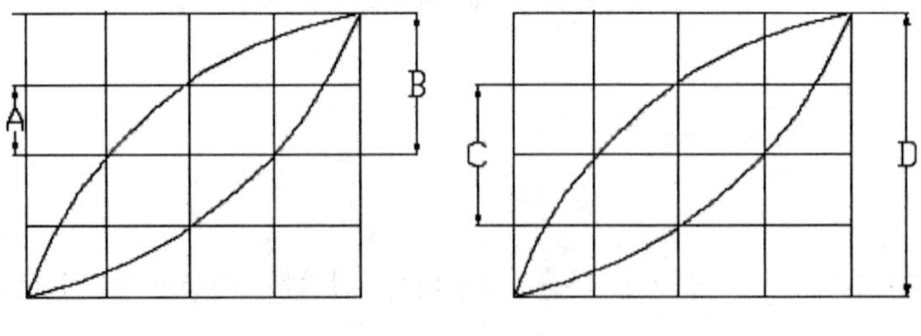

(a) (b)

그림 8-2 리사쥬 도형의 위상차

위의 그림에서 $\theta = \sin^{-1}\dfrac{A}{B}$ 혹은 $\theta = \sin^{-1}\dfrac{C}{D}$로 계산된다.

만약 예측된 두 신호의 위상차가 매우 작을 때(대략 10°미만일 때)는 $\theta = \sin^{-1}\dfrac{C}{D}$ 공식을 사용하는 것이 정확도가 뛰어나다.

■ **보기 2**

그림 8-3에서 위상차를 구하라.

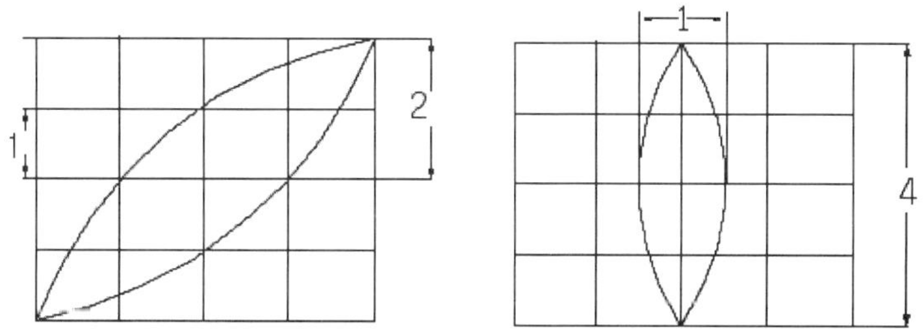

그림 8-3 리사쥬 도형에 의한 위상차 계산

풀이) 〈a〉의 경우

$$\theta = \sin^{-1}\frac{1}{2} = 30^\circ$$

〈b〉의 경우

$$\theta = \sin^{-1}\frac{1}{4} = 14.48^\circ$$

2) 리사쥬 도형을 이용한 주파수 측정

오실로스코프의 TIME/DIV를 X-Y에 고정시켜두고 미지주파수를 수평 입력에 가하면 주파수에 따라 여러 형태의 도형이 나타난다.

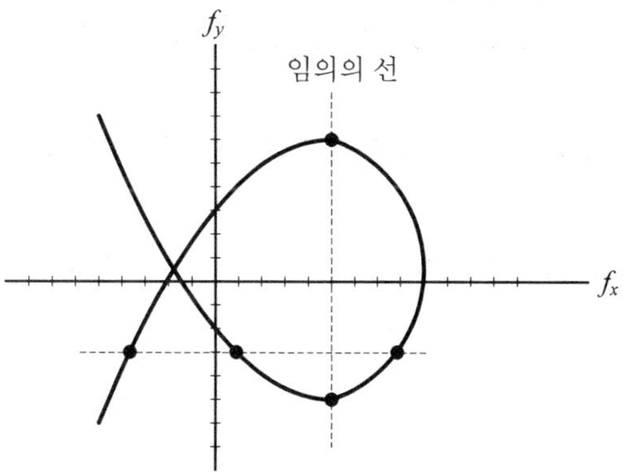

그림 8-4 리사쥬 파형

① 그림 8-4와 같은 도형이 나타나면 수평 f_x와 수직 f_y를 임의로 선을 그어(선을 그릴 때 도형의 만나는 점은 피하여 그린다) 만나는 점을 이용하여 계산한다.

② 만나는 접점수 $f_x = 3$개

$f_y = 2$개

③ $f_x : f_y = 3 : 2$

④ 수직 입력 단자에 가해진 기지주파수를 미리 알고 있기 때문에

$$f_x = \frac{3}{2} f_y$$

로 계산할 수 있다.

■ **보기 3**

수직축에 미지주파수 f_y신호를 수평 축에 미지주파수 f_x를 오실로스코프에 인가했을 때의 리사쥬 도형이 그림 8-5이다. 이 때 미지주파수 f_y를 구하라.
(단, 수평축에 120[kHz]의 주파수를 인가했다.)

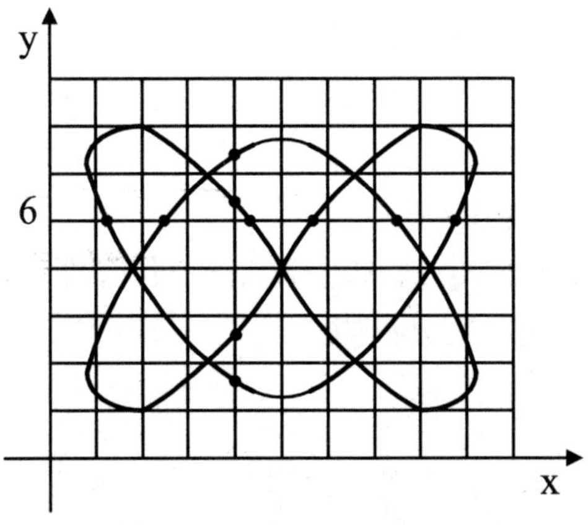

그림 8-5 리사쥬 도형에 의한 주파수 계산

풀이) 그림 8-5의 리사쥬 도형에서 수평 대 수직의 비는 6:4이므로

$$f_x : f_y = 6 : 4$$

그러므로

$$6f_y = 4f_x$$

$$f_y = \frac{4}{6} \times f_x$$

$$= \frac{4}{6} \times 120\,[\text{kHz}]$$

$$= 80\ [\text{kHz}]$$

표 8-1은 두 주파수와 위상에 따른 리사쥬 도형이다.

표 8-1 위상비와 주파수비와의 리사쥬 도형

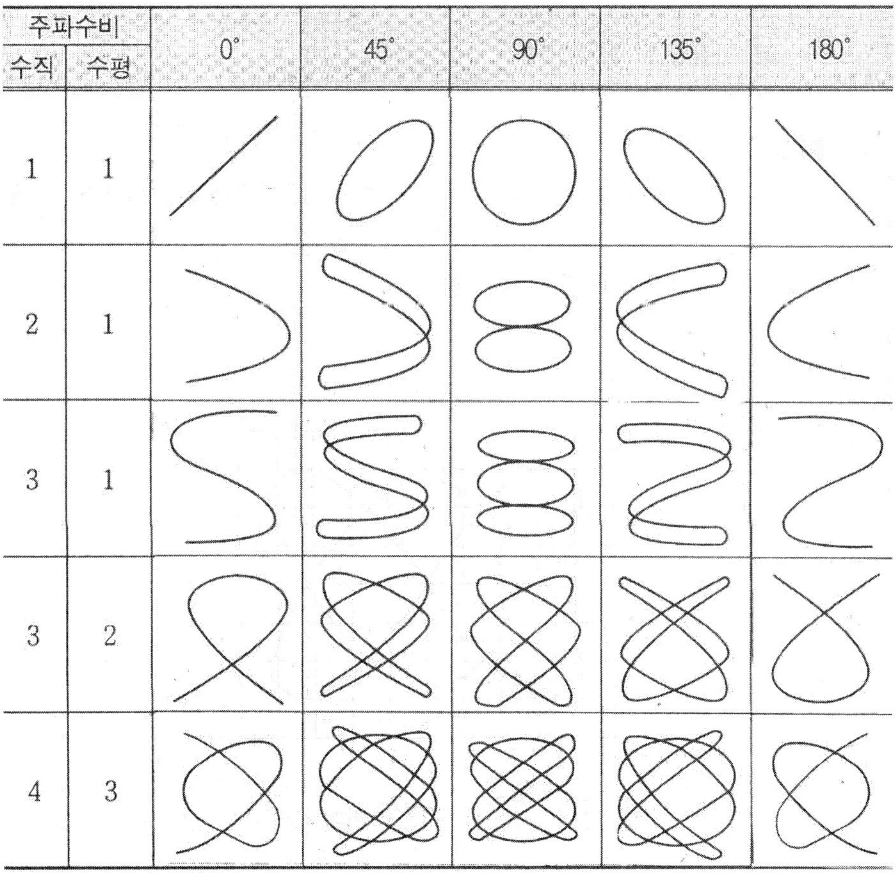

[4] R·C 회로 분석

위상차를 측정하기 위해서 보통 R·C 회로를 많이 사용하므로 실험을 행하기전 R·C 회로를 간단히 분석해 본다.

1) 케패시턴스(capaitance)만의 회로

다음 회로에서 전류 $i = \frac{d}{dt}q$

$$= \frac{d}{dt} C V_m \sin\omega t$$

$$= \omega C V_m \cos\omega t$$

$$= \omega C V_m \sin(\omega t + \frac{\pi}{2})$$

$$= \omega C V_m \sin(\omega t + 90^\circ)$$

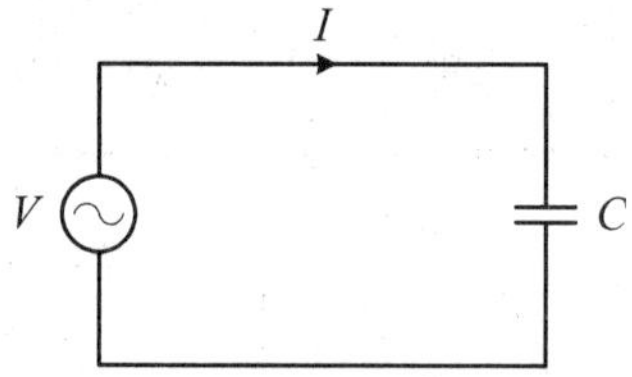

그림 8-6 C만의 회로

∴ C만의 회로에서는 전류가 전압보다 위상이 90°앞선다는 것을 알 수 있다.
또한 크기와 방향을 고려한 전류

$$I = \frac{V}{X_c}$$

로 구할 수 있다.

여기서 $X_c = \frac{1}{\omega C} = \frac{1}{2\pi f C}[\Omega]$로 구할 수 있고, 이를 용량 리액턴스(Reactance)라고 한다.

2) R · C 직렬회로

① R · C 직렬 회로의 V_R, V_C의 관계

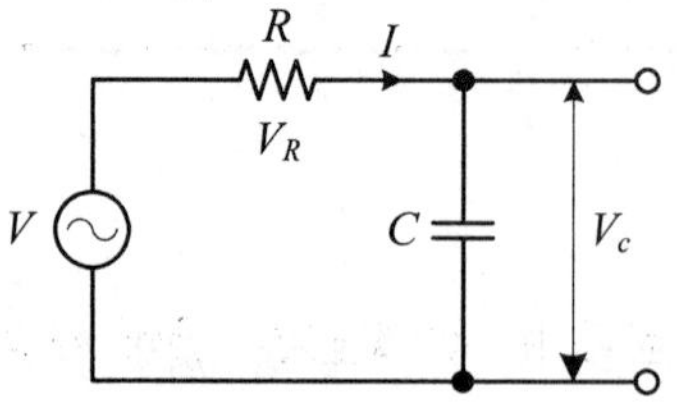

그림 8-7 R · C만의 회로

$$\dot{V}_R = R \cdot I \qquad V_c = X_c \cdot \dot{I}$$

$$= \frac{1}{j\omega C} \cdot \dot{I}$$

$$\dot{V} = \dot{V}_R + \dot{V}_C$$

크기만 구하면

$$V = \sqrt{V_R^2 + V_C^2}$$

$$= \sqrt{(R \cdot I)^2 + \left(\frac{1}{\omega C} \cdot I\right)^2}$$

$$= I\sqrt{R^2 + \left(\frac{1}{\omega C}\right)^2}$$

$$\therefore\ I = \frac{V}{\sqrt{R^2 + \left(\frac{1}{2\pi f C}\right)^2}}$$

$$= \frac{V}{Z}$$

이다.

여기서 $\sqrt{R^2 + \left(\frac{1}{2\pi f C}\right)^2}$ 을 R·C 직렬회로의 임피던스(Impedance)라 하고, Z로 표시한다.

② 위상차(θ) 계산

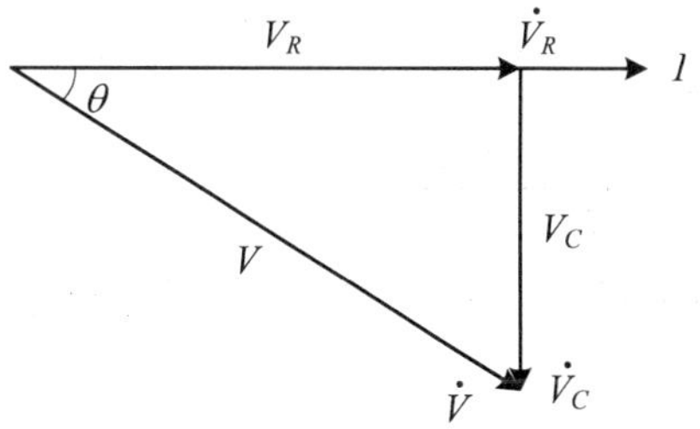

그림 8-8 R·C 직렬 회로의 V·I 위상 관계

그림 8-8에서 위상은 다음과 같이 계산할 수 있다.

$$\tan\theta = \frac{\dot{V}_c}{\dot{V}_R}$$

$$= \frac{\frac{1}{\omega C} \cdot I}{R \cdot I}$$

$$= \frac{\frac{1}{\omega C}}{R}$$

$$= \frac{1}{\omega CR}$$

$$\therefore\ \theta = \tan^{-1}\frac{1}{\omega CR}[\,^\circ\,]$$

4. 실험순서

[1] 위상차 측정

① 실험 회로 1에서 $V = 2V_{p-p}$이고 주파수를 1[1kHz], 10[kHz], 30[kHz]일 때 각각 V_R, V_C, θ를 구하여 표 8-2에 기입한다.

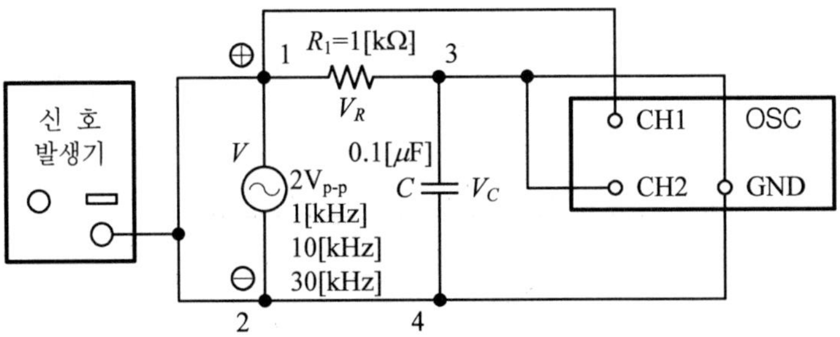

[실험회로 1] R · C 직렬회로 및 장비 연결도

② 오실로스코우프의 CH1, CH2를 교정한다.

③ 신호발생기로 V_{p-p}는 2[V]로, 주어진 주파수에 대한 주기(T)를 조정하는 법을 익힌다.

④ 실험 회로 1을 결선한다.

⑤ 실험 회로 결선 시 신호발생기의 ⊕는 1, ⊖는 2에 오실로스코우프 CH1 프로브의

⊕는 1, ⊖는 3에 연결한다.

⑥ 오실로스코우프 CH2 프로브의 ⊕는 3, ⊖는 4에 연결한다.

⑦ 모든 ⊖는 오실로스코우프의 접지에 공통 연결한다.

⑧ 오실로스코우프에 현시되는 파형을 보고 위상차를 계산하여 표 8-2에 그리거나 기재하여 이론값과 비교해 본다.

[2] 주파수비 측정

① 실험 회로 2를 결선한다.

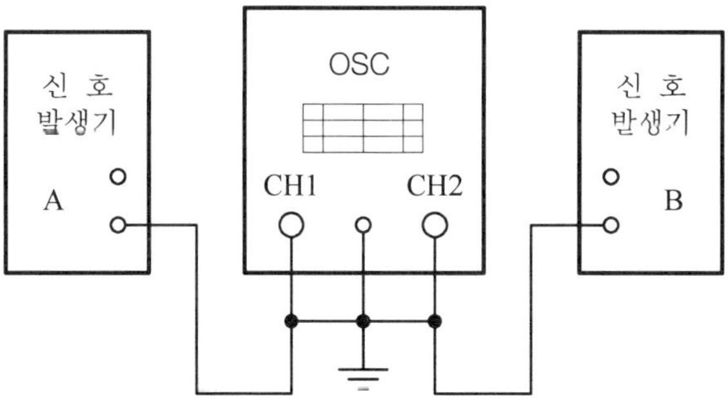

[실험회로 2] 주파수비 회로 결선도

② 오실로스코우프의 CH1, CH2를 교정한다.

③ 기지주파수를 CH1에 미지 주파수를 CH2에 연결한다.

④ 기지주파수와 미지주파수의 비를 표 8-3에 있는 값들로 변화시키면서 리사쥬 도형을 관찰한다.

⑤ 관찰한 리사쥬 도형이 표 8-1에 있는 것과 동일한가를 비교해 보자.

⑥ 수평, 수직선 교차 접선 수를 찾아서 주파수비를 계산해 보아라.

⑦ 단, 주파수 값은 각자가 선택하라.

5. 실험결과

실험 순서에 따른 결과를 아래 해당 표에 기재하거나 그려라.

표 8-2 위상차 측정

입력신호 (정현파)	위상차 (이론값)	위상차		Vc		비고
		위상변위	리사쥬 도형	이론값	측정값	
$V_{p\text{-}p}$ 2[V] 1[kHz]						
$V_{p\text{-}p}$ 2[V] 10[kHz]						
$V_{p\text{-}p}$ 2[V] 30[kHz]						

표 8-3 주파수 비 측정

기지주파수 배율	미지주파수 배율	리사쥬 도형	리사쥬 도형에 의한 주파수 계산
1	1		
2	1		
3	1		
3	2		
4	3		

과제 및 검토 사항

1. 두 신호의 위상차를 Time/Div 상에서와 리사쥬 도형에서 계산하는 방법을 이해하였는가?

2. 기지 및 미지 주파수 비의 배율에 따라 나타나는 리사쥬 도형의 형태를 알 수 있는가?

3. 주파수 비가 다를 때 리사쥬 도형을 보고 접선 수를 이용하여 미지의 주파수를 계산하는 방법을 간략히 설명하라.

4. 3의 예를 하나 들어 보아라.

실 험 보 고 서

학 과		학 년		제출일	20 / /
학 번		성 명			
실험조		평 가	A B C D F	확 인	
실험일	20 / /	온 도	℃	습 도	%
소 요 시 간		시간 분			

1. 실험제목 : 오실로스코우프를 이용한 두신호의 위상 및 주파수 측정

2. 실험목적

3. 실험관련 이론(요약)

4. 실험 결과

표 8-2, 표 8-3을 완성하여 첨부할 것

5. 실험 고찰 및 소감

실험 09

키르히호프의 법칙(Kirchhof's Law)

1. 실험 목표

[1] 키르히호프 제1법칙(전류법칙)과 제2법칙(전압법칙)을 이해한다.
[2] 키르히호프의 법칙(Kirchhof's Law)을 실험을 통해 증명한다.

2. 실험 장비 및 부품(조당)

[1] 전원공급기 : 1대
[2] 디지털 멀티미터 : 3대
[3] 브레드보드(B.B) : 1대
[4] 저항 3개 (100Ω×1, 200Ω×1, 390Ω×1)
[5] 리드선 : 약간
[6] 기타 Accessory : 1식

3. 실험 관련 지식

전기회로망의 구성은 직렬과 병렬로 연결되며, 회로 내의 시간적으로 변화하는 전류나 전압의 상관관계를 정의한 법칙으로써, 단순한 옴의법칙(Ohm's Law)만으로 복잡한 회로망(Circuit Network)의 해석이 널리 사용되고 있으며, 제1법칙(전류법칙), 제2법칙(전압법칙)이 있다.

[1] 키르히호프 제 1 법칙 (전류법칙 = KCL)

■ 정의

① 회로망의 임의의 한 접속점(node)에 유입되는 전류의 총합과 유출되는 전류의 총합과 같다.

$$\sum_{i=1}^{n} I_i = \sum_{i=1}^{n} I_0$$

② 회로망의 임의의 한 접속점(node)에 유출입하는 전류의 대수합은"0"이다.

$$\sum_{i=1}^{n} I_{i0} = 0$$

그림 9-1에서 5개의 가지(branch)가 한 개의 접속점(node)을 이루고 접속점으로 유입되는 전류를 ⊕방향, 유출되는 전류를 ⊖방향으로 하여 KCL을 적용하면

$I_1 + I_3 + I_4 = I_2 + I_5$ 이므로

$I_1 - I_2 + I_3 + I_4 - I_5 = 0$ 이 된다.

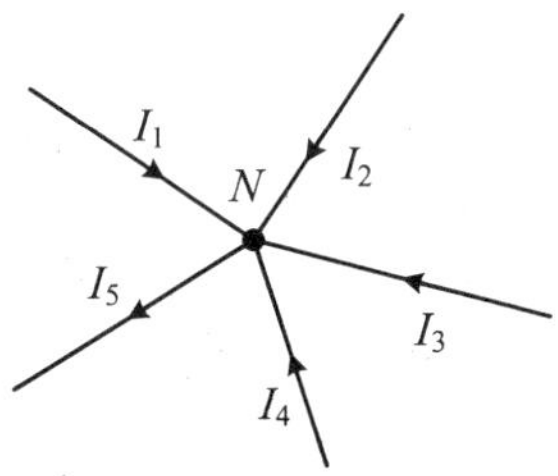

그림 9-1 전류의 법칙

[2] 키르히호프 제2법칙 (전압법칙 = KVL)

■ 정의

임의의 폐회로망(Closed loop Network) 내의 기전력의 대수합은 그 폐회로망 내의 각 소자에 의한 전압강하의 합과 같다.

$$\sum_{i-1}^{n} E_i = \sum_{j-1}^{n} R_j I_j$$

그림 9-2의 폐회로 (I), (II)에서 KVL을 적용하면

$$E_1 = I_1 R_1 + I_3 R_3 \text{ [V]}$$
$$E_2 = I_2 R_2 + I_3 R_3 \text{ [V]}$$

로 표시된다.

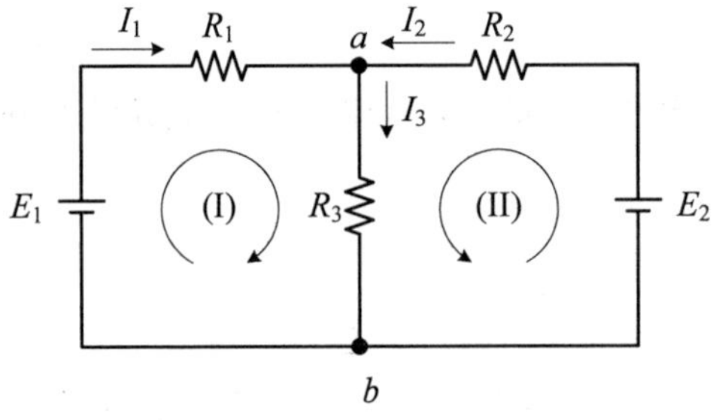

그림 9-2 전압의 법칙

[3] 폐회로망에서 키르히호프 법칙의 계산예

그림 9-3의 회로에서 I_1, I_2, I_3, V_1, V_2, V_3를 구하여 키르히호프 전류, 전압법칙이 성립함을 증명하라.

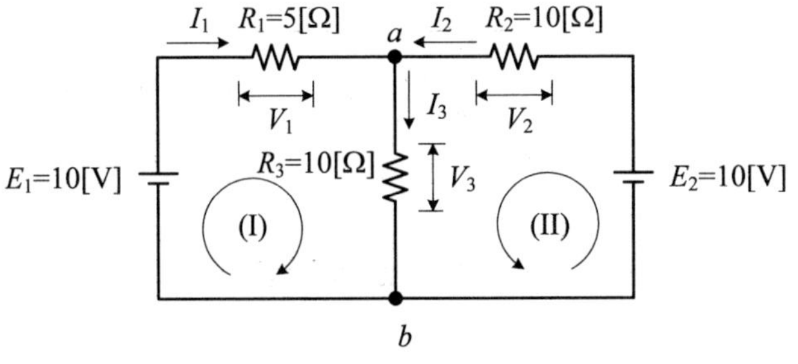

그림 9-3 키르히호프 법칙의 계산예

풀이) 회로에서 KCL, KVL을 각각 적용하면

절점 a에서 $I_1 + I_2 = I_3 \rightarrow I_1 = I_3 - I_2$ ——— ①

폐회로(I)에서 $E_1 = R_1 I_1 + R_3 I_3 \rightarrow 10 = 5 I_1 + 10 I_3$ ——— ②

폐회로(II)에서 $E_2 = R_2 I_2 + R_3 I_3 \rightarrow 10 = 10 I_2 + 10 I_3$ ——— ③

식 ①을 식 ②에 대입하면

$$10 = -5I_2 + 15I_3 \qquad \text{—— ④}$$

이다. 식 ③을 다시 쓰면

$$10 = 10I_2 + 10I_3 \qquad \text{—— ③}$$

이고, 상기 식 ④, ③을 각각 5로 나누면

$$2 = -I_2 + 3I_3 \qquad \text{—— ⑤}$$
$$2 = 2I_2 + 2I_3 \qquad \text{—— ⑥}$$

이 된다. 식 ⑤, ⑥의 I_2, I_3를 구하기 위해 크래머(Kramer) 법칙을 도입하면

$$\left.\begin{array}{l} c_1 = a_1x + b_1y \\ c_2 = a_2x + b_2y \end{array}\right\}$$

에서 x, y를 구하면 다음과 같다.

$$x = \frac{\begin{vmatrix} c_1 & b_1 \\ c_2 & b_2 \end{vmatrix}}{\begin{vmatrix} a_1 & b_1 \\ a_2 & b_2 \end{vmatrix}} = \frac{c_1b_2 - b_1c_2}{a_1b_2 - b_1a_2}, \qquad y = \frac{\begin{vmatrix} a_1 & c_1 \\ a_2 & c_2 \end{vmatrix}}{\begin{vmatrix} a_1 & b_1 \\ a_2 & b_2 \end{vmatrix}} = \frac{a_1c_2 - c_1a_2}{a_1b_2 - b_1a_2}$$

따라서, 상기식을 이용하여 식 ⑤, ⑥의 I_2, I_3를 구하면

$$I_2 = \frac{\begin{vmatrix} 2 & 3 \\ 2 & 2 \end{vmatrix}}{\begin{vmatrix} -1 & 3 \\ 2 & 2 \end{vmatrix}} = \frac{4-6}{-2-6} = \frac{1}{4} = 0.25 = 250[\mathrm{mA}]$$

$$I_3 = \frac{\begin{vmatrix} -1 & 2 \\ 2 & 2 \end{vmatrix}}{\begin{vmatrix} -1 & 3 \\ 2 & 2 \end{vmatrix}} = \frac{-2-4}{2-6} = \frac{3}{4} = 0.75 = 750[\mathrm{mA}]$$

I_1은 식 ①에 의해

$$I_1 = I_3 - I_2 = 750 - 250 = 500[\mathrm{mA}]$$

가 되어 키르히호프 전류법칙이 성립함을 알 수 있다.

상기 전류값을 ②식과 ③식에 대입하여 풀면

$$\underset{E_1}{10} = \underset{V_1}{\underline{5 \times 0.5}} + \underset{V_3}{\underline{10 \times 0.75}} \quad \text{(loop I)}$$

$$\underset{E_2}{10} = \underset{V_1}{\underline{5 \times 0.25}} + \underset{V_3}{\underline{10 \times 0.75}} \quad \text{(loop II)}$$

가 되어 loop I, II에서 키르히호프 전압법칙이 성립함을 알 수 있다.

4. 실험순서

① 아래의 실험 회로를 보고 $E_1 = 6[\mathrm{V}]$, $E_2 = 9[\mathrm{V}]$와 $E_1 = 10[\mathrm{V}]$, $E_2 = 10[\mathrm{V}]$의 경우 각각 I_1, I_2, I_3, V_1, V_2, V_3를 계산하여 그 값들이 키르히호프 제1, 제2법칙이 성립함을 확인한 후 표 9-1, 표 9-2에 이론값을 각각 기재하라.

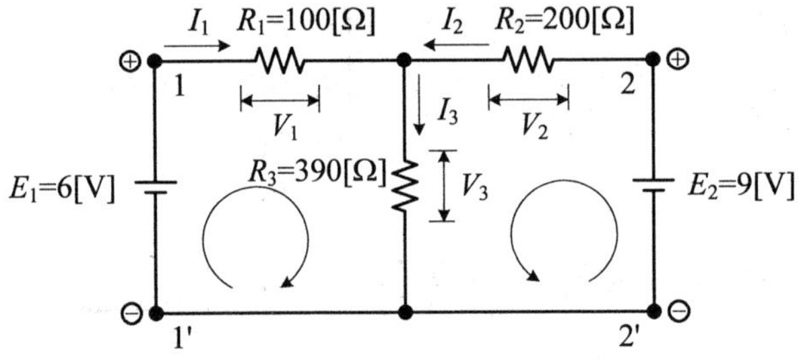

[실험회로] 키르히호프 법칙 회로

② 실험 회로를 결선하라. 이 때 1.1', 2.2'에는 직류전압공급기 ⊕, ⊖를 각각 연결하고 각 전류와 전압은 디지털 멀티미터를 이용한다.

③ E_1, E_2를 표 9-1, 표 9-2에 주어진 값들로 조정하여, 그 때 전압, 전류를 측정하여 기재하라.

5. 실험결과

[1] 전류 측정

표 9-1 키르히호프 법칙에 의한 전류 측정

공급전압 E_1	공급전압 E_2	전류 / 항목	I_1 [mA]	I_2 [mA]	I_3 [mA]	$I_3 = I_1 + I_2$ [mA]
6	9	이론값				
		측정값				
10	10	이론값				
		측정값				

[2] 전압 측정

표 9-2 키르히호프 법칙에 의한 전압 측정

공급전압 E_1	공급전압 E_2	전압 / 항목	V_1 [V]	V_2 [V]	V_3 [V]	$E_1 = V_1+V_3$ [V]	$E_2 = V_2+V_3$ [V]
6	9	이론값					
		측정값					
10	10	이론값					
		측정값					

과제 및 검토 사항

1. 키르히호프 제1, 제2법칙을 이해하였는가?

2. 표 9-1, 표 9-2에서 키르히호프 전류, 전압 법칙이 성립함을 확인하라.

3. 아래의 응용회로에서 키르히호프 전류, 전압 법칙이 성립함을 증명하라.

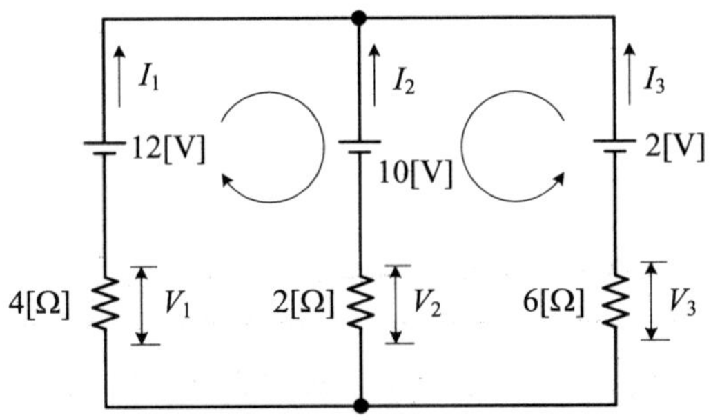

실험보고서

학 과			학 년		제출일	20 / /
학 번			성 명			
실험조		평 가	A B C D F		확 인	
실험일	20 / /		온 도	℃	습 도	%
소 요 시 간			시간 분			

1. 실험제목 : 키르히호프 법칙

2. 실험목적

3. 실험관련 이론(요약)

4. 실험 결과
   표 9-1, 표 9-2를 완성하여 첨부할 것

5. 실험 고찰 및 소감

실험 10

중첩의 원리(Law of Superposition)

1. 실험 목표

[1] 다수의 전원을 포함하는 회로망의 전류분포를 중첩의 원리를 이용하여 구해본다.
[2] 중첩의 원리를 실험을 통해 이해한다.

2. 실험 장비 및 부품 (조당)

[1] 전원공급기 : 1대
[2] 디지털 멀티미터 : 3대
[3] 브레드보드 (B.B) : 1대
[4] 저항 3개 (100Ω×1, 220Ω×1, 330Ω×1)
[5] 리드선 : 약간
[6] 기타 Accessory : 1식

3. 실험 관련 지식

중첩의 원리는 고성능 음향계통, 전화, 방송 등 수많은 측정기기의 기본원리가 되는 중요한 법칙이다.

[1] 정의

다수의 전원을 포함하는 선형회로망 중의 임의의 점에서 전류분포는 각 전원이 단독으로 존재하는 경우의 전류분포의 합과 같다. 이 때 제거하는 전압원은 단락(short)하고, 전류원은 개방(open)한다.

[2] 중첩의 원리를 적용시키는 단계

① 단계 1 : 한 번에 한 개의 전압(전류)원을 취하고, 다른 전압(전류)원은 단락(개방)시킨다.

② 단계 2 : 회로에 전원이 한 개만 있는 것으로 생각하여 원하는 지로의 전류(전압)을 구한다.

③ 단계 3 : 회로 내의 다른 전원에도 단계 1, 2를 반복한다.

④ 단계 4 : 필요한 전류, 전압을 구하려면 각 개별적인 전원에 의한 전류 또는 전압을 더하거나 뺀다. 전류가 동일방향이거나 전압이 동일 극성이면 더한다. 만약 전류의 방향이 반대이거나 전압의 극성이 반대이면 큰 것에서 작은 것을 빼주어 큰 것의 방향으로 또는 극성으로 방향을 정한다.

⑤ 위의 모든 단계에서 구한 전류와 전압은 키르히호프 법칙이 성립하여야 한다.

[3] 회로 고찰

중첩의 원리 적용 단계를 그림 10-1에 나타내었다.

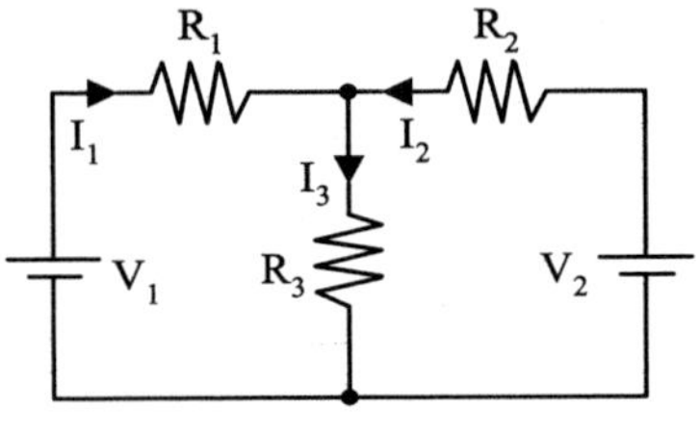

(a) 전체회로

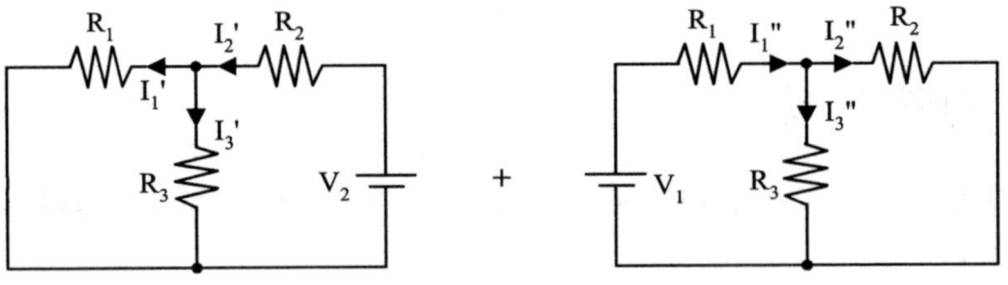

(b) V_1 제거시 (c) V_2 제거시

그림 10-1 중첩의 원리를 이용한 전압원

그림 10-1에서 전류 분포의 합은 다음과 같다.

$$I_1 = I_1'' - I_1'$$
$$I_2 = I_2' - I_2''$$
$$I_3 = I_3' + I_3''$$

■ **보기 1**

그림 10-2에서 중첩의 원리가 성립함을 보여라.

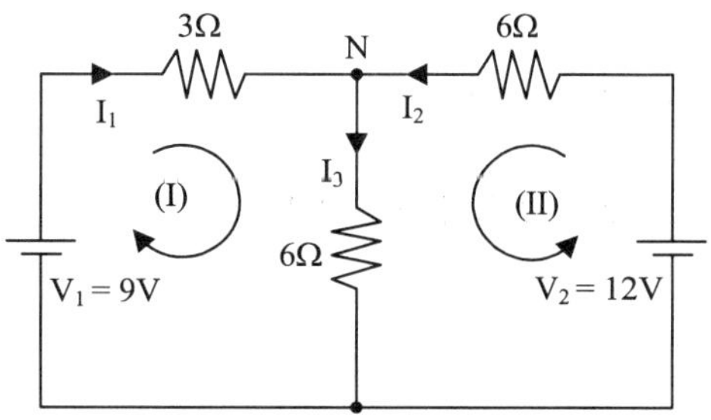

그림 10-2 중첩의 원리 회로 에

풀이)

① 그림 10-2에서 절점 N을 중심으로 키르히호프 법칙을 적용하면 다음과 같다.

$$I_1 + I_2 = I_3 \quad \rightarrow \quad I_1 = I_3 - I_2 \qquad \cdots\cdots ①$$

폐회로(I)에서 $9 = 3\,I_1 + 6\,I_3$ ······ ②

폐회로(II)에서 $12 = 6\,I_2 + 6\,I_3$ ······ ③

식 ①을 식 ②에 대입하면

$$9 = -3I_2 + 9I_3 \qquad \cdots\cdots ④$$

이다. ③식을 다시 쓰면

$$12 = 6I_2 + 6I_3 \qquad \cdots\cdots ③$$

이고 상기 식 ④, ③을 각각 3으로 나누면

$$3 = -I_2 + 3I_3 \qquad \cdots\cdots ⑤$$
$$4 - 2I_2 + 2I_3 \qquad \cdots\cdots ⑥$$

이 된다. 크래머(Kramer) 법칙을 사용하여 식 ⑤, ⑥의 I_2, I_3를 구하면

$$I_2 = \frac{\begin{vmatrix} 3 & 3 \\ 4 & 2 \end{vmatrix}}{\begin{vmatrix} -1 & 3 \\ 2 & 2 \end{vmatrix}} = \frac{6-12}{-2-6} = \frac{3}{4} = 0.75[\mathrm{A}]$$

$$I_3 = \frac{\begin{vmatrix} -1 & 3 \\ 2 & 4 \end{vmatrix}}{\begin{vmatrix} -1 & 3 \\ 2 & 2 \end{vmatrix}} = \frac{-4-6}{-2-6} = \frac{10}{8} = 1.25[\mathrm{A}]$$

I_1은 식 ①에 의해

$$I_1 = I_3 - I_2 = 1.25 - 0.75 = 0.5[\mathrm{A}]$$

가 되어 키르히호프 전류 · 전압 법칙이 성립된다.

② V_1 전압원을 단락시킬 때

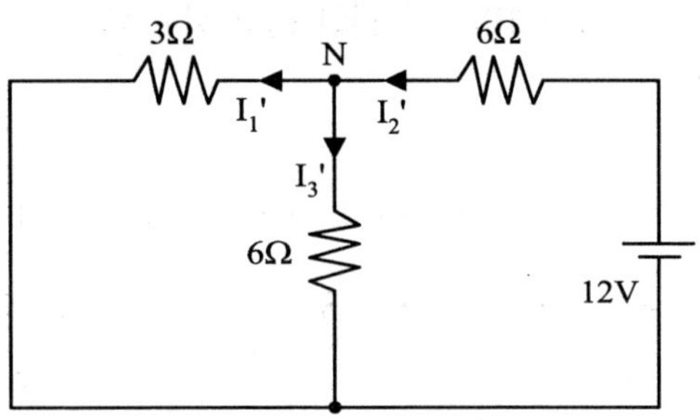

그림 10-3 V₁을 제거시켰을 때

전압원 (12V)을 기준으로 전류원의 방향을 정하고, 직 · 병렬 회로에서 먼저 I_2'를 구한 후 I_1', I_3'를 구해야 한다.

$$I_2' = \frac{12}{6+\frac{3\times 6}{3+6}} = 1.5[\mathrm{A}]$$

$$I_1' = 1.5\times\frac{6}{3+6} = 1[\mathrm{A}]$$

$$I_3' = 1.5\times\frac{3}{3+6} = 0.5[\mathrm{A}]$$

그림 10-3에서 전류 분포 $I_2' = I_1' + I_3'$가 성립됨을 알 수 있다.

③ V_2 전압원을 단락시킬 때

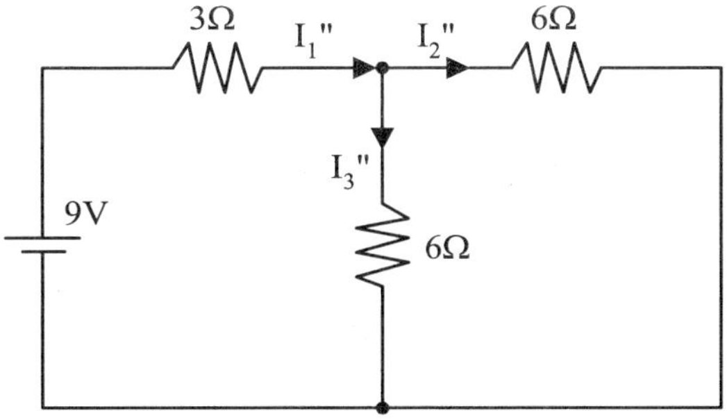

그림 10-4 V_2를 제거시켰을 때

전압원(9V)을 기준으로 전류원의 방향을 정하고, 직 · 병렬 회로에서 먼저 I_1를 구한 후 I_2'', I_3''를 구해야 한다.

$$I_1'' = \frac{9}{3 + \frac{6 \times 6}{6 + 6}} = 1.5[A]$$

$$I_2'' = 1.5 \times \frac{6}{6+6} = 0.75[A]$$

$$I_3'' = 1.5 \times \frac{6}{6+6} = 0.75[A]$$

그림 10-4에서 전류 분포 $I_1'' = I_2'' + I_3''$가 성립됨을 알 수 있다.

④ 전체 전류 분포 해석

그림 10-3, 그림 10-4의 각각 전류를 그림 10-2를 기준으로 한 방향으로 I_1, I_2, I_3를 구하면

$$I_1 = I_1'' - I_1' = 1.5 - 1 = 0.5[A]$$
$$I_2 = I_2' - I_2'' = 1.5 - 0.75 = 0.75[A]$$
$$I_3 = I_3' + I_3'' = 0.5 + 0.75 = 1.25[A]$$

가 되어 다수의 전원이 포함된 회로망 그림 10-2는 전원이 단독으로 존재하는 그림 10-3, 그림 10-4 전류 분포의 합과 같다는 중첩의 원리가 증명됨을 알 수 있다.

4. 실험순서

① 아래의 실험회로 (a), (b), (c)를 보고 각각의 경우 전류값을 계산하여 표 10-1의 이론값 항에 기재하라.

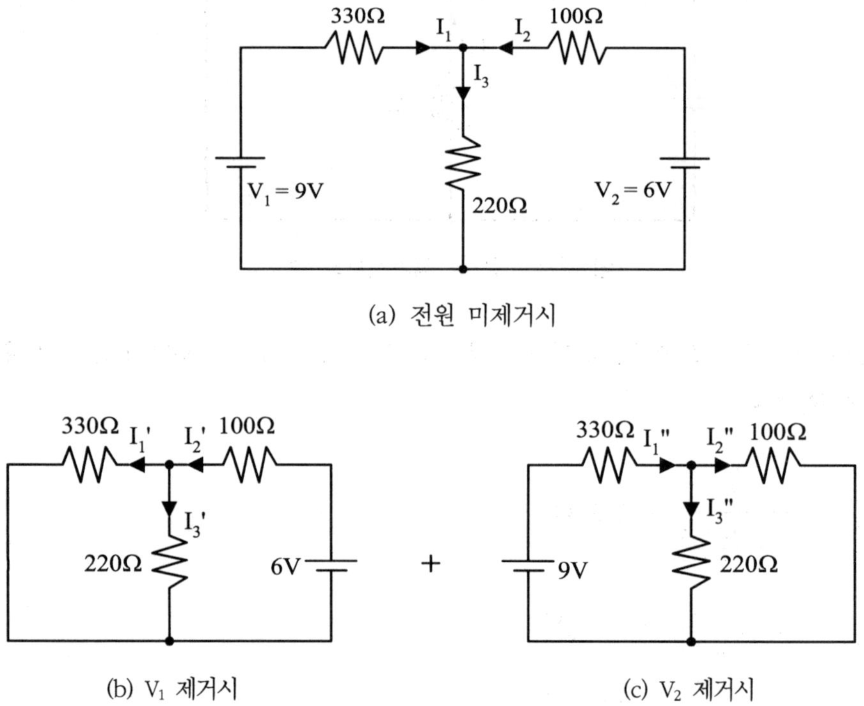

[실험회로] 중첩의 원리 회로

② 실험회로 (a), (b), (c)를 차례로 결선하여 각각의 경우 전류값을 측정하여 표 10-1에 기재하라.

③ 실험순서 ①, ②로부터 $I_1 = I_1'' - I_1'$, $I_2 = I_2' - I_2''$, $I_3 = I_3' + I_3''$가 됨을 확인하라.

5. 실험결과

실험 순서에 의한 이론값과 측정값을 표 10-1에 기재하라.

표 10-1 중첩의 원리에 의한 전류 분포 측정

전 원	지로전류	이론값	측정값
전원 미제거시	I_1		
	I_2		
	I_3		
V_1 제거시	I_1'		
	I_2'		
	I_3'		
V_2 제거시	I_1''		
	I_2''		
	I_3''		
$I_1 = I_1'' - I_1'$, $I_2 = I_2' - I_2''$, $I_3 = I_3' + I_3''$가 됨을 확인하라.			

과제 및 검토 사항

1. 중첩의 원리를 간략히 설명하라.

2. 표 10-1에서 중첩의 원리가 성립함을 확인하자.

3. 아래의 응용회로에서 중첩의 원리가 성립함을 증명하라.

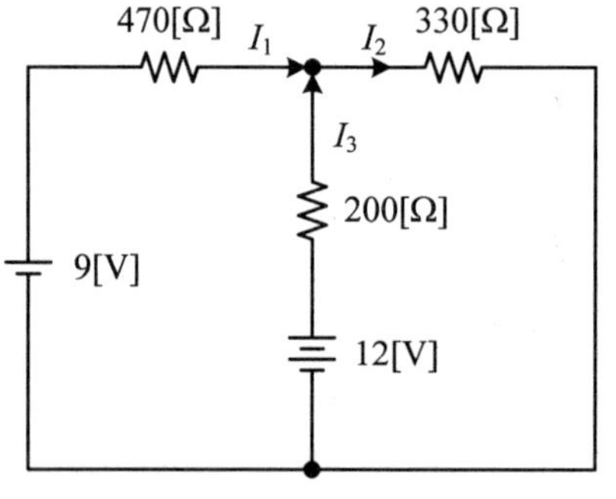

실험보고서

학 과		학 년		제출일	20 / /
학 번		성 명			
실험조	평 가	A B C D F		확 인	
실험일	20 / /	온 도	℃	습 도	%
소 요 시 간		시간 분			

1. 실험제목 : 중첩의 원리

2. 실험목적

3. 실험관련 이론(요약)

4. 실험 결과
   표 10-1을 완성하여 첨부할 것

5. 실험 고찰 및 소감

실험 11

테브난과 노오튼의 정리

1. 실험 목표

[1] 저항과 전원을 포함하는 임의의 2단자 선형회로망에서 테브난(Thévemin) 등가회로와 노오튼(Norton) 등가회로의 상호관계를 이해한다.
[2] 테브난과 노오튼의 정리를 이해하고 실험을 통해 증명한다.
[3] 복잡한 회로를 단순한 등가회로로 대치하여 해석하는 지식을 습득한다.

2. 실험 장비 및 부품(조당)

[1] 전원공급기 : 1대
[2] 디지털 멀티미터 : 2대
[3] 브레드보드 : 1대
[4] 저항 6개 (220Ω×1, 330Ω×1, 470Ω×1, 1K×1, 2K×1, 3K×1)
[5] 리드선 : 약간
[6] 기타 Accessory : 1식

3. 실험 관련 지식

회로를 해석하다보면 단일가지에 흐르는 전류 또는 전압을 구하는 경우가 많다. 이 때에 한 가지의 전류 또는 전압을 구하기 위해서 루우프방정식(Loop Equation) 또는 마디방정식(Node Equation)을 세워 연립방정식을 푸는 것은 일반적으로 번거롭고 지루하다. 이 경우에 등가회로에 관한 Thévenin의 정리와 Norton의 정리를 이용하면 매우 편리하다.

[1] 테브난의 정리 (Thévenin's Theorem)

테브난의 정리는 그림 11-1(a)에서 출력 단자 a, b로부터 선형능동회로망쪽으로 바라본 등가임피던스 Z_{ab}와 직렬로 연결된 단일등가원으로 대치할 수 있다. 즉 Z_{ab}는 출력 단자를 개방하고 회로망 내에 내포된 모든 전압원을 단락, 모든 전류원은 개방시키고, 출력단자에서 본 회로망의 구동점 임피이던스(Driving point Impedance)를 말한다. 그림 11-1 (b)와 같이 부하 R_L을 연결했을 때 부하 전류 I는 다음과 같다.

$$I = \frac{V_{ab}}{Z_{ab} + R_L}$$

그림 11-1(c)가 테브난의 등가회로이다.

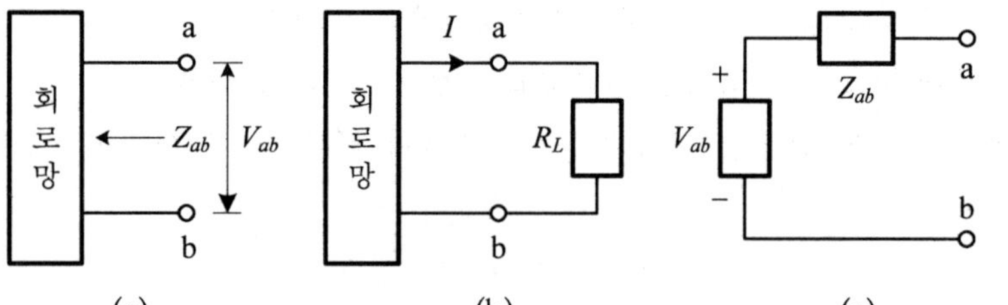

그림 11-1 테브난의 정리

테브난의 등가회로는 원래 회로에는 관계없이 항상 직렬형으로 됨을 기억한다. 테브난 정리의 의의는 외부 부하에 관한한 등가 회로가 원래 회로를 대신할 수 있다는 것이다. 테브난 등가 회로의 단자 사이에 연결된 어느 부하 저항에도 그 저항부하가 원래 회로의 단자에 연결된 것 같이 전류가 흐르고 동일한 전압이 걸린다.

1) 테브난의 정리를 적용시키는 단계

테브난 정리를 적용시키는 단계를 다음과 같이 요약한다.

① 단계 1 : 테브난 등가회로를 구하려는 두 단자를 개방한다 (부하를 제거한다.)

② 단계 2 : 개방 두 단자 사이의 전압(V_{TH})을 구한다.

③ 단계 3 : 모든 전압원은 단락시키고 모든 전류원은 개방시켜, 두 단자 사이의 저항(R_{TH})을 구한다.

④ 단계 4 : V_{TH}와 R_{TH}를 직렬 연결시켜 원회로에 대한 완전한 테브난 등가를 만든다.

⑤ 단계 5 : 테브난 등가회로의 단자 사이에 단계 1에서 제거한 부하저항을 연결한다. 이제 부하 전류를 오옴법칙에 의해 계산할 수 있으며, 원래 회로의 부하 전류와 동일하다.

보기에서 테브난의 정리를 확인해 보자.

■ **예제 1**

그림 11-2의 회로에 대한 테브난의 등가회로를 그리고 부하전류 I_L을 구하라.

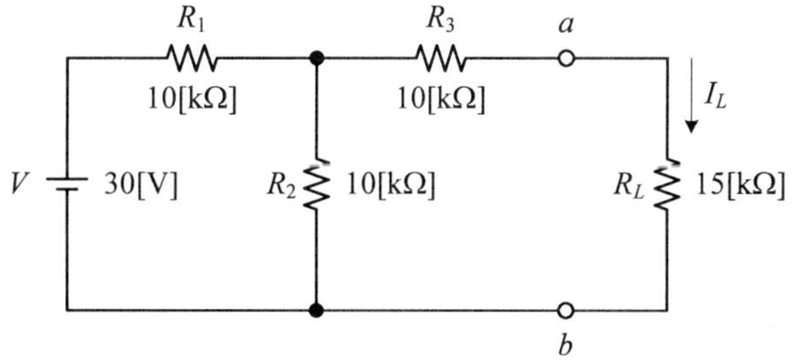

그림 11-2 테브난의 정리 회로 예

풀이)

① V_{TH}(테브난의 전압) 계산

부하를 개방(제거)한 상태에서 테브난의 전압 V_{TH}는 분압법칙에 의해

$$V_{TH} = \frac{R_2}{R_1 + R_2} \times V$$
$$= 15[\mathrm{V}]$$

② R_{TH}(테브난의 저항) 계산

전압원 V를 단락하고 테브난의 저항 R_{TH}를 구하면

$$R_{TH} = \frac{R_1 \times R_2}{R_1 + R_2} + R_3$$
$$= \frac{10 \times 10}{10 + 10} + 10$$
$$= 15[\mathrm{k\Omega}]$$

이다.

등가회로는 그림 11-3과 같다.

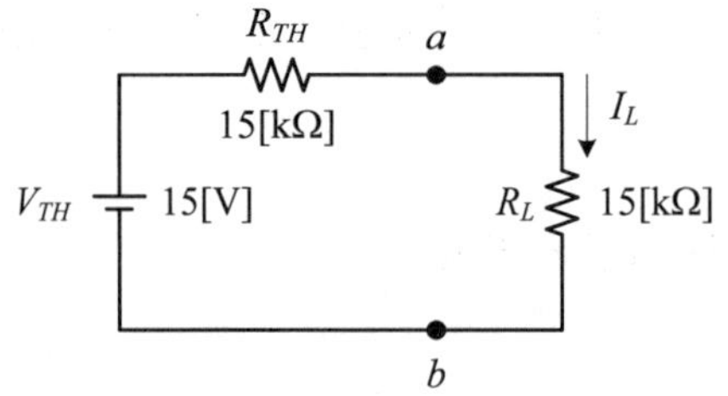

그림 11-3 테브난의 등가회로

③ I_L(부하 전류)

그림 11-3의 등가회로에서 I_L을 구하면

$$\begin{aligned} I_L &= \frac{V_{TH}}{R_{TH}+R_L} \\ &= \frac{15}{15\times10^3+15\times10^3} \\ &= 0.5[\mathrm{mA}] \end{aligned}$$

이다.

[2] 노오튼의 정리 (Norton's Theorem)

테브난의 정리는 전압원의 등가회로를 만든다. 이에 반하여 노튼의 정리는 전류원의 등가회로로 변환시키는 것이다. 테브난의 정리와 기본적인 차이는 V_{TH}는 전류원으로, R_{TH}는 전류원과 병렬로 연결되고 R_N으로 표시하기도 한다. 그림 11-4(b)는 그림 11-4(a)의 테브난 등가회로를 노오튼의 등가회로로 변환시킨 것이다.

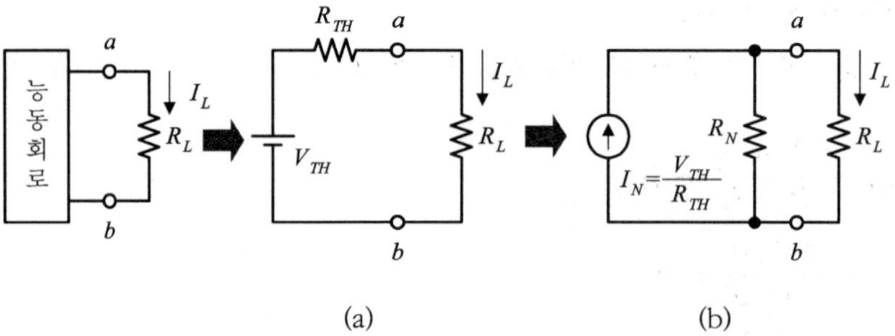

그림 11-4 노오튼의 등가회로

■ **예제 2**

보기 1의 회로에 대한 노오튼의 등가회로를 그리고 부하 전류 I_L을 구하라.
(그림 11-2 회로 참조)

풀이 1)

① I_N(노오튼의 정전류원) 계산

단자 a, b를 단락했을 때 이 단락 회로에 흐르는 전류이다.

$$I_T\,(\text{전전류}) = \frac{V}{R_T}$$

$$= \frac{V}{R_1 + \dfrac{R_2 \times R_3}{R_2 + R_3}}$$

$$= \frac{30}{10\times10^3 + \dfrac{10\times10^3\times10\times10^3}{10\times10^3+10\times10^3}}$$

$$= \frac{30}{15\times10^3}$$

$$= 2\,[\text{mA}]$$

분류법칙에 의하여 I_N은

$$I_N = \frac{R_2}{R_2 + R_3} \times I_T$$

$$= \frac{10\times10^3}{20\times10^3}\times2\times10^{-3}$$

$$= 1\,[\text{mA}]$$

이다.

② R_N(노오튼의 내부저항) 계산

전압원 V를 단락하고 R_L을 개방했을 때 부하측에서 회로망 쪽으로 본 저항이다.

$$R_N = \frac{R_1 \times R_2}{R_1 + R_2} + R_3$$

$$= \frac{10\times10^3\times10\times10^3}{10\times10^3+10\times10^3} + 10\times10^3$$

$$= 5 \times 10^3 + 10 \times 10^3$$
$$= 15[k\Omega]$$

노오튼의 등가회로는 아래 그림 11-5과 같다.

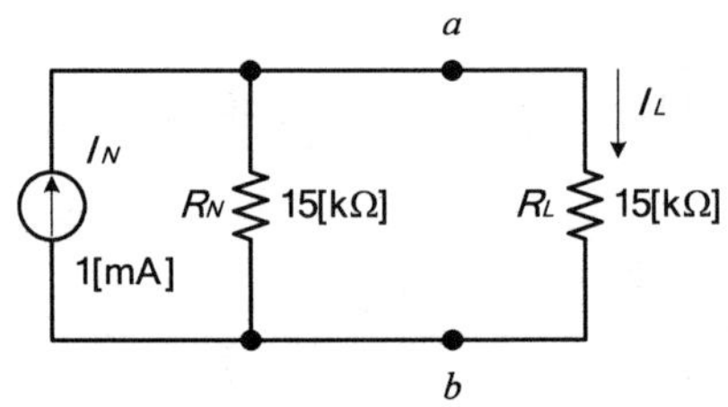

그림 11-5 노오튼의 등가회로

③ I_L(부하 전류)

위의 그림 11-5에서 등가회로에 분류법칙을 적용하면

$$I_L = \frac{R_N}{R_N + R_L} \times I_N$$
$$= \frac{15 \times 10^3}{15 \times 10^3 + 15 \times 10^3} \times 1 \times 10^{-3}$$
$$= 0.5[mA]$$

이다.

풀이 2)

테브난의 등가회로에서 바로 노오튼의 등가회로로 고쳐보자.

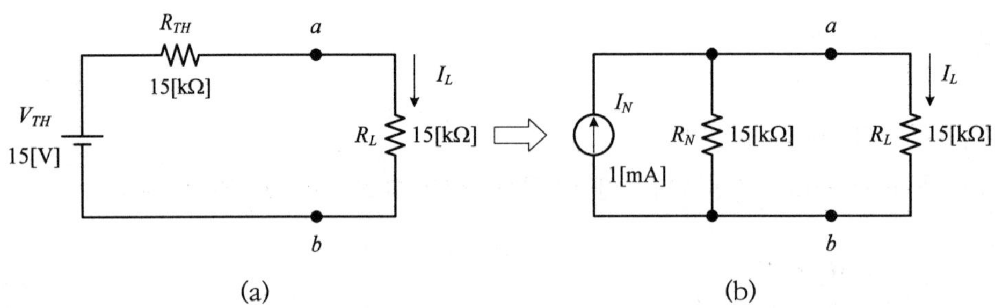

그림 11-6 테브난의 등가회로를 노오튼의 등가회로로 변환
(보기 1의 회로 그림 11-2에 대한 것)

① I_N의 계산

$$I_N = \frac{V_{TH}}{R_{TH}} = \frac{15}{15\times10^3} = 1\,[\mathrm{mA}]$$

② R_N의 계산

그림 11-6(a) 회로에서 직렬로 연결된 R_{TH}를 그림 11-6(b)에 병렬로 바로 연결하면 된다.

③ I_L의 계산

$$I_L = \frac{R_N}{R_N + R_L}\times I_N \text{ (풀이 1과 동일)} = \frac{15\times10^3}{15\times10^3+15\times10^3}\times1\times10^{-3} = 0.5[\mathrm{mA}]$$

선형회로망을 노오튼의 등가회로화 할 때는 테브난의 등가회로에서 바로 계산하면 편리하다.

4. 실험순서

[1] 테브난의 정리 실험

① 실험회로를 보고 표 11-1의 이론값을 구하여 기록하라.
(보기 1을 참고할 것)

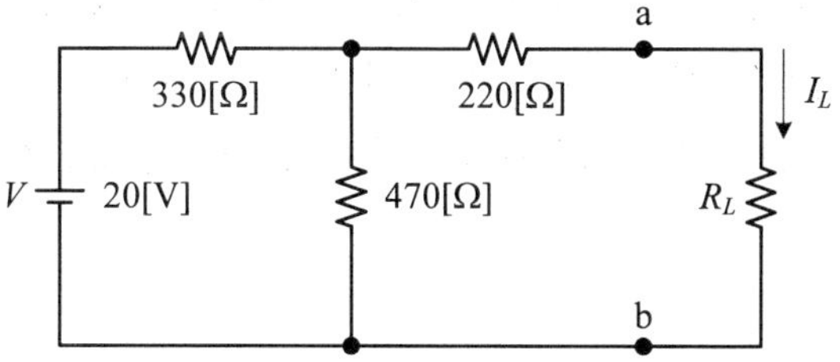

[실험회로 1]

② 실험 회로 1을 결선하고(R_L은 개방된 상태) a, b 양단 전압 V_{TH}를 테스터로 측정하여 표 11-1에 기록하라.

③ 실험 회로 1에서 20[V]의 전원을 제거하고, 그 부분을 단락한 후, a, b 단자저항 R_{TH}를 테스터로 측정하여 표 11-1에 기록하라.

④ 다시 실험 회로 1을 결선한 후, 단자 a, b에 부하저항 R_L에 1[kΩ], 2[kΩ], 3[kΩ]을 접속했을 때 R_L에 흐르는 각각의 전류를 테스터로 측정하여 표 11-1에 기록하라.

⑤ 실험 순서 ①에 의해 구해진 V_{TH}, R_{TH}로 실험회로 2를 구성한 후 R_L값을 1[kΩ], 2[kΩ], 3[kΩ]으로 했을 때 각각의 부하 전류 I_L에 테스터로 측정하여 표 11-1에 기록하라.

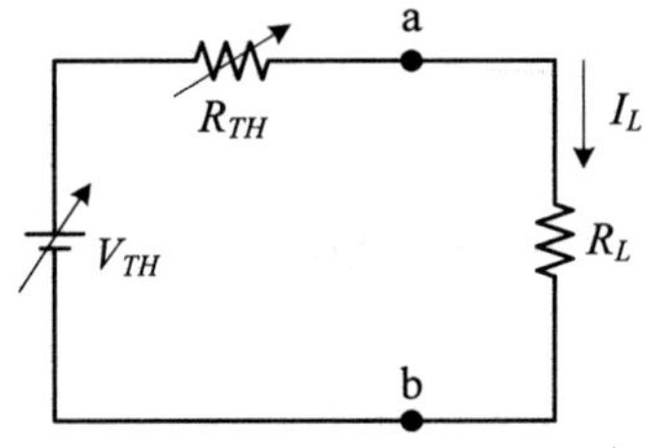

R_{TH} : 가변저항으로 조정
V_{TH} : 가변직류전원으로 조정

[실험회로 2] 테브난의 등가회로

[2] 노오튼의 정리 실험

① 실험 회로 1을 보고 표 11-2의 이론값을 구하여 기록하라.
(보기 2을 참고할 것)

② 실험 회로 1을 결선하고 a, b 단자를 단락시켰을 때 I_N을 측정하여 표 11-2에 기록하라.

③ 실험 회로 1에서 전원을 제거하고 단락시킨 후 a, b 사이의 저항 R_N을 테스터로 측정하여 표 11-2에 기록하라.

④ 다시 실험 회로 1을 결선한 후 단자 a, b 사이에 부하저항 R_L에 1[kΩ], 2[kΩ], 3[kΩ]을 각각 접속했을 때 R_L에 흐르는 전류를 측정하여 표 11-2에 기록하라.

⑤ 상기 실험결과로 테브난의 등가회로와 노오튼의 등가회로로 서로 바꿀 수 있도록 하자.

5. 실험결과

실험 순서에 의한 이론값과 측정값을 아래 표에 기록하라.

표 11-1 테브난의 정리 실험

테브난의 경우		이론값	측 정 값		오 차	
			실험회로 1	실험회로 2	실험회로 1	실험회로 2
V_{TH}						
R_{TH}						
I_L	무부하시					
	1[KΩ]					
	2[KΩ]					
	3[KΩ]					
V_L	무부하시					
	1[KΩ]					
	2[KΩ]					
	3[KΩ]					

표 11-2 노오튼의 정리 실험

노오튼의 경우		이론값	측 정 값		오 차	
			실험회로 1		이론값-측정값	
I_N						
R_N						
I_L	무부하시					
	1[KΩ]					
	2[KΩ]					
	3[KΩ]					
V_L	무부하시					
	1[KΩ]					
	2[KΩ]					
	3[KΩ]					

과제 및 검토 사항

1. 테브난과 노오튼의 정리를 간략히 설명하라.

2. 표 11-1, 표 11-2에서 오차의 원인을 설명하라.

3. 표 11-1, 표 11-2에서 부하전류 IL을 비교 설명하라.

4. 아래의 응용회로에서 각 정수를 구하여 테브난과 노오튼의 등가회로를 그려라.

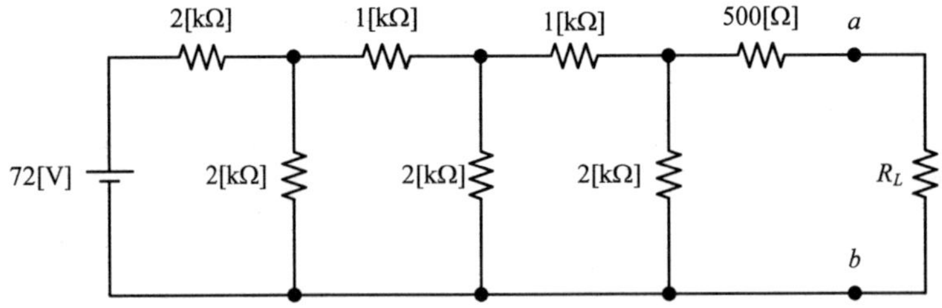

실험보고서

학 과		학 년		제출일	20 / /
학 번		성 명			
실험조		평 가	A B C D F	확 인	
실험일	20 / /	온 도	℃	습 도	%
소 요 시 간		시간 분			

1. 실험제목 : 테브난과 노오튼의 정리

2. 실험목적

3. 실험관련 이론(요약)

4. 실험 결과

   표 11-1, 표 11-2를 완성하여 첨부할 것

5. 실험 고찰 및 소감

실험 12

밀만의 정리

1. 실험 목표

[1] 여러 개의 병렬 전압원을 한 개의 등가 전압 전원으로 대치하는 밀만의 정리를 이해한다.

[2] 테브난과 노오튼의 정리를 합성한 밀만의 정리를 실험을 통해 확인한다.

2. 실험 장비 및 부품 (조당)

[1] 전원공급기 : 1대

[2] 디지털 멀티미터 : 2대

[3] 브레드보드 (B.B) : 1대

[4] 저항 6개 (300Ω×2, 100Ω×2, 1KΩ×2, 2KΩ×1, 3KΩ×1)

[5] 리드선 : 약간

[6] 기타 Accessory : 1식

3. 실험 관련 지식

[1] 정리

밀만의 정리는 테브난과 노오튼의 정리를 합성한 것으로 회로 내에 여러 개의 전압 전원이 병렬로 접속되어 있는 경우 하나의 등가전압원으로 전환시키는 것이다. 그림 12-1은 밀만의 정리 예이다.

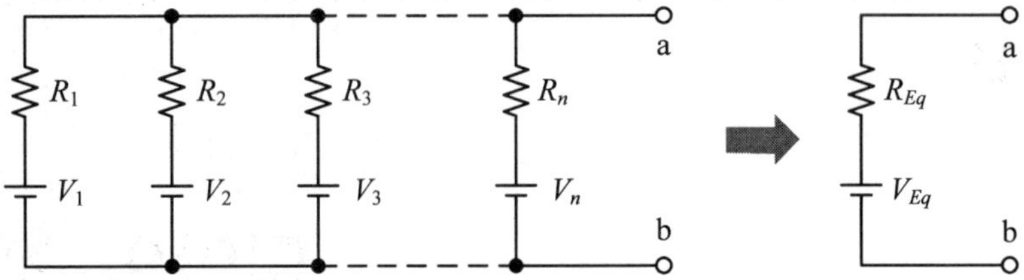

그림 12-1 밀만의 정리

[2] 밀만의 등가전압(V_{Eq})과 등가저항(R_{Eq})의 계산

밀만의 정리는 그림 12-2(a) 회로를 하나의 등가 전압 전원으로 대치하기 위해 등가저항(R_{Eq})와 등가전압(V_{Eq})를 계산하는 공식을 제공한다. 이 공식이 어떻게 유도되었는지 알아보기 위해 그림 12-2(a)의 병렬전압원 회로를 노오튼의 정리를 이용하여 그림 12-2(b)의 병렬 전류원 회로로 바꾸었고 최종 하나의 등가 전압원 회로는 그림 12-2(c)이다.

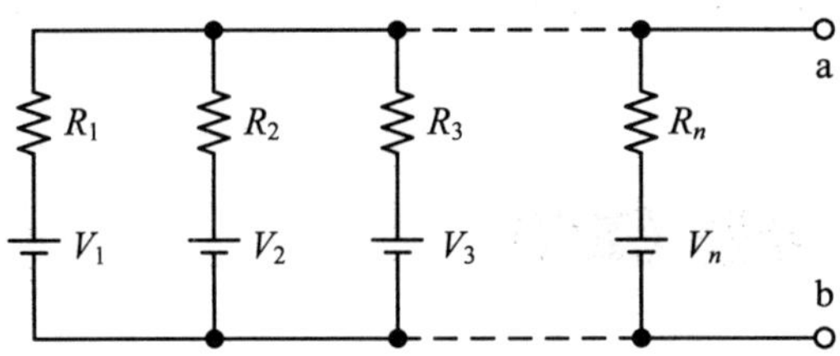

(a)

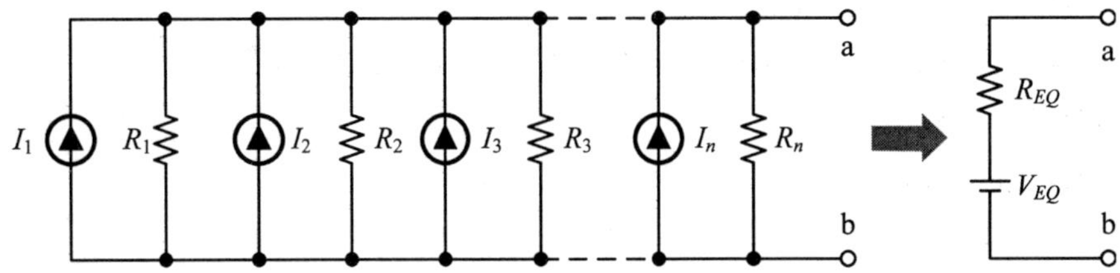

(b) (c)

그림 12-2 밀만의 등가 저항과 등가 전압 계산 과정

그림 12-2(b)에서 전류원을 하나의 전류원으로 합할 수 있고, 단자 A와 B 사이의 총 콘덕턴스는

$$G_T = G_1 + G_2 + G_3 + \ldots\ldots G_n$$
$$= \frac{1}{R_1} + \frac{1}{R_2} + \frac{1}{R_3} + \ldots\ldots \frac{1}{R_n}$$

이다. 따라서 밀만 정리에 따라 등가 저항 R_{Eq}는 총 R_T이다.

$$R_{Eq} = \frac{1}{G_T}$$
$$= \frac{1}{(\frac{1}{R_1}) + (\frac{1}{R_2}) + (\frac{1}{R_3}) + ...(\frac{1}{R_n})}$$

등가 전압 V_{Eq}는 $I_T R_{Eq}$이다. $I = \frac{V}{R}$ 이므로 I_T는 다음과 같이 표현할 수 있다.

$$I_T = I_1 + I_2 + I_3 + ... + I_m$$
$$= (\frac{V_1}{R_1}) + (\frac{V_2}{R_2}) + (\frac{V_3}{R_3}) + ...(\frac{V_n}{R_n})$$

R_{Eq}와 I_T에 관한 공식을 이용하여 등가 전압 공식은 다음과 같이 쓸 수 있다.

$$V_{Eq} = I_T \cdot R_{Eq}$$
$$= \frac{(\frac{V_1}{R_1}) + (\frac{V_2}{R_2}) + (\frac{V_3}{R_3}) + ...(\frac{V_n}{R_n})}{(\frac{1}{R_1}) + (\frac{1}{R_2}) + (\frac{1}{R_3}) + ...(\frac{1}{R_n})}$$

밀만의 등가 회로에서 R_{Eq}, V_{Eq}를 구하는 식을 유도하였다. 등가전압원의 극성은 원래 회로에서 전류가 흐르는 방향과 같다.

[3] 밀만의 정리 예

■ **예제 1**

그림 12-3에서 밀만의 정리를 이용하여 하나의 등가 전압원으로 나타내고, 부하(R_L)에 흐르는 전류와 걸리는 전압을 구하라.

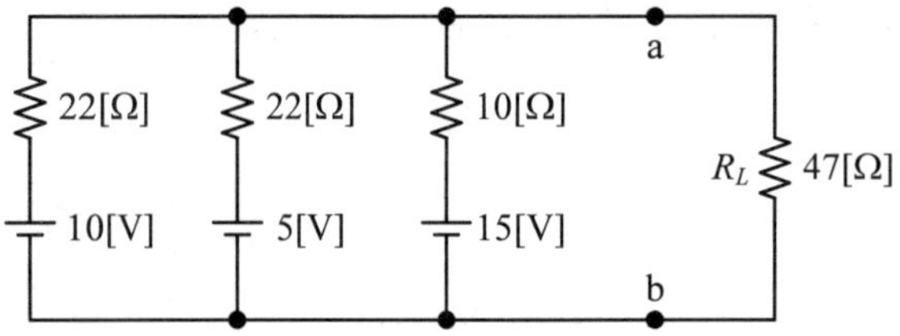

그림 12-3 밀만의 정리 예1

풀이)

① 밀만의 등가 저항을 구한다.

$$R_{Eq} = \frac{1}{(\frac{1}{R_1}) + (\frac{1}{R_2}) + (\frac{1}{R_3})} \text{ 에서}$$

$$= \frac{1}{(\frac{1}{22\Omega}) + (\frac{1}{22\Omega}) + (\frac{1}{10\Omega})}$$

$$= 5.24\ [\Omega]$$

이다.

② 밀만의 등가 전압을 구한다.

$$V_{Eq} = I_T \cdot\ R_{Eq}$$

$$= \frac{(\frac{V_1}{R_1}) + (\frac{V_2}{R_2}) + (\frac{V_3}{R_3})}{(\frac{1}{R_1}) + (\frac{1}{R_2}) + (\frac{1}{R_3})} \text{ 에서}$$

$$= \frac{(\frac{10V}{22\Omega}) + (\frac{5V}{22\Omega}) + (\frac{15V}{10\Omega})}{(\frac{1}{22\Omega}) + (\frac{1}{22\Omega}) + (\frac{1}{10\Omega})}$$

$$= 11.4\ [V]$$

이다.

③ ①, ②에서 구한 R_{Eq}과 V_{Eq}를 이용하여 등가전압원으로 그리고 부하저항에 흐르는 전류와 전압을 계산한다.

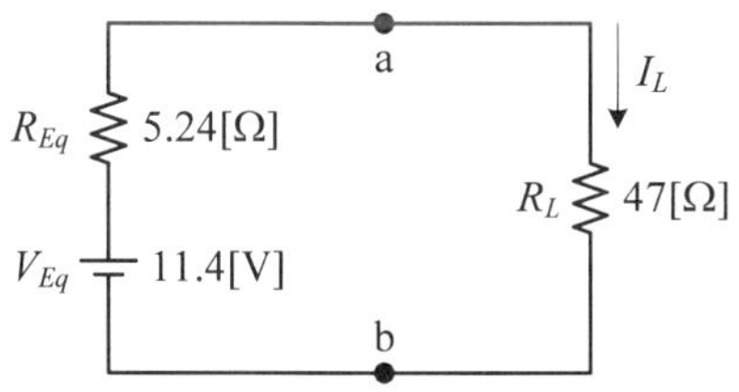

그림 12-4 밀만의 등가 전압원

$$I_L = \frac{V_{Eq}}{R_{Eq} + R_L} = \frac{11.4V}{52.24\Omega} = 218\ [\mathrm{mA}]$$

$$V_L = I_L R_L = 218 \times 10^{-3}\ [\mathrm{A}] \times 47\ [\Omega] = 10.3\ [\mathrm{V}]$$

■ **보기 2**

그림 12-5(a)에의 회로를 그림 12-5(b)의 밀만 등가 회로로 그리면 R_{Eq}과 V_{Eq}는 각각 얼마인가?

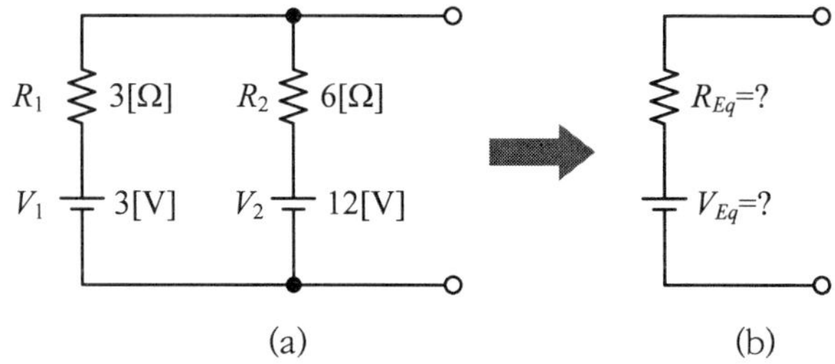

그림 12-5 밀만의 정리 예2

풀이)

① $$R_{Eq} = \frac{1}{(\frac{1}{R_1}) + (\frac{1}{R_2})}$$ 에서

$$= \frac{R_1 \times R_2}{R_1 + R_2}$$ 이므로

$$= \frac{3 \times 6}{3 + 6}$$

$$= 2\ [\Omega]$$

이다.

② $$V_{Eq} = \frac{(\frac{V_1}{R_1}) + (\frac{V_2}{R_2})}{(\frac{1}{R_1}) + (\frac{1}{R_2})}$$ 에서

$$= \frac{V_1 R_2 + V_2 R_1}{R_1 + R_2}$$ 이므로

$$= \frac{3 \times 6 + 12 \times 4}{3 + 6}$$

$$= \frac{54}{9}$$

$$= 6\ [V]$$

이다.

4. 실험순서

① 실험회로 1(a)를 보고 표 12-1의 R_{Eq}, $V_{Eq}(V_{ab})$, 무부하시(R_L 제거)와 부하연결 ($R_L = 100[\Omega]$)할 때의 I_L을 계산하여 기록하라.

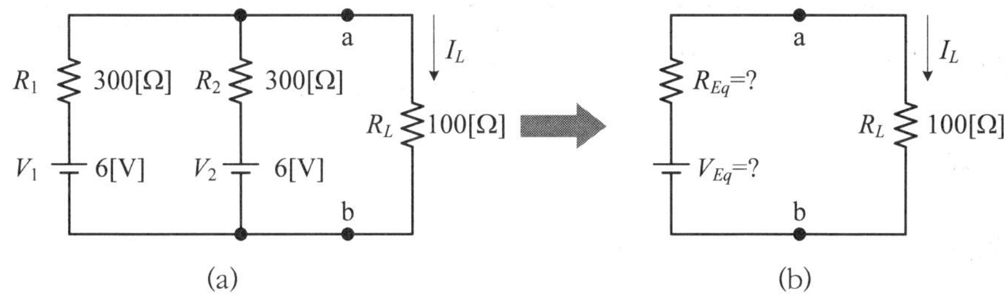

[실험회로 1] 밀만의 정리 실험

② 실험 회로 1(a)에서 V_1과 V_2를 제거시키고, 그 자리를 단락시킨 후 R_{Eq}를 측정하여 표 12-1에 기록하라. 이 때 부하저항 R_L은 제거시킨다.

③ 실험 회로 1(a)를 결선하고, $V_{ab}(V_{Eq})$를 테스터기로 측정하고(이 때 R_L은 단락상태이다.) R_L을 제거했을 때와 단순히 단락 연결했을 때의 각각 부하전류 I_L을 테스터기로 측정하여 표 12-1에 기록하라.

④ ②, ③에서 측정한 $V_{ab}(V_{Eq})$와 R_{Eq}로 실험회로 1(b)를 결선하여 I_L(R_L 제거, 연결시)를 측정하여 표 12-1에 기록하라. (이 때, $V_{ab}(V_{Eq})$는 직류가변전원을 R_{Eq}는 가변 저항을 이용하라.)

⑤ 실험회로 1(a)의 R_1, R_2, V_1, V_2 값들을 표 12-2, 표 12-3에 주어진 값들로 했을 때 위의 실험 순서 ①, ②, ③, ④를 반복하라.

5. 실험결과

실험 순서에 의한 이론값과 측정값을 아래 표에 기록하라.

표 12-1 $R_1 = R_2 = 300[\Omega]$, $V_1 = V_2 = 6[\text{V}]$의 경우

밀만의 경우		이론값	측 정 값		오 차	
			실험회로 1(a)	실험회로 1 (b)	실험회로 1(a)	실험회로 1(b)
R_{Eq}						
$V_{Eq}(V_{ab})$						
I_L	무부하시 (R_L 제거)					
	부하시 ($R_L = 100[\Omega]$)					
V_L	무부하시 (R_L 제거)					
	부하시 ($R_L = 100[\Omega]$)					

표 12-2 $R_1 = 1[\text{k}\Omega]$, $R_2 = 2[\text{k}\Omega]$, $V_1 = 12[\text{V}]$, $V_2 = 15[\text{V}]$의 경우

밀만의 경우		이론값	측 정 값		오 차	
			실험회로 1(a)	실험회로 1 (b)	실험회로 1(a)	실험회로 1(b)
R_{Eq}						
$V_{Eq}(V_{ab})$						
I_L	무부하시 (R_L 제거)					
	부하시 ($R_L = 100[\Omega]$)					
V_L	무부하시 (R_L 제거)					
	부하시 ($R_L = 100[\Omega]$)					

표 12-3 $R_1 = 3[\mathrm{k\Omega}]$, $R_2 = 1[\mathrm{k\Omega}]$, $V_1 = 24[\mathrm{V}]$, $V_2 = 12[\mathrm{V}]$의 경우

밀만의 경우		이론값	측 정 값		오 차	
			실험회로 1(a)	실험회로 1 (b)	실험회로 1(a)	실험회로 1(b)
R_{Eq}						
$V_{Eq}(V_{ab})$						
I_L	무부하시 (R_L 제거)					
	부하시 ($R_L = 100[\Omega]$)					
V_L	무부하시 (R_L 제거)					
	부하시 ($R_L = 100[\Omega]$)					

과제 및 검토 사항

1. 밀만의 정수(V_{Eq}, R_{Eq})를 구하는 방법을 약술하고 공식을 써라.

2. 밀만 정리의 근본적인 목적은 무엇인가?

3. 테브난과 노오튼의 정리와 밀만의 정리 상관 관계를 알 수 있는가? 설명해 보라.

4. 아래의 회로에서 V_{Eq}, R_{Eq}를 구하여 밀만의 등가회로로 고치고 부하전류(I_L)과 부하전압(V_L)을 구하라.

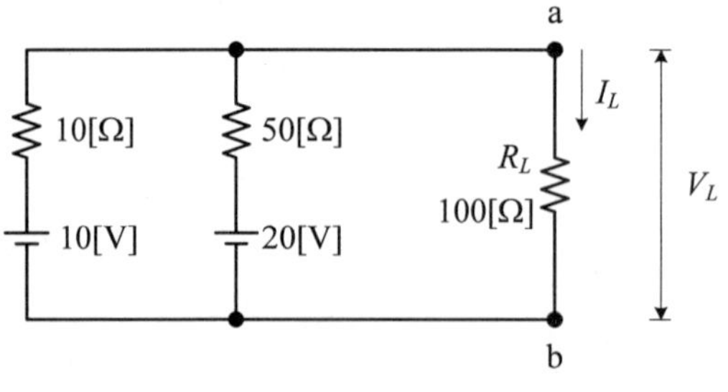

실험보고서

학 과			학 년		제출일	20 / /
학 번			성 명			
실험조		평 가	A B C D F		확 인	
실험일	20 / /		온 도	℃	습 도	%
소 요 시 간			시간 분			

1. 실험제목 : 밀만의 정리

2. 실험목적

3. 실험관련 이론(요약)

4. 실험 결과
   표 12-1, 표 12-2, 표 12-3을 완성하여 첨부할 것

5. 실험 고찰 및 소감

실험 13

콘덴서의 충·방전 특성

1. 실험 목표

[1] R-C 직렬회로에서 시정수(τ)에 따른 콘덴서의 충·방전 특성을 이해한다.
[2] 시정수(τ)를 이용하여 충·방전 특성을 실험을 통해 확인한다.

2. 실험 장비 및 부품 (조당)

[1] 전원공급기 : 1대
[2] 테스터기 : 2대
[3] 브레드보드 : 1대
[4] 저항 1개 (2[MΩ]×1)
[5] 콘덴서 1개 (10[μF]×30[V])
[6] S/W : 2개 (리드선 사용해도 무방함)
[7] 기타 Accessory : 1식

3. 실험 관련 지식

[1] R-C 직렬회로의 충방전 특성

콘덴서에 전압을 가하면 콘덴서 양극에 ⊕, ⊖의 전하가 모이게 되며, 콘덴서 내부에는 전장이 형성되어 전기에너지로 축적되는 것을 충전이라 하고 전압을 제거시키면 충전된 에너지가 외부로 방출되어 전류가 흐르는 것을 방전이라 한다.

이 때 콘덴서 양단의 전압이 충전전압의 63.2[%]가 될 때까지 걸리는 시간을 시정수라

정의하고 다음과 같이 표시된다.

$$\tau = R \cdot C[\mathrm{s}]$$

[2] 충전과 방전 특성

콘덴서는 그림 13-1에서 보는 바와 같이 비선형 곡선을 따라 충전과 방전을 한다. 이 그래프에서 완전방전의 근사 퍼센트율을 매 시정수마다 표시했다. 이 형태의 곡선을 지수곡선(Exponential curve)이라 하고 1시정수의 5배에 거의 최종값에 이른다.

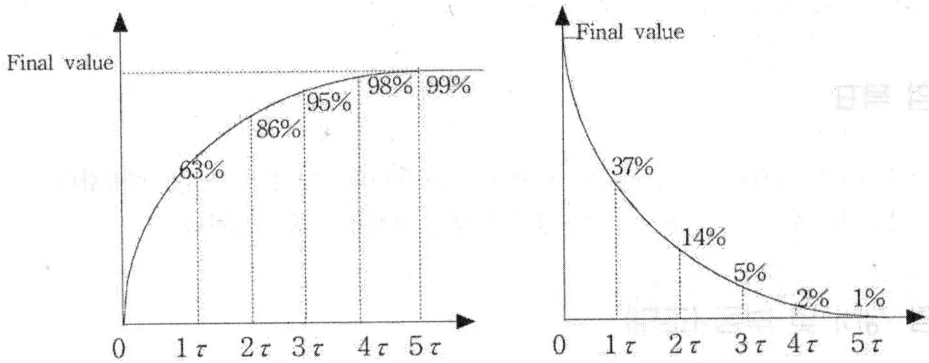

(a) 충전곡선 (b) 방전곡선

그림 13-1 R-C 회로에 대한 충·방전 지수곡선

그림 13-1에서 1시정수 구간 동안 콘덴서에 있는 전하가 거의 63[%]나 바뀐다. 그러므로 충전되지 않은 콘덴서는 1시정수에서 충분히 충전된 전압의 63[%]로 변화한다. 방전시에 콘덴서 전압은 1시정수에서의 초기 값에 대해 거의 37[%]나 전압이 강하한다. 이러한 충·방전 전압의 공식은 다음과 같다.

① 충전시 $V_c = V_F\,(1 - e^{-t/RC})$

② 방전시 $V_c = V_i\ e^{-t/RC}$

■ **예제 1**

그림 13-2의 회로에서 S/W를 ON했을 때 50[μs] 동안 콘덴서 충전되는 전압을 구하고, 충전 곡선을 그려라. (단, 콘덴서는 초기에 충전되지 않았다.)

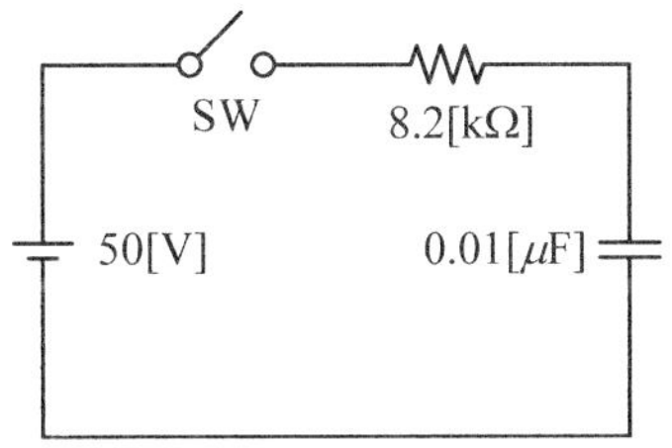

그림 13-2 R-C 충전 회로

풀이)

① 시정수(τ)$= RC$

$$= (8.2 \times 10^3) \times (0.01 \times 10^{-6})$$
$$= 82\ [\mu s]$$

② 충전전압(V_c)의 계산

$$V_c = V_F\,(1 - e^{-t/RC})$$
$$= 50\ (1 - e^{-50/82})$$
$$= 50\ (1 - e^{-0.61})$$
$$= 22.8\ [V]$$

③ 충전 곡선은 그림 13-3과 같다.

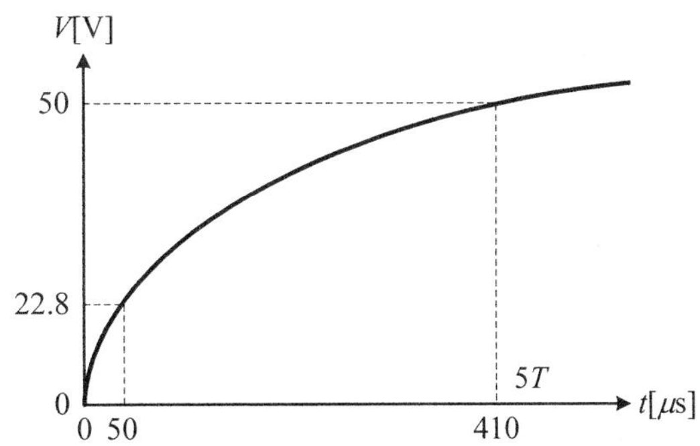

그림 13-3 보기 1의 충전 곡선

■ **예제 2**

그림 13-4의 회로에서 S/W를 OFF했을 때 6[ms]에서 콘덴서의 방전 전압을 구하고, 방전 곡선을 그려라.

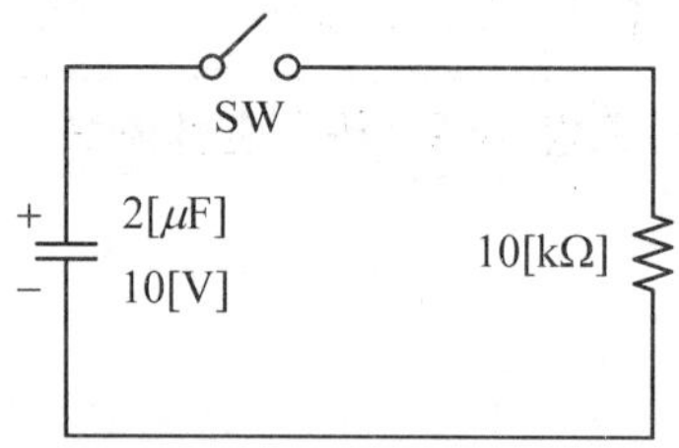

그림 13-4 R-C 방전 회로

풀이)

① 시정수(τ)$= RC$

$$= (10 \times 10^{3}) \times (2 \times 10^{-6})$$
$$= 20\,[\mathrm{ms}]$$

② 방전전압(V_c)의 계산

$$V_c = V_i\, e^{-t/RC}$$
$$= 10\, e^{-6/20}$$
$$= 7.41\,[V]$$

③ 방전 곡선은 그림 13-5와 같다.

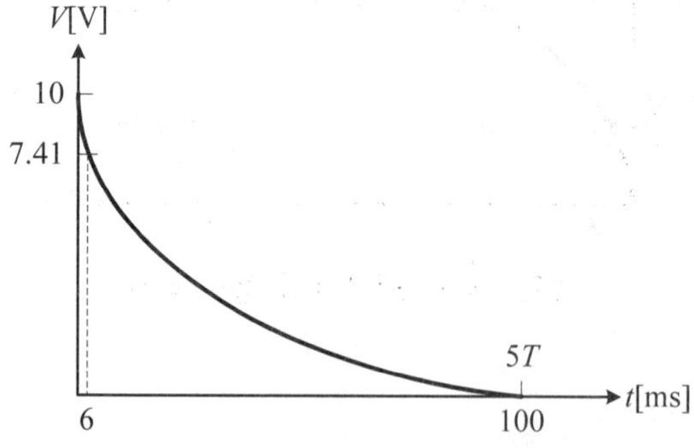

그림 13-5 보기 2의 방전 곡선

[3] 충·방전 시정수에 따른 최종 및 초기 전하의 관계는 [표 13-1]과 [표 13-2]와 같다.

표 13-1 충전 시정수 후 최종 전하의 퍼센트

시정수의 수	% 최종전하
1	63
2	86
3	95
4	98
5	99 (거의 100%)

표 13-2 방전 시정후 초기 전하의 퍼센트

시정수의 수	% 초기전하
1	37
2	14
3	5
4	2
5	1 (거의 0%)

[4] RC 충·방전 회로에서 전압과 전류 변화 곡선

① RC 충전 회로

그림 13-6(a)의 충전회로에서 충전시 V_R, V_C, i의 변화는 그림 13-6(b)와 같다.

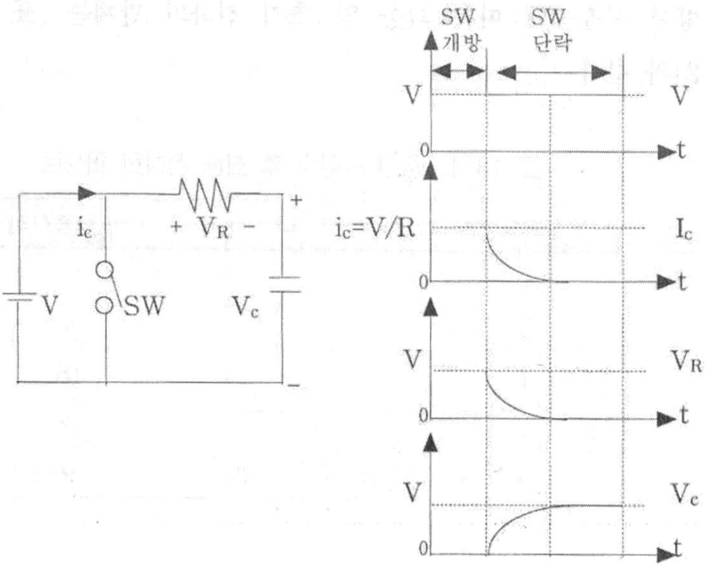

(a) 충전 회로　　　　　(b) 충전 특성

그림 13-6　R-C 충전 회로

② R-C 방전 회로

그림 13-7(a)의 방전회로에서 방전시 V_R, V_C, i의 변화는 그림 13-7(b)와 같다.

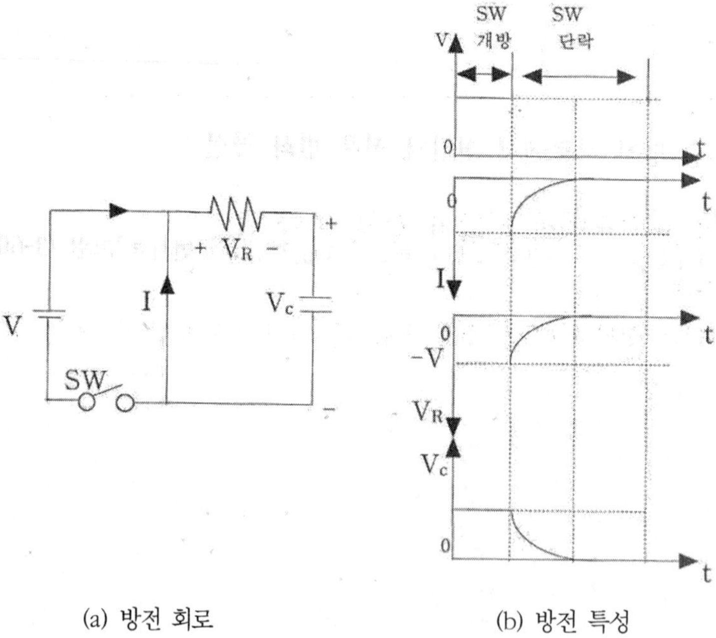

(a) 방전 회로　　　　　(b) 방전 특성

그림 13-7　R-C 방전 회로

4. 실험순서

[1] R-C 충전 회로 실험

① 실험 회로에서 주어진 R-C 값을 이용하여 시정수를 구한 후 각 시정수에 따라 충전 및 방전전압을 계산하여 표 13-3에 기록하라.

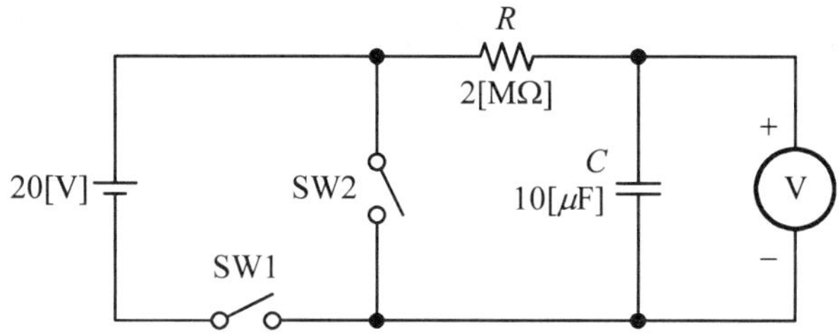

[실험회로] R-C 충전회로

② 실험 회로를 결선하라.

③ 모든 S/W을 OFF한 상태에서 콘덴서의 양단을 단락시켜 콘덴서의 전하를 완전히 방전시킨다.

④ S/W_1을 ON, S/W_2을 OFF한 순간부터 1τ에서 5τ까지 각각의 τ에 대한 충전 전압을 테스터로 측정하여 표 13-3에 기록하라.

⑤ 실험이 끝난 후 충전 곡선을 그려서 이론값이 충전 곡선과 비교해 보고 그림 13-1(a)의 충전 곡선과 일치하는가를 확인하라.

[2] R-C 방전 회로 실험

① 실험 회로에서 S/W_1을 OFF하고 S/W_2를 ON한 순간부터 각 시정수에 대한 방전 전압을 테스터로 측정하여 표 13-3에 기록하라.

② 실험이 끝난 후 방전 곡선을 그려서 이론값의 방전 곡선과 비교해 보고 그림 13-1(b)의 방전 곡선과 일치하는가를 확인하라.

5. 실험결과

실험 순서에 의한 이론값과 측정값을 아래 표에 기록하라.

표 13-3 충·방전 실험

시정수	충 전 전 압		방 전 전 압		오 차	
	이론값	측정값	이론값	측정값	충전전압	방전전압
1τ						
2τ						
3τ						
4τ						
5τ						

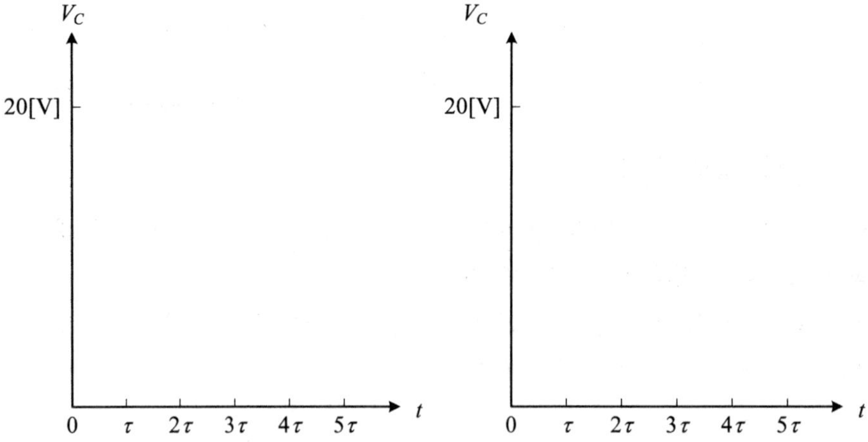

〈충전곡선〉 〈방전곡선〉

과제 및 검토 사항

1. R-C 직렬 회로에서 시상수의 개념을 이해하였는가?

2. 콘덴서의 충전 및 방전 과정을 설명하시오.

3. 표 13-1에서 V_C의 측정값과 이론값의 오차를 설명하시오.

4. 아래의 회로에서 S/W를 ON한 후 콘덴서가 방전하여 25[V]가 될 때까지의 시간을 구하라. Ans) 3.05[ms]
   (힌트 : $V_c = V_i e^{-t/RC}$에서 t를 구하면 됨)

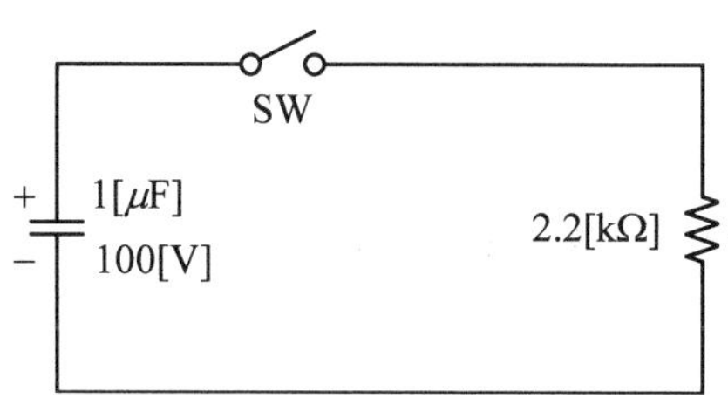

실 험 보 고 서

학 과			학 년		제출일	20 / /
학 번			성 명			
실험조		평 가	A B C D F		확 인	
실험일	20 / /		온 도	℃	습 도	%
소 요 시 간			시간 분			

1. 실험제목 : 콘덴서의 충방전 특성

2. 실험목적

3. 실험관련 이론(요약)

4. 실험 결과
   표 13-1 과 충방전 곡선을 그려서 첨부할 것

5. 실험 고찰 및 소감

실험 14

R-L, R-C 직렬 회로 특성

1. 실험 목표

[1] R-L, R-C 직렬회로의 각 소자 특성을 이해한다.
[2] 실험을 통하여 R-L, R-C 직렬회로의 특성을 확인한다.

2. 실험 장비 및 부품 (조당)

[1] 오실로스코우프 : 1대
[2] 신호발생기 : 1대
[3] 디지털 멀티미터 : 1대
[4] 브레드보드 : 1대
[5] 저항 2개 (1K×2)
[6] 인덕터 1개 (10[mH]×1)
[7] 케패시터 1개 (0.1[μF]×1)
[8] 기타 Accessory : 1식

3. 실험 관련 지식

R, L, C와 교류 전압 사이의 관계를 이해하여야만 본 실험이 가능하므로 그 특성을 간단히 살펴본다.

[1] 교류의 표시

① 사인파 교류의 표시는 $V = V_m \sin\omega t$[V]로 표시하고, 최대값 $V_m = 100$[V]이고, 주파수 $f = 10$[Hz]일 때 교류의 파형은 그림 14-1과 같다.

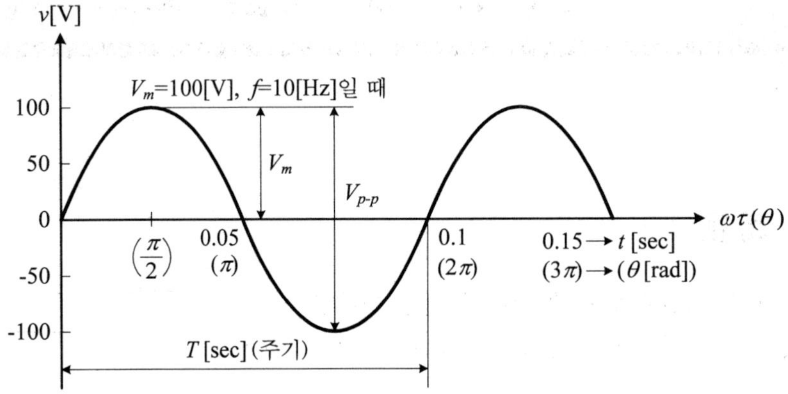

그림 14-1 $V_m = 100$[V]이고, $f = 10$[Hz]일 때 교류 표시

② 순시값 : $v = V_m \sin\omega t$[V]

③ 최대값 : 최대 진폭일 때 ($\frac{\pi}{2}$)의 값 V_m

④ V_{p-p} : 양의 최대값과 음의 최대값 사이의 값

⑤ 주파수(f)와 주기(T)와의 관계

$$f = \frac{1}{T}[\text{Hz}], \quad T = \frac{1}{5}[\text{sec}]$$

⑥ 각 속도 : $\omega = 2\pi f$[rad/sec]

⑦ 최대값, 평균값, 실효값의 관계

· 평균값(V_a) = 최대값(V_m) $\times \frac{2}{\pi}$

$\doteqdot 0.637 V_m$ $[V]$

· 실효값(V_E) = 최대값(V_m) $\times \frac{1}{\sqrt{2}}$

$\doteqdot 0.707 V_m$ $[V]$

[2] R L C 단일 소자의 특성

① $v = \sqrt{2}\, V \sin \omega t\ [V]$의 전압을 가할 때 각 소자의 특성은 표 14-1과 같다.

표 14-1

회 로	저항 또는 리액턴스 [Ω]	전류 [A]		전압과 전류의 벡터 그림 (전압기준)
		실효값	순시값의 식	
R 만의 회로	R	$I = \frac{V}{R}$	$i = I_m \sin\omega t = \sqrt{2}\frac{V}{R}\sin\omega t$	V와 I는 동상
L 만의 회로	$X_L = \omega L$	$I = \frac{V}{\omega L} = \frac{V}{X_L}$	$i = I_m \sin\left(\omega t - \frac{\pi}{2}\right) = \sqrt{2}\frac{V}{\omega L}\sin\left(\omega t - \frac{\pi}{2}\right)$	i가 $\frac{\pi}{2}$ [rad]만큼 뒤짐
C 만의 회로	$X_c = \frac{1}{\omega C}$	$I = \frac{V}{\frac{1}{\omega C}} = \frac{1}{X_c}$	$i = I_m \sin\left(\omega t + \frac{\pi}{2}\right) = \sqrt{2}\frac{V}{\frac{1}{\omega C}}\sin\left(\omega t + \frac{\pi}{2}\right)$	i가 $\frac{\pi}{2}$ [rad]만큼 앞섬

② 리액턴스(Reactance)

· 인덕턴스에 적용되는 유도성 리액턴스

$$X_L = \omega L = 2\pi f L\,[\Omega]$$

· 캐패시턴스에 적용되는 용량성 리액턴스

$$X_C = \frac{1}{\omega C} = \frac{1}{2\pi f C}\,[\Omega]$$

[3] R−L 직렬회로

그림 14-2(a), (b)는 R.L 직렬회로와 전류, 전압과의 벡터도이다.

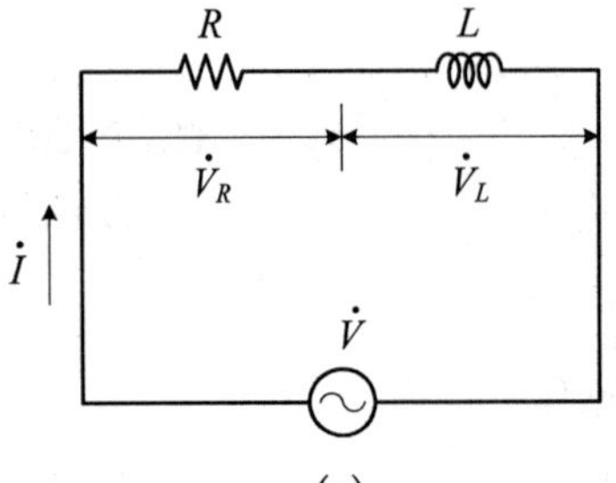

(a)

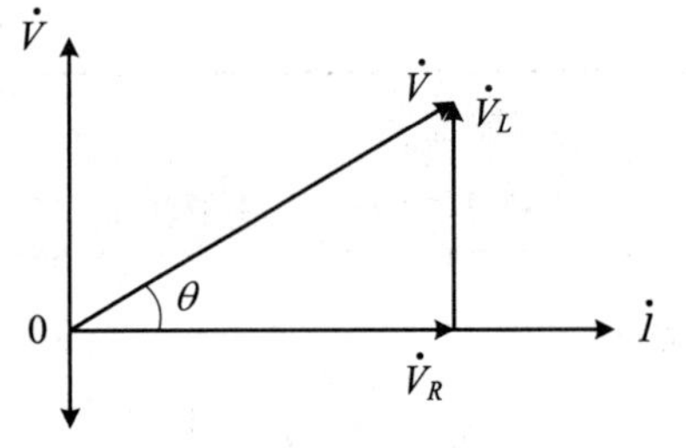

(b)

그림 14-2 R-L 직렬회로와 벡터도

R-L 직렬회로의 특성을 살펴보면 다음과 같다.

① $\dot{V}_R = \dot{I}R\ [V]$, 즉 V_R과 I는 동위상이다.

② $\dot{V}_L = \dot{I}X_L = \dot{I}\omega L$, 즉 V_L은 I보다 $\frac{\pi}{2}$ 앞선다.

③ $\dot{V} = \dot{V}_R + \dot{V}_L$이고 크기는

$$\begin{aligned} V &= \sqrt{(V_R)^2 + (V_L)^2} \\ &= \sqrt{(IR)^2 + (I\omega L)^2} \\ &= I\sqrt{R^2 + (\omega L)^2} \\ &= I \cdot Z \end{aligned}$$

이다.

④ $I = \frac{V}{Z}$이고

여기서 $|Z| = \sqrt{R^2 + (\omega L)^2}$ 이고 R-L 직렬회로의 임피던스(Impedance)라고 한다.

⑤ 전압과 전류의 위상각 θ 계산

$$\theta = \tan^{-1}\frac{V_L}{V_R}$$

$$= \tan^{-1}\frac{I\omega L}{IR}$$

$$= \tan^{-1}\frac{\omega L}{R}\,[0^{\circ}]$$

즉 전류가 전압보다 θ 만큼 뒤진다.

■ **예제 1**

그림 14-3의 R-L 직렬회로에서 V_R, V_L, Z, I, θ를 구하라.

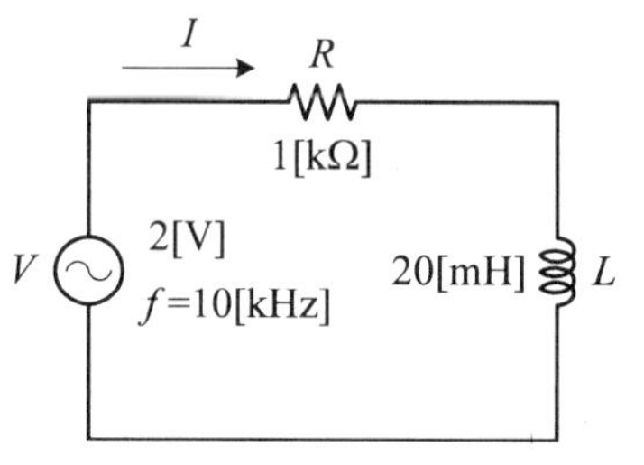

그림 14-3 R-L 직렬 회로 예

풀이)

먼저 X_L을 구하면

① $X_L = \omega L$

$= 2\pi f L$ 에서

$= 2\pi \times (10[\text{kHz}]) \times (20[\text{mH}])$

$= 1.26\,[\text{k}\Omega]$

② $Z = \sqrt{R^2 + X_L^2}$ 에서

$= \sqrt{(1[\text{k}\Omega])^2 + (1.26[\text{k}\Omega])^2}$

$= 1.61\,[\text{k}\Omega]$

③ $\theta = \tan^{-1}\frac{V_L}{V_R} = \tan^{-1}\frac{X_L}{R}$ 에서

$= \tan^{-1}\frac{1.26}{1}$

$= 51.6^{\circ}$

즉, 전압이 전류보다 51.6 °앞선다.

④ $I = \dfrac{V}{Z}$ 에서

$$= \frac{2V}{1.61[\mathrm{k\Omega}]}$$

$$= 1.242[\mathrm{mA}]$$

⑤ $V_R = I \cdot R$에서

$$= 1.242 \times 10^{-3} \times 1 \times 10^3$$

$$= 1.242\,[\mathrm{V}]$$

$V_L = I \cdot X_L$ 에서

$$= 1.242 \times 10^{-3} \times 1.26 \times 10^3$$

$$= 1.5624\,[\mathrm{V}]$$

$\therefore\ V = \sqrt{V_R^2 + V_L^2}$ 에서

$$= \sqrt{(1.242)^2 + (1.5624)^2}$$

$$\fallingdotseq 2\,[\mathrm{V}]$$

[4] R-C 직렬회로

그림 14-4(a), (b)는 R-C 직렬회로와 전류, 전압과의 벡터도이다.

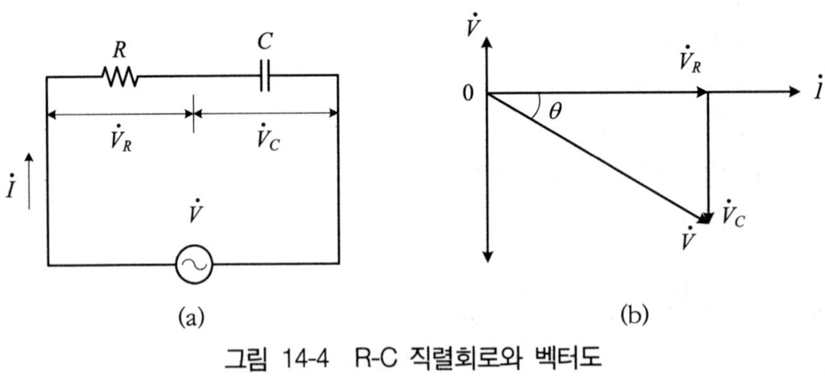

그림 14-4 R-C 직렬회로와 벡터도

R-C 직렬회로의 특성을 살펴보면 다음과 같다.

① $\dot{V}_R = \dot{I}R$ (V_R와 $\dot{I}$ 는 동위상)

② $\dot{V}_C = \dot{I}X_C$

$= \dot{I} \cdot \dfrac{1}{\omega C}$[V] ($V_C$은 I보다 $\dfrac{\pi}{2}$ 뒤진다.)

③ $\dot{V} = \dot{V}_R + \dot{V}_C$이고

크기는 $V = \sqrt{(V_R)^2 + (V_C)^2}$

$$= \sqrt{(IR)^2 + (I \cdot \frac{1}{\omega C})^2}$$

$$= I\sqrt{R^2 + (\frac{1}{2\pi f C})^2}$$

$$= I \cdot Z$$

이다.

④ $I = \dfrac{V}{Z}$ 이고

여기서 $|Z| = \sqrt{R^2 + (\frac{1}{\omega C})^2}$ 이고 R-C 직렬회로의 임피던스라고 한다.

⑤ 전압과 전류의 위상각 θ 계산

$$\theta = \tan^{-1}\frac{V_C}{V_R}$$

$$= \tan^{-1}\frac{I \cdot \frac{1}{\omega C}}{IR}$$

$$= \tan^{-1}\frac{1}{\omega CR}[0°]$$

즉 전류가 전압보다 θ 만큼 앞선다.

■ **예제 2**

그림 14-5의 R-C 직렬회로에서 V_R, V_L, Z, I, θ를 구하라.

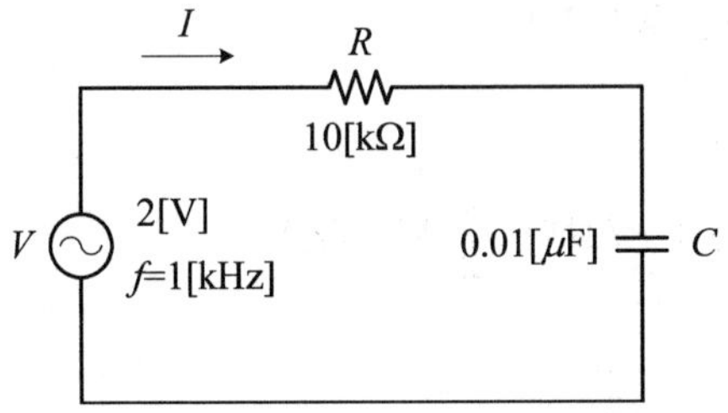

그림 14-5 R-C 직렬 회로 예

풀이)

① $X_C = \dfrac{1}{\omega C}$

$= \dfrac{1}{2\pi f C}$ 에서

$= \dfrac{1}{2\pi \times 10^3 \times 10^{-8}}$

$= 15.9\,[\mathrm{k\Omega}]$

② $Z = \sqrt{R^2 + X_C^2}$ 에서

$= \sqrt{(10K)^2 + (15.9K)^2}$

$= 18.8\ [\mathrm{k\Omega}]$

③ $\theta = \tan^{-1}\dfrac{V_C}{V_R} = \tan^{-1}\dfrac{X_C}{R} = \tan^{-1}\dfrac{V_C}{\omega R}$ 에서

$= \tan^{-1}\dfrac{15.9}{10}$

$= 57.83$

④ $I = \dfrac{V}{Z}$ 에서

$= \dfrac{2}{18.8 \times 10^3}$

$\fallingdotseq 0.106\,[\mathrm{mA}]$

⑤ $V_R = I \cdot R$ 에서

$= 0.106 \times 10^{-3} \times 10 \times 10^3$

$= 1.06\,[\mathrm{V}]$

$V_C = I \cdot X_C$ 에서

$= 0.106 \times 10^{-3} \times 15.9 \times 10^3$

$= 1.6854\,[\mathrm{V}]$

$\therefore\ V = \sqrt{V_R^2 + V_C^2}$ 에서

$= \sqrt{(1.06)^2 + (1.6854)^2}$

$\fallingdotseq 2\,[\mathrm{V}]$

4. 실험순서

[1] R-L 직렬 회로 측정

① 실험 회로 1을 보고 표 14-2의 각 항에 있는 이론값을 계산하여 기록하라.

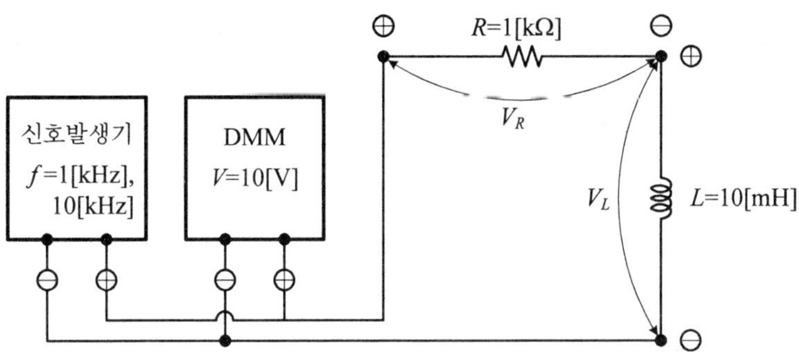

[실험회로 1] R-L 직렬회로

② 실험 회로 1을 결선하고, 신호발생기의 주파수 범위를 1[kHz], 10[kHz]로 맞추고, 신호발생기의 ⊕, ⊖에 디지털 멀티미터(DMM)의 ⊕, ⊖를 연결하여 DMM의 지시값이 정확히 10[V]가 되도록 신호 발생기로 조정한 후 DMM을 뗀다. 〈왜냐하면, DMM의 측정값은 실효값이고, 이론값 계산시에도 실효값 기준으로 계산했기 때문이다〉 또한 신호발생기로 $f = 1\,[\mathrm{kHz}]$, $10\,[\mathrm{kHz}]$로 조정했다 하더라도 오차가 발생할 수 있으므로 주파수 카운터나 오실로스코우프로 정확히 맞추기로 한다. 이 과정은 이후 실험인 R-C 직렬, R-C 병렬, R-L-C 직·병렬 실험에도 적용된다.

③ 표 14-2에 주어진 각 항에 대해 DMM을 이용하여 측정값을 기록하라. 단, θ는 측정한 V_R과 V_L을 이용하여 계산한 결과를 측정값에 기대하라. 〈$\theta = \tan^{-1}\dfrac{V_L}{V_R}$〉

[2] R-C 직렬회로 측정

① 실험 회로 2를 보고 표 14-3에 있는 이론값을 계산하여 기록하라.

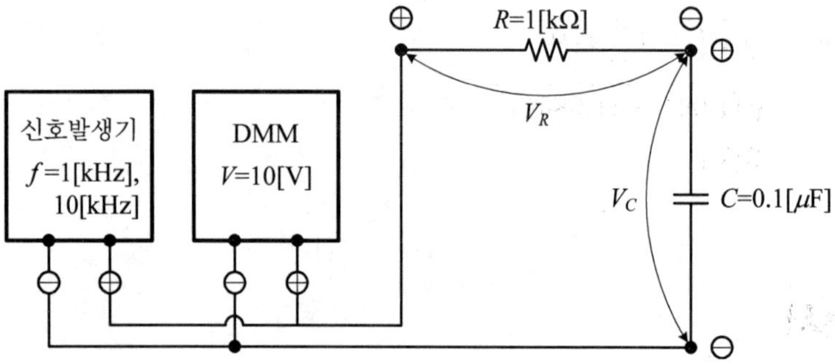

[실험회로 2] R-C 직렬회로

② 실험 회로 2를 결선하고, R-L 직렬회로 실험순서 ②항과 같이 조정하라.

③ 표 14-3에 주어진 각 항에 대해 디지털 멀티미터를 이용하여 측정값을 기록하라. 단, **θ**는 DMM으로 측정한 V_R과 V_C를 이용하여 계산한 결과를 측정값에 기재하라.

〈$\theta = \tan^{-1}\dfrac{V_C}{V_R}$로 계산하라.〉

5. 실험결과

실험 순서에 의한 이론값과 측정값을 아래 표에 기록하라.

표 14-2 R-L 직렬회로 측정

항목 \ V		10 [V]	
		1 [kHz]	10 [kHz]
I	이론값		
	측정값		
	오 차		
V_R	이론값		
	측정값		
	오 차		
V_L	이론값		
	측정값		
	오 차		
V	이론값		
	측정값		
	오 차		
θ	이론값		
	측정값		
	오 차		

표 14-3 R-C 직렬회로 측정

항목 \ V		10 [V]	
		1 [kHz]	10 [kHz]
I	이론값		
	측정값		
	오 차		
V_R	이론값		
	측정값		
	오 차		
V_L	이론값		
	측정값		
	오 차		
V	이론값		
	측정값		
	오 차		
θ	이론값		
	측정값		
	오 차		

과제 및 검토 사항

1. R-L, R-C 직렬회로의 특성을 이해하였는가?

2. R-L, R-C 직렬 회로의 전압, 전류와의 관계를 벡터도를 그려보자.

3. X_L과 X_C에 대해 설명하라.

4. 표 14-2와 표 14-3에서 각 항의 오차를 비교 분석하고 그 원인을 설명해 보아라.

실 험 보 고 서

학 과			학 년		제출일	20 / /
학 번			성 명			
실험조		평 가	A B C D F		확 인	
실험일	20 / /		온 도	℃	습 도	%
소 요 시 간			시간 분			

1. 실험제목 : R-L, R-C 직렬 회로 특성

2. 실험목적

3. 실험관련 이론(요약)

4. 실험 결과
   표 14-2, 표 14-3을 완성하여 첨부할 것

5. 실험 고찰 및 소감

실험 15

R-L, R-C 병렬 회로 특성

1. 실험 목표

[1] R-L, R-C 병렬 회로를 이해한다.

[2] 실험을 통하여 R-L, R-C 병렬회로의 특성을 확인한다.

2. 실험 장비 및 부품 (조당)

[1] 신호발생기 : 1대

[2] 디지털 멀티미터 : 2~3대

[3] 브레드보드 : 1대

[4] 저항 2개 (2K×1, 2.2K×1)

[5] 인덕터 1개 (20[mH]×1)

[6] 케패시터 1개 (1[μF]×1)

[7] 기타 Accessory : 1식

3. 실험 관련 지식

[1] R-L 병렬회로

그림 15-1(a), (b)는 R-L 병렬회로와 전류, 전압과의 벡터도이다.

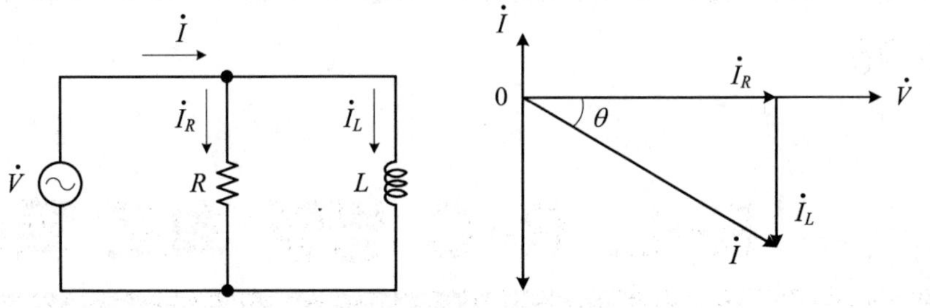

(a) (b)

그림 15-1 R-L 병렬회로와 벡터도

① Z의 계산

$$\dot{Y} = \frac{1}{\dot{Z}} = \frac{1}{R} + \frac{1}{jX_L} = \frac{1}{R} - j\frac{1}{X_L} = \frac{1}{Z}\angle\theta$$

$$\therefore\ |Y| = \left|\frac{1}{Z}\right| = \sqrt{\left(\frac{1}{R}\right)^2 + \left(\frac{1}{X_L}\right)^2} \text{ 이고}$$

$$Z = \frac{1}{\sqrt{(\frac{1}{R})^2 + (\frac{1}{X_L})^2}}$$

$$= \frac{R \cdot X_L}{\sqrt{(R)^2 + (X_L)^2}} [\Omega]$$

이다.

② 전류의 계산

전체 전류 $\dot{I} = \dot{I}_R + \dot{I}_L$ 에서

$$I = \sqrt{{I_R}^2 + {I_L}^2}$$

$$= \sqrt{\left(\frac{V}{R}\right)^2 + \left(\frac{V}{X_L}\right)^2}$$

$$= \sqrt{\left(\frac{1}{R}\right)^2 + \left(\frac{1}{X_L}\right)} \cdot V$$

$$= YV$$

$$= \frac{V}{Z}$$

로 계산된다.

③ θ의 계산

그림 15-1(b)에서

$$\theta = \tan^{-1}\frac{I_L}{I_R} = \tan^{-1}\frac{\frac{V}{X_L}}{\frac{V}{R}} = \tan^{-1}\frac{R}{X_L}\,[0^{\circ}]$$

즉, $\dot{I}$는 $\dot{V}$보다 위상각 θ만큼 뒤진다.

■ **예제 1**

그림 15-2에서 회로의 각 전류는 얼마인가? 또 전압과 전전류의 위상차를 구하라.

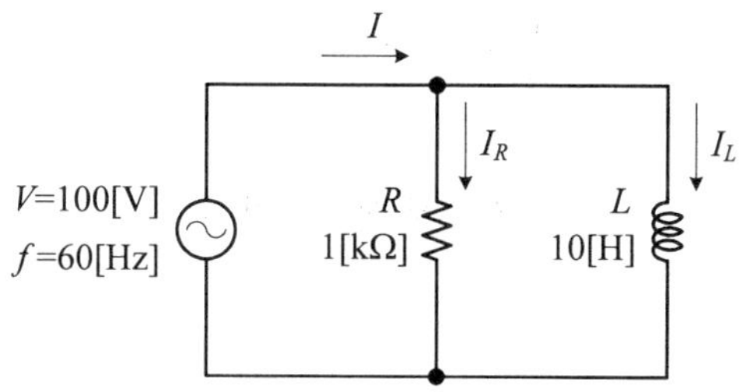

그림 15-2 R-L 병렬 회로 예

풀이)

① 10[H]의 코일의 유도 리액턴스 X_L는 다음과 같다.

$$X_L = 2\pi f L = 2\pi \times f \times L = 6.28 \times 60 \times 10 = 3768\,[\Omega]$$

따라서 X_L에 흐르는 전류의 크기는 다음과 같다.

$$I_L = \frac{V}{X_L} = \frac{100}{3768} = 0.0265\,[\text{A}]$$

② 또, 저항 R에 흐르는 전류의 크기는 다음과 같다.

$$I_R = \frac{V}{R} = \frac{100}{1000} = 0.1[\mathrm{A}]$$

따라서 전전류의 크기 I는 다음과 같다.

$$I = \sqrt{I_R^2 + I_L^2} = \sqrt{0.1^2 + 0.0265^2} = 0.104[\mathrm{A}]$$

R과 X_L의 병렬회로의 임피던스를 계산한 다음 전전류도 I_R과 I_L의 합과 같아야 한다.

③ $$Z = \frac{R \times X_L}{\sqrt{R^2 + X_L^2}} = \frac{1000 \times 3768}{\sqrt{1000^2 + 3768^2}} = 966\ [\Omega]$$

전전류 I는 다음과 같다.

$$I = \frac{V}{Z} = \frac{100}{966} = 0.104[\mathrm{A}]$$

전압과 전류 위상차 θ는 다음과 같다.

$$\theta = \tan^{-1}\frac{R}{X_L} = \tan^{-1}\frac{1000}{3768} \fallingdotseq 14.8^{\circ}$$

따라서 이 예제의 병렬회로는 전류가 전압보다 14.8°늦다.

[2] R-C 병렬회로

그림 15-3(a), (b)는 R-C 병렬회로와 전류, 전압과의 벡터도이다.

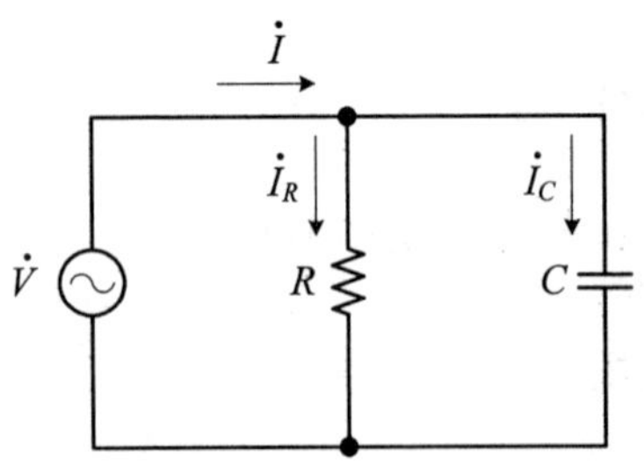

(a)

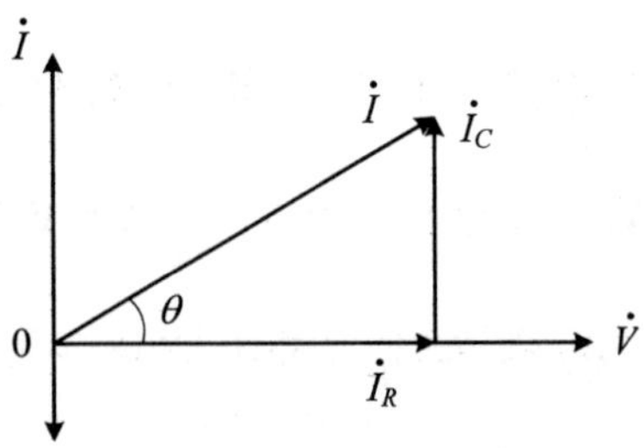

(b)

그림 15-3 R-C 병렬회로와 벡터도

① Z의 계산

$$\dot{Y} = \frac{1}{\dot{Z}} = \frac{1}{R} + j\frac{1}{X_C} = \frac{1}{Z}\angle\theta$$

$$\therefore\ |Y| = \left|\frac{1}{Z}\right| = \sqrt{\left(\frac{1}{R}\right)^2 + \left(\frac{1}{X_C}\right)^2}\ \text{이고}$$

$$Z = \frac{1}{\sqrt{(\frac{1}{R})^2 + (\frac{1}{X_C})^2}} = \frac{R \cdot X_C}{\sqrt{(R)^2 + (X_C)^2}}\ [\Omega]$$

이다.

② 전류의 계산

전체 전류 $\dot{I} = \dot{I}_R + \dot{I}_C$에서

$$I = \sqrt{{I_R}^2 + {I_C}^2} = \sqrt{\left(\frac{V}{R}\right)^2 + \left(\frac{V}{X_C}\right)^2} = \sqrt{\left(\frac{1}{R}\right)^2 + \left(\frac{1}{X_C}\right)^2} \cdot V = Y \cdot V = \frac{V}{Z}$$

로 계산된다.

③ θ의 계산

그림 15-3(b)에서

$$\theta = \tan^{-1}\frac{I_C}{I_R} = \tan^{-1}\frac{\frac{V}{X_C}}{\frac{V}{R}}$$

$$= \tan^{-1}\frac{R}{X_C}\,[0^\circ]$$

즉 전류는 전압보다 위상각 θ만큼 앞선다.

■ **예제 2**

그림 15-4에서 회로의 각 전류는 얼마인가? 또 전압과 전전류의 위상차를 구하라.

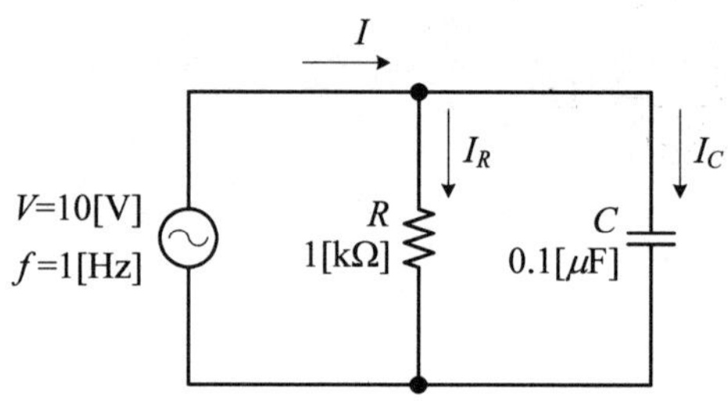

그림 15-4 R-C 병렬 회로 예

풀이)

① 1[μF]의 캐패시던스의 용량리액턴스 X_C는 다음과 같다.

$$X_C = \frac{1}{\omega C} = \frac{1}{2\pi f C} = \frac{1}{2\pi \times 10^3 \times 10^{-7}} = 1592.35\,[\Omega]$$

따라서 X_C에 흐르는 전류의 크기는 다음과 같다.

$$I_C = \frac{V}{X_C} = \frac{10}{1592.35} = 6.28\,[\text{mA}]$$

② 또, 저항 R에 흐르는 전류의 크기는 다음과 같다.

$$I_R = \frac{V}{R} = \frac{10}{100} = 10\,[\text{mA}]$$

따라서 전전류의 크기 I는 다음과 같다.

$$I = \sqrt{I_R^2 + I_L^2} = \sqrt{(6.28)^2 + (10)^2} \fallingdotseq 11.81\,[\text{mA}]$$

전체 전류는 R과 X_C의 병렬회로의 임피이던스를 계산한 다음 $I=\dfrac{V}{Z}$의 값이 위의 I 값과 같아야 한다.

③ $$Z=\frac{R\times X_C}{\sqrt{R^2+X_C^2}}=\frac{1000\times 1592.35}{\sqrt{(1000)^2+(1592.35)^2}}=846.85\,[\Omega]$$

전전류 I는 다음과 같다.

$$I=\frac{V}{Z}=\frac{10}{846.85}\fallingdotseq 11.81\,[\mathrm{mA}]$$

전압과 전류 위상차 θ는 다음과 같다.

$$\theta=\tan^{-1}\frac{R}{X_C}=\tan^{-1}\frac{1000}{1592.35}\fallingdotseq 32.13$$

따라서 이 예제의 병렬회로는 전류가 전압보다 32.13°앞선다.

4. 실험순서

[1] R-L 병렬 회로 측정

① 실험 회로 1을 보고 표 15-1에 있는 각 항의 이론값을 계산하여 기록하라.

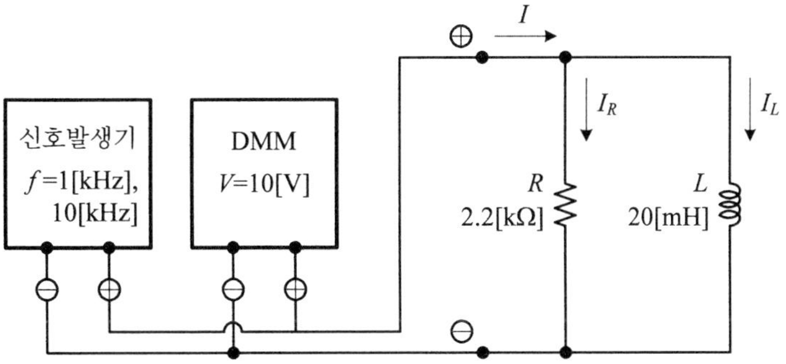

[실험회로 1] R-L 병렬회로

② 실험 회로 1을 결선하고, 실험 14의 R-L 직렬회로 실험 순서 ②항과 같이 조정하라.

③ 표 15-1에 주어진 각 항에 대해 디지털 멀티미터를 이용하여 측정한 값을 기록하라. 단, θ는 DMM으로 측정한 I_R, I_L를 이용하여 계산한 결과를 측정값에 기록하라.

($\theta = \tan^{-1}\dfrac{I_L}{I_R}$로 계산하라.)

[2] R-C 병렬회로 측정

① 실험 회로 2를 보고 표 15-2에 있는 각 항의 이론값을 계산하여 기록하라.

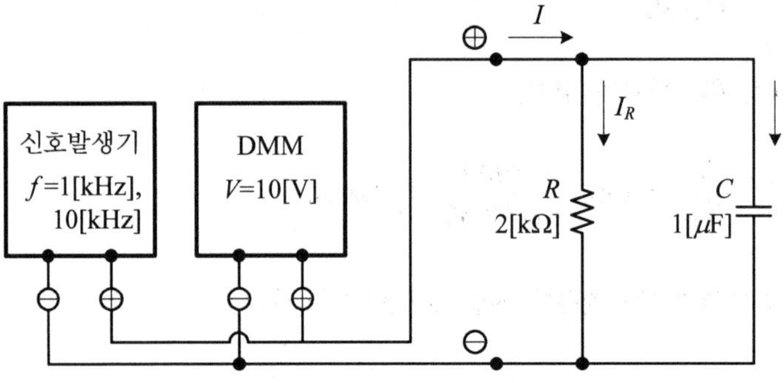

[실험회로 2] R-C 병렬회로

② 실험 회로 2를 결선하고, 실험 14의 R-L 직렬회로 실험순서 ②항과 같이 조정하라.

③ 표 15-2에 주어진 각 항에 대해 디지털 멀티미터를 이용하여 측정한 값을 기록하라. 단, θ는 DMM으로 측정한 I_R과 I_C를 이용하여 계산한 결과를 측정값에 기록하라.

($\theta = \tan^{-1}\dfrac{I_C}{I_R}$로 계산하라)

5. 실험결과

실험 순서에 의한 이론값과 측정값을 아래 표에 기록하라.

표 15-1 R-L 병렬회로 측정

항목 \ V		10 [V]	
		1 [kHz]	10 [kHz]
I_R	이론값		
	측정값		
	오 차		
I_L	이론값		
	측정값		
	오 차		
I	이론값		
	측정값		
	오 차		
θ	이론값		
	측정값		
	오 차		

표 15-2 R-C 병렬회로 측정

항목 \ V		10 [V]	
		1 [kHz]	10 [kHz]
I_R	이론값		
	측정값		
	오 차		
I_C	이론값		
	측정값		
	오 차		
I	이론값		
	측정값		
	오 차		
θ	이론값		
	측정값		
	오 차		

과제 및 검토 사항

1. R-L, R-C 병렬회로의 특성을 이해하였는가?

2. R-L, R-C 병렬 회로의 θ를 계산하는 식을 보고 벡터도로 전압과 전류 관계를 그려라.

3. R-L, R-C 병렬 회로의 Z를 유도해 보라.

4. 표 15-1와 표 15-2에서 각 항의 오차를 비교 분석하고 그 원인을 설명하라.

실험보고서

<table>
<tr><td>학 과</td><td colspan="2"></td><td>학 년</td><td></td><td>제출일</td><td>20 / /</td></tr>
<tr><td>학 번</td><td colspan="2"></td><td>성 명</td><td colspan="3"></td></tr>
<tr><td>실험조</td><td></td><td>평 가</td><td colspan="2">A B C D F</td><td>확 인</td><td></td></tr>
<tr><td>실험일</td><td colspan="2">20 / /</td><td>온 도</td><td>℃</td><td>습 도</td><td>%</td></tr>
<tr><td colspan="3">소 요 시 간</td><td colspan="4">시간 분</td></tr>
</table>

1. 실험제목 : R-L, R-C 병렬 회로 특성

2. 실험목적

3. 실험관련 이론(요약)

4. 실험 결과
   표 15-1, 표 15-2을 완성하여 첨부할 것

5. 실험 고찰 및 소감

실험 16

R-L-C 직 · 병렬 회로의 특성

1. 실험 목표

[1] R-L-C 직 · 병렬 회로의 각 소자 특성을 파악한다.

[2] R-L-C 직 · 병렬 회로의 특성을 실험을 통해 이해한다.

2. 실험 장비 및 부품 (조당)

[1] 오실로스코우프 : 1대

[2] 신호발생기 : 1대

[3] 디지털 멀티미터 : 2~3대

[4] 브레드보드 : 1대

[5] 저항 2개 (1K×2)

[6] 인덕터 2개 (50[mH]×2)

[7] 케패시던스 2개 (1[μF]×2)

[8] 기타 Accessory : 1식

3. 실험 관련 지식

R-L-C 직 · 병렬회로는 인덕턴스와 커패시던스를 모두 갖고 있다. 유도성리액턴스(X_L)와 용량성리액턴스(X_C)는 회로의 위상각에 대해서 서로 정반대의 영향을 주기 때문에, 이 두 종류의 리액턴스를 합한 전체리액턴스의 크기는 두 리액턴스 중 큰 값의 리액턴스보다는 항상 작아진다. 본 실험에서 R-L-C 직 · 병렬회로의 여러 가지 특성을 알아본다.

[1] R–L–C 직렬회로의 특성

그림 16-1(a), (b)는 R-L-C 직렬회로와 전류, 전압의 벡터도이다.

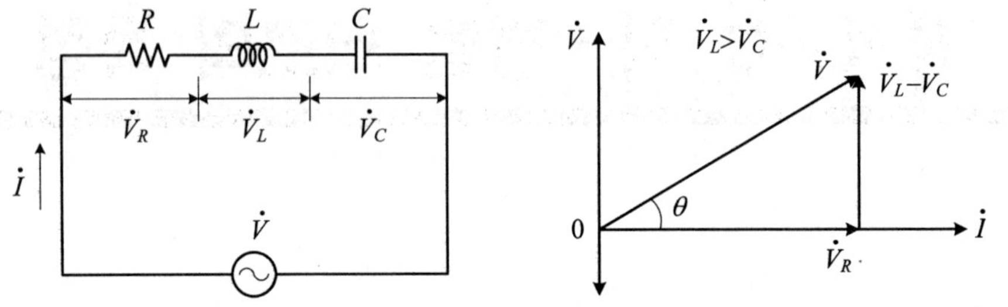

(a) (b)

그림 16-1 R-L-C 직렬회로와 벡터도

1) R-L-C 직렬회로의 전압, 전류 계산

① $\dot{V}_R = \dot{I}R$ [V] (V_R과 I는 동위상이다.)

② $\dot{V}_L = \dot{I}X_L = \dot{I}\omega L$ [V] (I보다 $\frac{\pi}{2}$[0°] 만큼 앞선다.)

③ $\dot{V}_C = I \cdot \frac{1}{\omega C}$ [V] (I보다 $\frac{\pi}{2}$[0°] 만큼 뒤진다.)

④ $\dot{Z} = R + j\omega L + \frac{1}{j\omega C}$

$= R + j\left(\omega L - \frac{1}{\omega L}\right)$

$|Z| = Z = \sqrt{R^2 + \left(\omega L - \frac{1}{\omega C}\right)^2}$

⑤ $\dot{V} = \dot{V}_R + \dot{V}_L - \dot{V}_C$

$V = \sqrt{(V_R)^2 + (V_L - V_C)^2}$

$= \sqrt{(IR)^2 + \left(I\omega L - I \cdot \frac{1}{\omega C}\right)^2}$

$= I\sqrt{R^2 + \left(\omega L - \frac{1}{\omega C}\right)^2}$ [V]

$= I \cdot Z$[V]

2) 리액턴스와 위상차의 관계

① 합성리액턴스 $X = \omega L - \dfrac{1}{\omega C}\,[\Omega]$

② $\omega L > \dfrac{1}{\omega C}$ 인 경우 → 유도성리액턴스이고

③ $\omega L < \dfrac{1}{\omega C}$ 인 경우 → 용량성리액턴스이다.

④ 위상차 θ 계산

- 유도성리액턴스일 때 (V_L 이 I보다 θ 만큼 앞서는 경우)

$$\theta = \tan^{-1}\frac{V_L - V_C}{V_R} = \tan^{-1}\frac{\omega L - \dfrac{1}{\omega C}}{R} = \tan^{-1}\frac{X}{R}\,[0^\circ]$$

이다.

- 용량성일 때 (V_C 가 I보다 θ 만큼 뒤지는 경우)

$$\theta = \tan^{-1}\frac{V_C - V_L}{V_R} = \tan^{-1}\frac{\dfrac{1}{\omega C} - \omega L}{R}\,[0^\circ]$$

이다.

■ **예제 1**

그림 16-2에서 각 소자의 전압과 위상차를 계산하라.

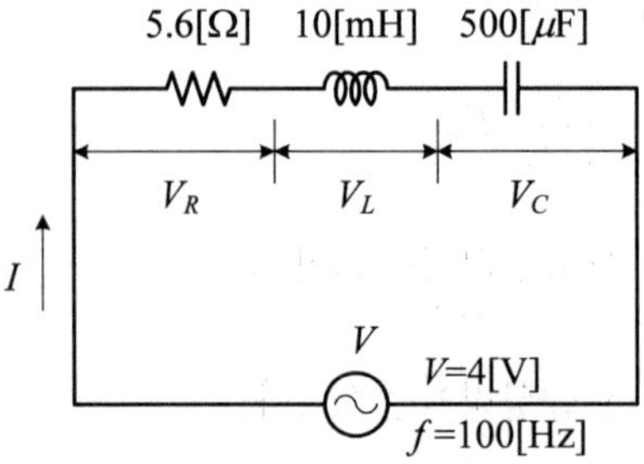

그림 16-2　R-L-C 직렬 회로 예

풀이)

① 이 회로가 유도성인지 용량성인지 판별한다.

$$X_L = 2\pi f L = 6.28 \times 100 \times 10 \times 10^{-3} = 6.28\ [\Omega]$$

$$X_C = \frac{1}{2\pi f C} = \frac{1}{6.28 \times 100 \times 10 \times 10^{-3}} = 3.18\ [\Omega]$$

이 경우 X_L이 X_C보다 크므로 유도성리액턴스 성질을 나타낸다.
전체리액턴스의 크기는

$$X = |X_L - X_C| = 3.1\ [\Omega]$$

② Z와 θ, I의 계산

$$\cdot\ Z = \sqrt{R^2 + (\omega L - \frac{1}{\omega C})^2}$$
$$= \sqrt{R^2 + (X)^2}$$
$$= \sqrt{(5.6)^2 + (3.1)^2}$$
$$= 6.4\ [\Omega]$$

이다.

$$\cdot\ \theta = \tan^{-1}\frac{X}{R}\ \text{에서}$$
$$= \tan^{-1}\frac{3.1}{5.6}$$
$$= 29^\circ$$

이다. 즉 V_L이 I보다 29°앞선다.

임피던스를 극좌표 형식으로 나타내면

· $Z = 6.4[\Omega]\angle 29°$ 이다.

· $I = \dfrac{V}{Z}$ 에서

$= \dfrac{4}{6.4}$

$= 0.625\,[\mathrm{A}]$

이다.

③ 각 소자의 전압계산

· $V_R = IR$ 에서

$= 0.625 \times 5.6$

$= 3.5\,[\mathrm{V}]$

· $V_L = I \cdot X_L$ 에서

$= 0.625 \times 6.28$

$= 3.925\,[\mathrm{V}]$

· $V_C = I \cdot X_C$ 에서

$= 0.625 \times 3.18$

$= 1.9875\,[\mathrm{V}]$

∴ 전체 전압 $V = \sqrt{(V_R)^2 + (V_L - V_C)^2}$ 에서

$= \sqrt{(3.5)^2 + (3.925 - 1.9875)^2}$

$= 4\,[\mathrm{V}]$

즉, 인가한 실효전압 4[V]와 각 소자의 전압강하의 합이 같다는 것을 알 수 있다.

[2] R-L-C 병렬회로의 특성

그림 16-3(a), (b)는 R-L-C 병렬회로와 전류, 전압의 벡터도이다.

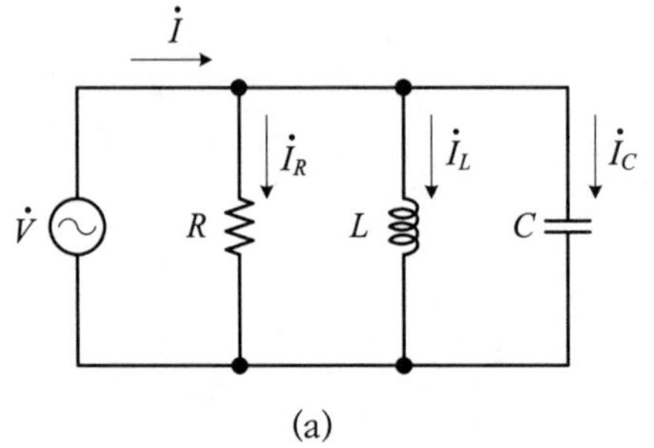

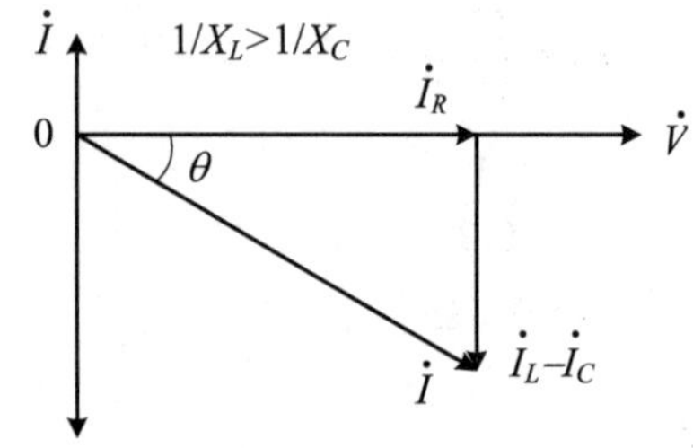

그림 16-3 R-L-C 병렬회로와 벡터도

① 그림 16-3(a)에서 저항 R에 흐르는 전류 I_R, 유도 리액턴스 X_L에 흐르는 전류 I_L, 용량 리액턴스 X_C에 흐르는 전류 I_C의 옴의 법칙으로 계산하면 다음과 같다.

$$I_R = \frac{V}{R}[\mathrm{A}],\quad I_L = \frac{V}{X_L}[\mathrm{A}],\quad I_C = \frac{V}{X_C}[\mathrm{A}]$$

다시 위상 관계에 대해서는 I_R은 전압 E와 동상이고, I_L은 E보다 $\pi/2$[rad] 뒤지고, I_C는 E보다 $\pi/2$[rad] 앞서게 된다. 여기서 $I_L > I_C$인 경우를 예로 들면 전 전류 I는 I_R, I_L, I_C라는 3가지 전류의 벡터 합으로 표시되고, 그림 16-3(b)와 같이 되지만 크기 I는 피타고라스의 정리를 사용하여 다음과 같이 구할 수 있다.

$$I = \sqrt{I_R^2 + (I_L^2 - I_C^2)} = \sqrt{\left(\frac{V}{R}\right)^2 + \left(\frac{V}{X_L} - \frac{V}{X_C}\right)^2}$$

$$= V\sqrt{\left(\frac{1}{R}\right)^2 + \left(\frac{1}{X_L} - \frac{1}{X_C}\right)^2}\ [\mathrm{A}]$$

② 여기서, 상기식 가운데 $(\frac{1}{X_L} - \frac{1}{X_C})$을 $\frac{1}{X}$이라 하면 상기식은 다음과 같다.

$$\frac{1}{X} = \frac{1}{X_L} - \frac{1}{X_C}$$

$$X = \frac{1}{\frac{1}{X_L} - \frac{1}{X_C}} = \frac{1}{\frac{X_C - X_L}{X_L X_C}} = \frac{X_L X_C}{X_C - X_L} \, [\Omega]$$

따라서 저항 R과 2개 리액턴스 X_L과 X_C의 병렬 회로의 임피던스는 다음과 같다.

$$Z = \frac{V}{I} = \frac{1}{\sqrt{\left(\frac{1}{R^2} + \frac{1}{X^2}\right)}}$$

$$= \sqrt{\frac{1}{\frac{R^2 + X^2}{R^2 \times X^2}}} = \frac{R \times X}{\sqrt{R^2 + X^2}} \, [\Omega]$$

③ 또 전압 V와 전류 I와의 위상차 θ는 다음 식으로 표시된다.

$$\tan\theta = \frac{I_L - I_C}{I_R} = \frac{\frac{V}{X_L} - \frac{V}{X_C}}{\frac{V}{R}} = \frac{\frac{1}{X_L} - \frac{1}{X_C}}{\frac{1}{R}} = \frac{\frac{1}{X}}{\frac{1}{R}} = \frac{R}{X}$$

$$\theta = \tan^{-1}\frac{R}{X} \, [0^\circ]$$

■ **예제 2**

그림 16-4의 회로에서 용량성인지 유도성인지 판정하여 전류와 위상차를 구하라.

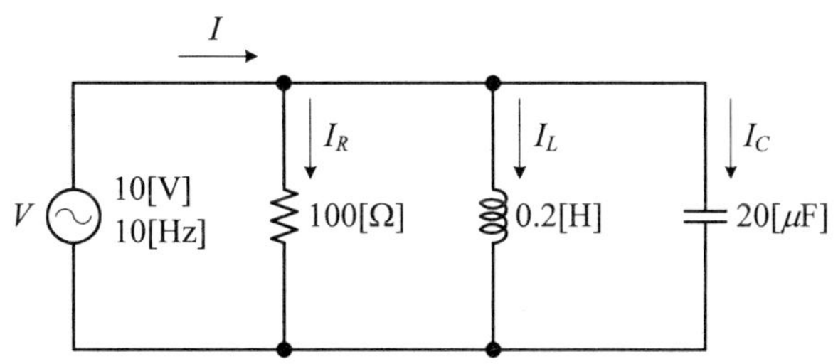

그림 16-4 R-L-C 병렬 회로 예

풀이)

① 0.2[H] 코일의 유도리액턴스 X_L은 다음과 같다.

$$X_L = \omega L = 2\pi f L = 6.28 \times 10 \times 0.2 = 12.56[\Omega]$$

따라서 전류의 크기는 다음과 같다.

$$I_L = \frac{V}{X_L} = \frac{10}{12.56} = 0.796178\ [A]$$

② 20[μF]의 케패시터의 용량리액턴스는 다음과 같다.

$$X_C = \frac{1}{\omega C} = \frac{1}{2\pi f C} = \frac{1}{6.28 \times 10 \times 20 \times 10^{-6}} = 796.1783\ [\Omega]$$

따라서 전류의 크기는 다음과 같다.

$$I_C = \frac{1}{X_C} = \frac{10}{796.1783} = 0.01256\ [A]$$

∴ 본 회로는 $\frac{1}{X_L} > \frac{1}{X_C}$ 가 되어 유도성 회로이다.

③ 또 저항에 흐르는 전류는 다음과 같다.

$$I_R = \frac{V}{R} = \frac{10}{100} = 0.1\ [A]$$

따라서 전전류의 크기 I는 다음과 같다.

$$I = \sqrt{(I_R)^2 + (I_L - I_C)^2} = \sqrt{(0.1)^2 + (0.796178 - 0.01256)^2} = 0.789977\ [A]$$

④ 위상차 θ의 계산은 다음과 같다.

$$\theta = \tan^{-1}\frac{I_L - I_C}{I_R}$$

$$= \tan^{-1}\frac{0.78362}{0.1}$$

$$\fallingdotseq 82.72^\circ$$

즉, V_L은 I보다 82.72°앞선다.

4. 실험순서

[1] R-L-C 직렬 회로 측정

① 실험회로 1을 보고 표 16-1에 있는 각 항의 이론값을 계산하여 기록하라.

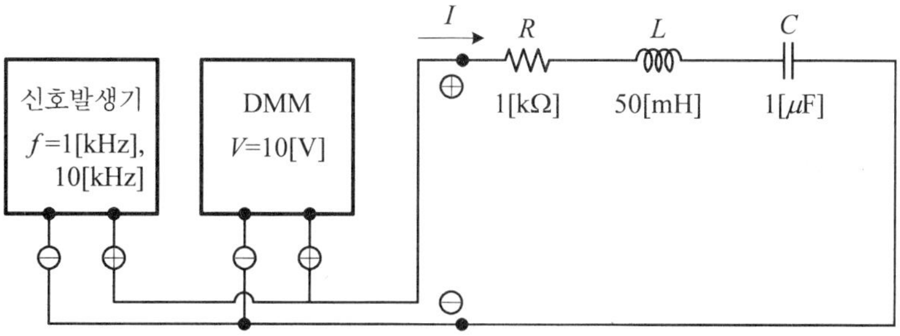

[실험회로 1] R-L-C 직렬회로

② 실험 회로 1을 결선하고, 실험 14의 R-L 직렬회로 실험순서 ②항과 같이 조정하라.

③ 표 16-1에 주어진 각 항에 대해 DMM을 이용하여 측정한 값을 기록하라.
단, θ는 측정한 V_R, V_L, V_C를 이용하여 계산한 결과를 측정값에 기록하라.

⟨$\theta = \tan^{-1}\dfrac{X}{R} = \tan^{-1}\dfrac{V_C - V_L}{V_R}$ 이다.⟩

[2] R-L-C 병렬회로 측정

① 실험 회로 2를 보고 표 16-2에 있는 각 항의 이론값을 계산하여 기록하라.

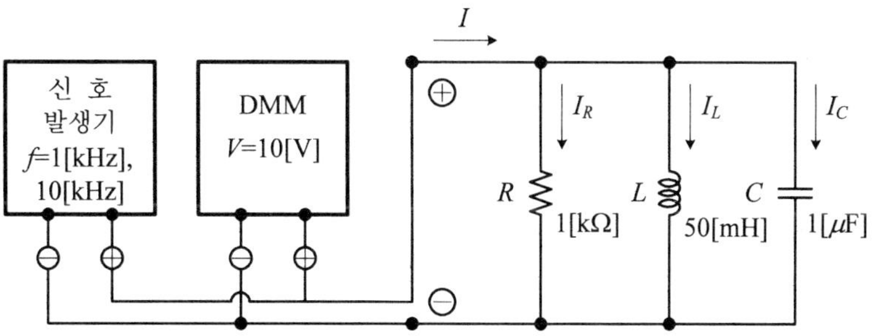

[실험회로 2] R-L-C 병렬회로

② 실험 회로 2를 결선하고, 앞 실험의 ②항을 행하라.

③ 표 16-2에 주어진 각 항에 대해 DMM을 이용하여 측정한 값을 기록하라. 단, θ는 측정한 I_R, I_L, I_C를 이용하여 계산한 결과를 측정값에 기록하라. 〈$\theta = \tan^{-1}\dfrac{I_L - I_C}{I_R}$이다.〉

5. 실험결과

실험 순서에 의한 이론값과 측정값을 아래 표에 기록하라.

표 16-1 R-L-C 직렬회로 측정

항목 \ V_s		10[V]	
		1[kHz]	10[kHz]
I	이론값		
	측정값		
	오 차		
V_R	이론값		
	측정값		
	오 차		
V_L	이론값		
	측정값		
	오 차		
V_C	이론값		
	측정값		
	오 차		
V	이론값		
	측정값		
	오 차		
θ	이론값		
	측정값		
	오 차		

표 16-2 R-L-C 병렬회로 측정

항목 \ V_s		10[V]	
		1[kHz]	10[kHz]
I	이론값		
	측정값		
	오 차		
I_R	이론값		
	측정값		
	오 차		
I_L	이론값		
	측정값		
	오 차		
I_C	이론값		
	측정값		
	오 차		
θ	이론값		
	측정값		
	오 차		

과제 및 검토 사항

1. R-L-C 직, 병렬 회로의 특성을 이해하였는가?

2. R-L-C 직, 병렬 회로에서 유도성 리액턴스의 경우 전압, 전류의 벡터도를 그려보라.

3. 실험회로 1, 2에서 용량성과 유도성을 판정하라.

4. 표 16-1과 표 16-2에서 각 항의 오차를 비교 분석하고 그 원인을 설명해 보라.

실 험 보 고 서

학 과			학 년		제출일	20 / /
학 번			성 명			
실험조		평 가	A B C D F		확 인	
실험일	20 / /		온 도	℃	습 도	%
소 요 시 간			시간 분			

1. 실험제목 : R-L-C 직,병렬 회로 특성

2. 실험목적

3. 실험관련 이론(요약)

4. 실험 결과
   표 16-1, 표 16-2을 완성하여 첨부할 것

5. 실험 고찰 및 소감

실험 17

접합 다이오드의 특성 실험

1. 실험 목표

[1] 접합 다이오드의 원리와 구조를 익힌다.

[2] 접합 다이오드의 순방향 및 역방향의 전류·전압 특성을 실험적으로 알아보고 이해한다.

2. 실험 장비 및 부품 (조당)

[1] 브레드 보드 : 1 대

[2] 직류 전원 장치 : 1대

[3] 디지털 멀티미터 :1대

[4] 다이오드 : 1N4001(Si)×1개, 1N34(Ge)×1개

[5] 저 항 : 100[Ω]×2개

[6] 리드선 : 약간

[7] 기타 Accessory : 1식

3. 실험 관련 이론

[1] N형 반도체

실리콘(Si), 게르마늄(Ge)과 같은 결정 내에 5개의 가전자를 갖는 5족 원소인 안티몬(Sb), 비소(As), 인(P) 등의 억셉터(acceptor) 불순물을 도핑(doping)하면 4개의 외각 전자는 공유 결합을 이루게 되고 한 개의 전자는 결합을 못한 채로 자유롭게 놓이는 과잉 전

자가 되어 낮은 에너지로도 원자의 구속을 쉽게 벗어나 결정 내를 자유롭게 돌아다니며 전류를 흘리는 작용을 한다.

이 때, 불순물 반도체의 캐리어는 음(Negative) 전하를 띤 전자이므로 N형 반도체라 한다.

[2] P형 반도체

실리콘(Si), 게르마늄(Ge)과 같은 결정 내에 3개의 가전자를 갖는 3족 원소인 알루미늄(Al), 붕소(B), 인듐(In) 등의 도너(donor)를 도핑하면 이들 불순물이 실리콘이나 게르마늄 등과 공유 결합을 하기 위해서는 한 개의 전자가 부족하여 실리콘이나 게르마늄 원자 중에서 하나의 원자를 얻어 공유 결합을 하며 전자를 하나 준 실리콘이나 게르마늄 원자는 전자가 한 개 부족한 정공이 생긴다. 이 때, 반도체에 전기 에너지를 가하면 정공이 전류의 근원이 되고 불순물 반도체의 캐리어는 정(Positive) 전하인 정공이므로 P형 반도체라 한다.

[3] P-N 접합 다이오드

P형과 N형 반도체가 금속적으로 접합하면 P-N 접합 다이오드가 되며 이 다이오드는 외부에서 전압을 인가하면 동작을 하는데 이를 바이어스(bias)라 하며 바이어스시 전기적으로 어느 한 쪽 방향으로만 전류가 흐른다.

그림 17-1는 일반적인 다이오드의 모형과 기호이다.

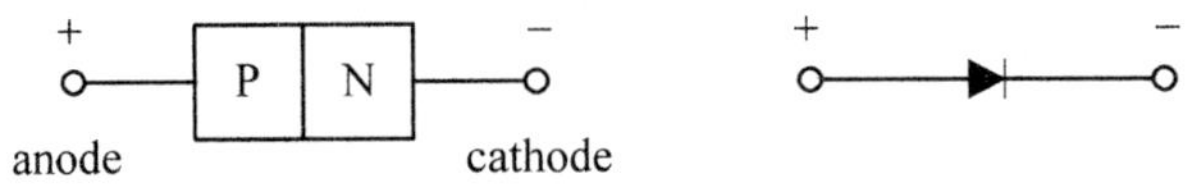

그림 17-1 P-N 접합 다이오드 모형과 기호

① 순방향 바이어스

전원의 (+)단자를 P형 반도체에, 전원의 (-)단자를 N형 반도체에 연결하면 전원의 (-)단자가 접합면을 향해서 N형 영역에 있는 전자를 밀어내어 전자는 접합면을 통과해서 정공과 결합하여 자유 전자는 가전자가 된 다음 P형 반도체의 정공을 통과하여 전원의 (+)단자 속으로 흐른다. 이 때를 다이오드의 ON 상태라 하며 저항 값은 수십 [Ω]이다.

② 역방향 바이어스

전원의 (+)단자를 N형 반도체에, 전원의 (-)단자를 P형 반도체에 연결하면 N형 영역의 자유 전자를 전원의 (+)단자 쪽으로, 또한 P형 영역의 정공은 전원의 (-)단자 쪽으로 이동하여 그 결과 접합면의 공핍층은 더욱 넓어지며 매우 작은 전류(차단 전류)가 흐른다. 이 때를 다이오드의 OFF 상태라 하며 저항 값은 수백 [Ω] 이상이 된다.

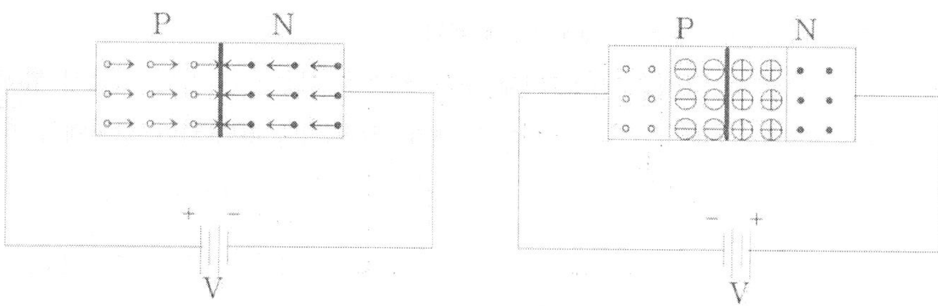

(a) 순방향 바이어스 (b) 역방향 바이어스

그림 17-2 다이오드의 순방향, 역방향 바이어스

[4] 다이오드의 V-I 특성 곡선

그림 17-3은 다이오드의 전압-전류 특성 곡선으로 다이오드에 인가된 전압에 대하여 다이오드에 흐르는 전류의 변화를 나타낸 특성 그래프이다.

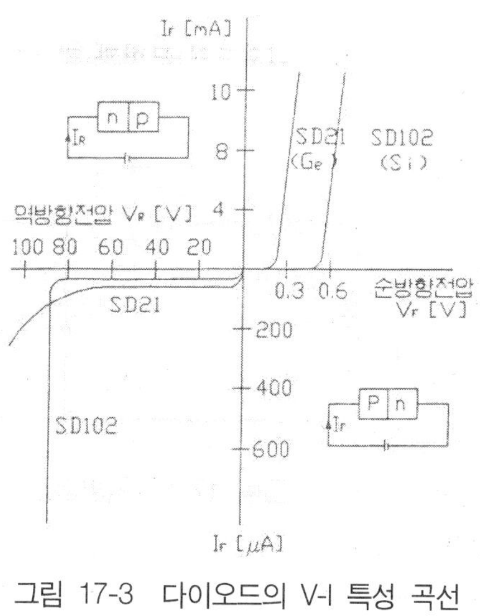

그림 17-3 다이오드의 V-I 특성 곡선

[5] 다이오드의 극성 판정

실험 4의 다이오드 극성판별법 참조.

4. 실험 순서

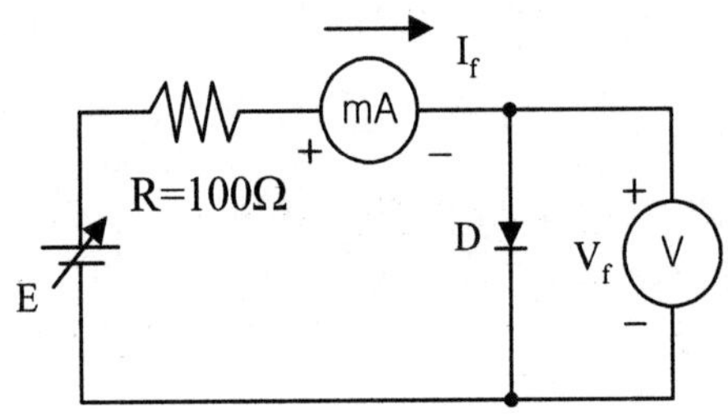

그림 17-4 순방향

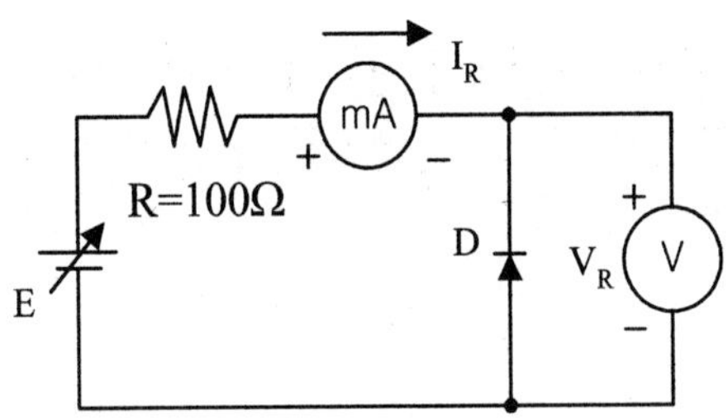

그림 17-5 역방향

① 주어진 다이오드의 극성을 디지털 멀티미터를 이용 확인한다.

② Si 다이오드를 사용하여 그림 17-4와 같이 회로를 구성한다.

③ 직류 가변 전원 장치를 서서히 증가시키며 순방향 전압 V_f가 표 17-1와 같이 되도록 하였을 때 순방향 전류 If를 측정 기록한다.

④ 그림 17-5와 같이 다이오드를 역방향으로 하여 회로를 구성한다.

⑤ ③번과 같은 방법으로 표 17-2에 역방향 전류 I_R을 측정 기록한다.

⑥ 그림 17-4, 그림 17-5에서 Si 다이오드를 Ge 다이오드로 바꾸어 실험방법 ③에서 ⑤까지 반복하여 표 17-3과 17-4에 기록한다.

⑦ 그래프 용지에 각 실험 값을 이용하여 가로축을 V, 세로축을 I로 한 $V-I$ 특성 곡선을 그린다.

5. 실험 결과

표 17-1 Si 다이오드의 순방향 전압 V_f [V]와 순방향 전류 I_f [mA] 측정

V_f [V]	0	0.1	0.2	0.3	0.4	0.5	0.55	0.6	0.65	0.70	0.75	0.8
I_f [mA]												

표 17-2 Si 다이오드의 역방향 전압 V_R[V]와 역방향 전류 I_R[mA] 측정

V_R [V]	0	1	5	10	15	20	25	30
I_R [μA]								

표 17-3 Ge 다이오드의 순방향 전압 V_f [V]와 순방향 전류 I_f [mA] 측정

V_f [V]	0	0.1	0.2	0.3	0.4	0.5	0.55	0.6	0.65	0.70	0.75	0.8
I_f [mA]												

표 17-4 Ge 다이오드의 역방향 전압 V_R [V]와 역방향 전류 I_R [mA] 측정

V_R [V]	0	1	5	10	15	20	25	30
I_R [μA]								

과제 및 검토 사항

1. 실리콘 다이오드와 게르마늄 다이오드의 차이점에 대하여 요약해 보라.

2. 다이오드의 극성 및 양부 판정에 대하여 요약해 보라.

3. 순방향 바이어스와 역방향 바이어스를 간단히 요약해 보라.

실험보고서

학 과			학 년		제출일	20 / /
학 번			성 명			
실험조		평 가	A B C D F		확 인	
실험일	20 / /		온 도	℃	습 도	%
소 요 시 간			시간 분			

1. 실험 제목 : 접합 다이오드의 특성 실험

2. 실험 목적

3. 실험 관련 이론(요약)

4. 실험 절차

   표 17-1 ~ 표 17-4를 완성하여 첨부할 것

5. 실험 고찰 및 소감

실험 18

제너 다이오드의 특성

1. 실험 목표

[1] 제너 다이오드의 동작 특성을 익히고 정전압 소자로서 제너 다이오드의 응용을 실험으로 확인한다.

2. 실험 장비 및 부품 (조당)

[1] 전원 공급 장치 : 1대
[2] 브레드보드 : 1대
[3] 디지털 멀티미터 : 1대
[4] 제너 다이오드 : 1[w] 5[V]×1개
[5] 저항 : 2[w] 470[Ω]×1개, 1/2[w] 3.3[KΩ]×1개
[6] 리드선 : 약간
[7] 기타 Accessory : 1식

3. 실험 관련 이론

[1] 제너 다이오드

제너 다이오드는 다이오드의 항복(breakdown) 영역까지 사용할 수 있도록 전력 소비 능력이 충분히 큰 다이오드로 동작 특성은 일반 다이오드와 같지만 3[V]에서 200[V]의 항복 또는 제너 전압 E_Z을 갖는 다이오드이다.

역방향 항복 점의 형성은 일반적으로 두 가지의 고체 역학적 작용에 의한다.

① 제너 항복(Zener breakdown)

Zener breakdown은 접합 부근에서 강한 전계로 인하여 실제적으로 공유 결합을 하고 있는 전자를 끌어냄으로 전류가 크게 증가하는 현상이다.

② 전자 사태 항복(Avalanche breakdown)

Avalanche breakdown은 원자의 공유 결합을 파괴시킬 만큼 충분한 속력을 얻은 전자가 원자에 충돌함으로서 전류가 증가하는 현상이다.

대표적인 제너 다이오드의 특성 곡선은 그림 18-1과 같다.

이 곡선에서 가장 중요한 제너 특성은 breakdown 영역에서 제너 전압 E_Z과 breakdown 영역에서의 동저항 R_Z임을 알 수 있다. 정전압 원으로서의 장점을 이용하기 위하여서는 그림 18-1과 같이 특성 곡선의 breakdown점 이상의 전류에서 동작을 시켜야 한다. 동저항 R_Z은 특성 곡선으로부터 다음과 같이 결정할 수 있다.

$$R_z = \frac{\Delta V}{\Delta I}$$

저항 R_Z은 동작 전류의 함수이고, ΔI는 Q점의 중앙에서 취해야 한다

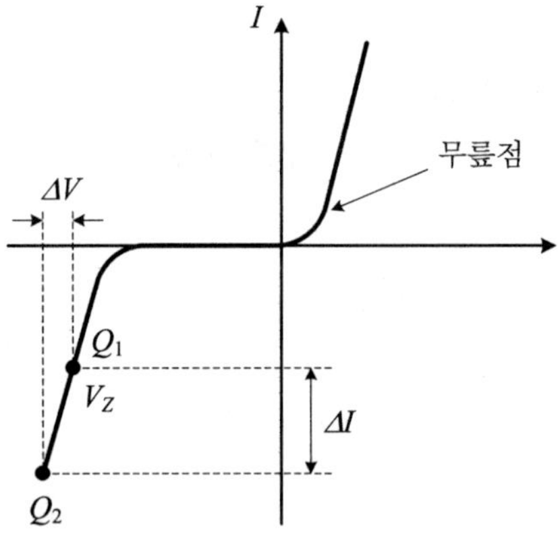

그림 18-1 제너 다이오드의 특성 곡선

[2] 정전압 원으로의 제너 다이오드

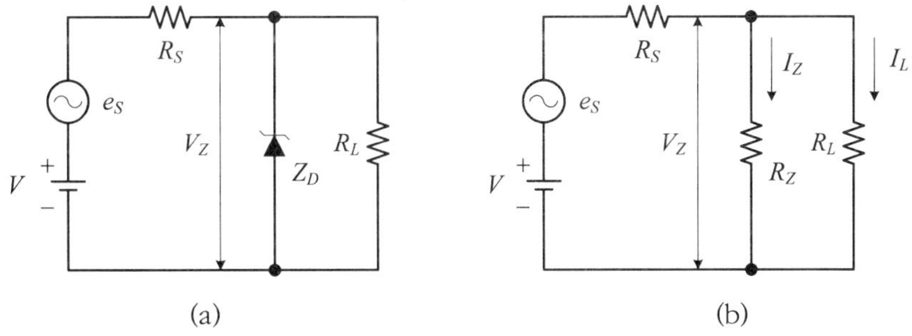

그림 18-2 정전압 원 및 제너 다이오드 등가 회로

그림 18-2(a)에서 E는 정전압이 되지 않는 직류 전압이며, e_s는 리플 전압이다. R_s는 직류 전압 원의 내부 저항이고 R_L은 부하 저항이다. 이 회로에서 제너 다이오드가 연결이 안된 상태에서 e_s가 증가하면 공급 전압원의 전류가 증가되어 출력 전압이 증가하게 된다. 여기서 증가된 전류를 초과 전류라 하며 제너 다이오드는 초과 전류를 분류시켜 출력 전압이 V_Z으로 일정하게 된다. 또한, 부하 저항 R_L에서의 전류 증가도 출력 전압을 증가시키는 요인이나 제너 다이오드가 부하 전류를 분류시켜 출력 전압도 V_Z으로 일정하게 유지하게 된다. 리플 전압 e_s나 부하 저항 R_L이 감소하여도 반대 현상으로 출력을 일정하게 유지하게 된다. 제너 다이오드는 내부의 동저항 R_Z 때문에 완전히 이상적인 정전압원이 되지 못한다.

정전압원에 대한 등가 회로는 그림 18-2(b)와 같다. 여기서 제너 다이오드는 동저항 R_Z으로 대치하였다. 정전압원으로서 제너 다이오드의 동작은 그림 18-2를 통하여 알 수 있다. 제너 다이오드는 원하는 출력 V_Z에 맞추어 선택한다. 저항 R_S는 원하는 동작점에서 최대 부하 전류 I_L에 제너 다이오드 전류 I_Z를 더한 값이 되도록 선택한다. 따라서, 저항 R_S와 출력에서의 맥류 전압 V_{out}는 다음과 같다.

$$R_s = \frac{V - V_z}{I_z + I_L}, \quad V_{out} = e_s \times \frac{R_L R_z}{R_L R_z + R_s (R_L + R_z)}$$

4. 실험 순서

[1] 제너 다이오드의 역방향 특성 실험

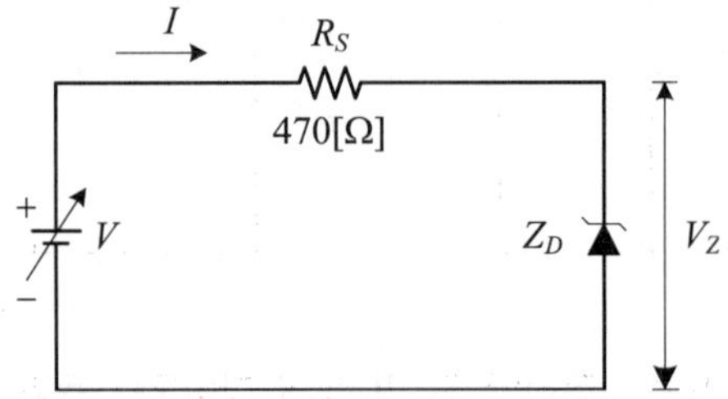

그림 18-3 역방향 특성 실험 회로

① 그림 18-3의 회로와 같이 제너 다이오드의 극성이 전원의 극성과 역방향이 되도록 연결하라.

② 전원 전압 V를 0[V]에 맞춘다.

③ 전원 전압 V를 표 18-1에 주어진 값에 따라서 제너 다이오드에 걸리는 전압 V_Z와 전류 I값을 기록하라.

④ 실험을 통하여 측정된 실험 값에 대한 동적 저항 $R_z\left(=\dfrac{V_z}{I}\right)$을 계산하여 표 18-1에 기록하라.

⑤ 표 18-1에서 측정된 실험 값을 이용하여 그림 18-5에 역방향 특성 곡선을 그려라.

[2] 제너 다이오드의 정전압 특성 실험

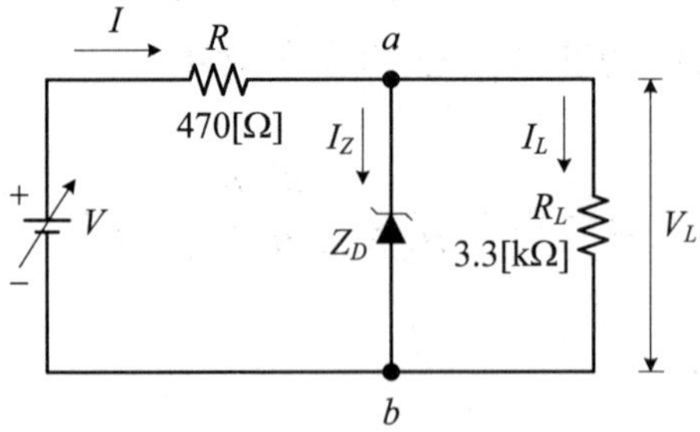

그림 18-4

① 그림 18-4의 회로를 구성하라.

② 전원 전압 V를 증가시켜 가면서 다이오드 전류 I_Z이 20[mA]가 될 때의 전원 전압 V, 부하 양단의 전압 V_L, 전체 전류 I를 측정하여 표 18-2에 기록하라.

③ 부하 양단의 전압 V_L가 ②실험에서 얻은 V_L보다 ±0.1[V] 이내로 일정하게 유지되는 전압 V의 변화 범위를 결정하여 표 18-2에 기록하라.

5. 실험 결과

표 18-1 제너 다이오드의 역방향 특성 실험

V[V]	0	0.5	1.0	1.5	2.0	2.5	3.0	3.5	4.0	4.5	5.0	5.5	6.0	6.5	7.0	8.0	9.0	10
V_Z[V]																		
I[mA]																		
R_z[Ω]																		

표 18-2 제너 다이오드의 정전압 특성 실험

	V_{ab} [V]	I_z [mA]	I [mA]	V [V]
V_L		20		
V_L+0.1				
V_L-0.1				

그림 18-5 제너 다이오드의 역 방향 특성 곡선

과제 및 검토 사항

1. 제너 항복(Zener breakdown)과 전자 사태 항복(Avalanche breakdown)에 대하여 설명하라.

2. 접합 다이오드와 제너 다이오드의 차이점을 설명하라.

3. 제너 다이오드의 극성을 구별하는 방법에 대하여 설명하라.

4. 표 18-2의 결과로부터 제너 다이오드가 전압 조정기로 사용될 수 있는 이유를 설명하라.

실험보고서

학 과		학 년		제출일	20 / /
학 번		성 명			
실험조	평 가	A B C D F		확 인	
실험일	20 / /	온 도	℃	습 도	%
소 요 시 간		시간 분			

1. 실험 제목 : 제너 다이오드의 특성

2. 실험 목적

3. 실험 관련 이론(요약)

4. 실험 절차

   표 18-1, 표 18-2, 그림 18-5를 완성하여 첨부할 것

5. 실험 고찰 및 소감

실험 19

다이오드의 정류 특성

1. 실험 목표

[1] 다이오드를 사용한 반파 정류 회로의 출력 파형을 측정, 관찰한다.
[2] 다이오드를 사용한 브리지 정류 회로의 출력 파형을 측정, 관찰한다.

2. 실험 장비 및 부품 (조당)

[1] 오실로스코프 : 1대
[2] 브레드보드 : 1 대
[3] 저항 : 10[kΩ]×2개
[4] 다이오드 : 1N4001×5개
[5] 신호발생기 : 1대
[6] 리드선 : 약간
[7] 기타 Accessory : 1식

3. 실험 관련 이론

교류를 직류로 변환하는 과정을 정류(rectification)라 한다. 정류 방식은 종류나 모양에 따라 반파 정류 회로(half-wave rectifier), 전파 정류 회로(full-wave rectifier)로 구분되며, 회로의 구성, 또는 출력 전압에 따라서 브리지(bridge) 정류 회로, 배전압 정류 회로 등이 있다.

[1] 반파 정류

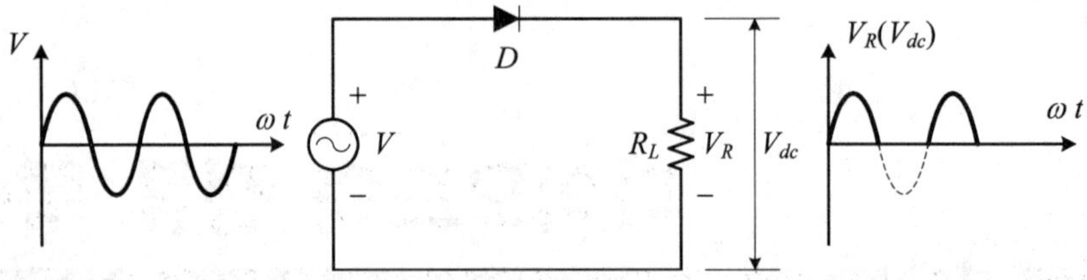

(a) (+) 반주기

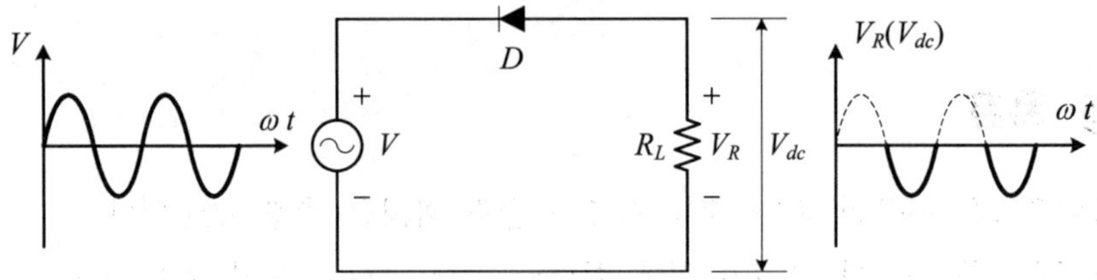

(b) (-) 반주기

그림 19-1 반파 정류 회로

그림 19-1은 반파 정류 회로의 기본도이다. 그림에서 다이오드는 교류의 (+) 반 주기 동안에는 순방향으로 바이어스되어 큰 전류가 흘러 부하 저항 양단에 출력 전압이 걸리게 되므로 회로를 통하여 전류가 흐르게 되고, 교류의 (-) 반 주기 동안에는 역방향 바이어스되어 다이오드를 통해 흐르는 전류는 작은 전류 뿐이므로 부하 저항 양단에는 출력 전압이 걸리지 않아 회로에 전류가 거의 흐르지 않는 반파 정류가 된다.

반파 정류 회로의 교류 입력 전압을 V_{ab}라 할 때, 다이오드 D는 (-) 반파일 때만 직류 출력 전류 I_a가 흐르므로 부하 저항 R_L에는 (+) 반파의 직류 전압 V_{dc}가 나타나고, 직류 출력 전류의 평균값 I_{dc}는 다음과 같다.

$$
\begin{aligned}
V_{dc} &= \frac{1}{T}\int_0^T v \cdot dt = \frac{1}{2\pi}\int_0^{\pi} V_m \sin\theta d\theta \\
&= \frac{V_m}{2\pi}[-\cos\theta]_0^{\pi} \\
&= \frac{V_m}{2\pi}[-\cos\pi + \cos 0^\circ] \\
&= \frac{V_m}{2\pi}[2]
\end{aligned}
$$

$$= \frac{V_m}{\pi} = 0.318\, V_m$$

$$\therefore \quad I_{dc} = \frac{V_{dc}}{R_L} = \frac{0.318\, V_m}{R_L}$$

[2] 전파 정류

전파 정류 회로에는 그림 19-2와 같이 변압기에 중간 단자(center tap)가 있는 전파 정류 회로와 그림 19-4와 같은 브리지 정류 회로가 있다.

전파 정류 회로는 교류의 (+), (-) 두 파형을 모두 직류로 정류하기 때문에 반파 정류 회로보다 효율이 좋다.

① 중간 단자(center tap)가 있는 변압기 전파 정류 회로

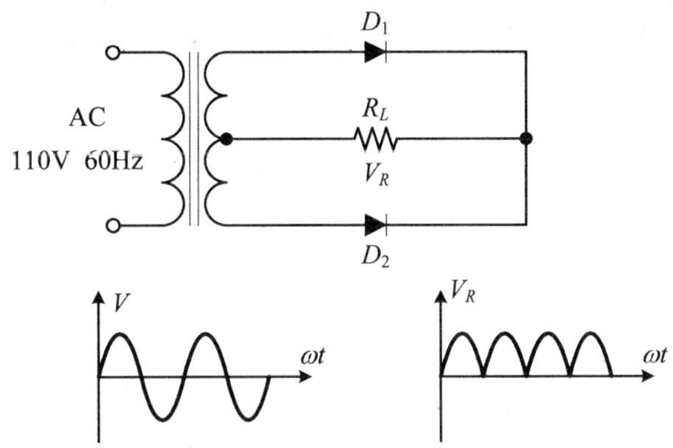

그림 19-2 중간 단자가 있는 변압기 전파 정류 회로

이 회로는 변압기의 2차측에 전압을 양분하는 중간 단자가 있어 이 중간 단자가 전파 정류 회로의 공통 단자가 된다.

그림 19-3은 이 정류 회로의 동작 상태를 자세하게 보여 주고 있다. 입력 교류의 (+) 반 주기 동안에 D_1은 ON, D_2는 OFF가 되고, 입력 교류의 (-) 반 주기 동안에 D_1은 OFF, D_2는 ON이 된다.

전파 정류 회로에서의 평균 직류 출력 전압은 다음과 같다.

$$V_{dc} = \frac{1}{T}\int_0^T v \cdot dt = \frac{1}{\pi}\int_0^\pi V_m \sin\theta \, d\theta$$

$$= \frac{V_m}{\pi}[-\cos\theta]_0^\pi$$

$$= \frac{V_m}{\pi}[-\cos\pi + \cos0^\circ]$$

$$= \frac{V_m}{\pi}[2]$$

$$= \frac{2V_m}{\pi}$$

$$= 0.636\,V_m$$

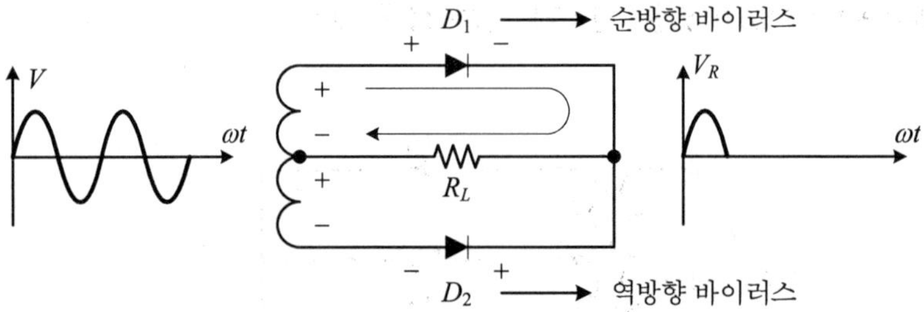

(a) (+) 반주기

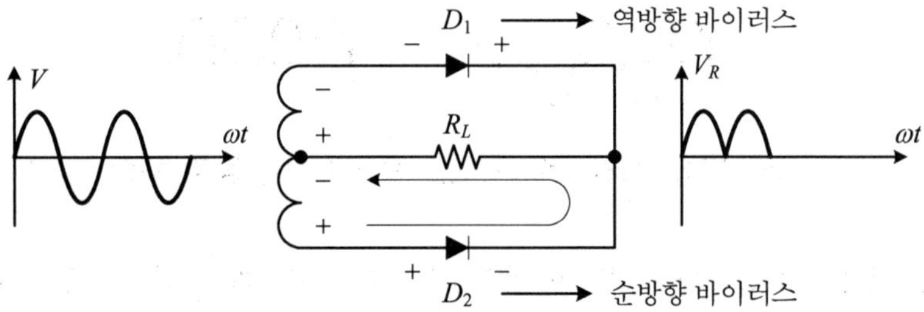

(b) (-) 반주기

그림 19-3 중간 단자가 있는 변압기 전파 정류 회로의 회로 동작 상태

② 브리지(Bridge) 전파 정류 회로

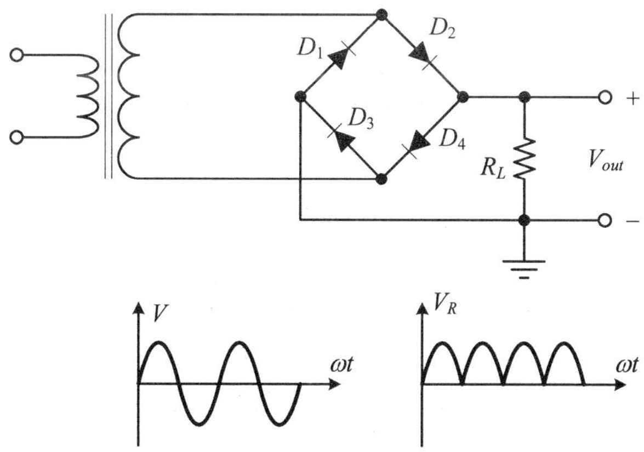

그림 19-4 브리지 전파 정류 회로

중간 단자가 없는 변압기를 사용할 때 4개의 다이오드로 브리지 회로를 그림 19-4와 같이 구성하여 전파 정류를 할 수 있으며, 가장 많이 사용되는 정류 회로 중의 하나이다. 그림 19-5는 이 회로의 동작 상태를 자세하게 보여 주고 있다. 입력 교류의 (+) 반 주기 동안에 D_1과 D_3는 ON이 되고, D_2와 D_4는 OFF 된다. 입력 교류의 (-) 반 주기 동안에 D_1과 D_3는 OFF가 되고, D_2와 D_4는 ON이 된다.

또한, 전파 정류이므로 평균 직류 출력 전압은 다음과 같다.

$$V_{dc} = 2 \times 0.318\ V_m = 0.636\ V_m$$

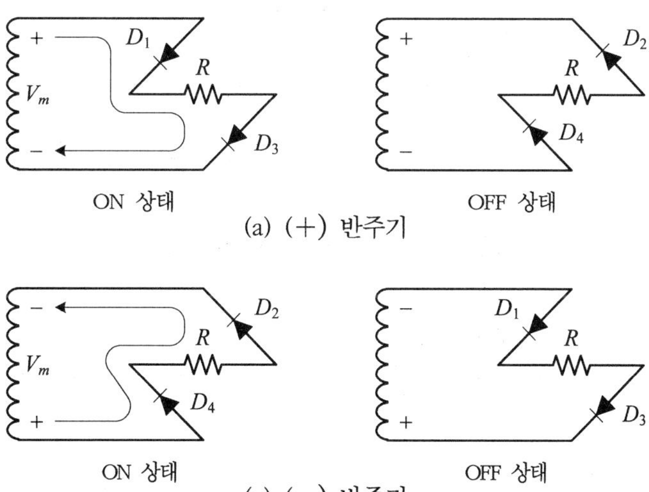

그림 19-5 브리지 전파 정류 회로 동작 상태

4. 실험 순서

[1] 반파 정류

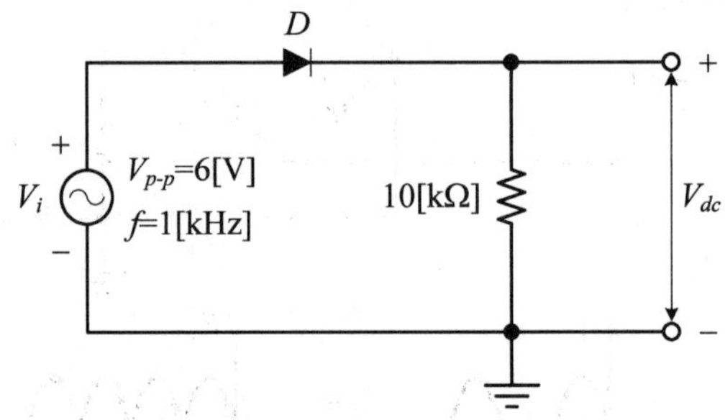

그림 19-6 반파 정류 회로

① 그림 19-6의 회로를 구성하여라.

② 입력 전압 V_i는 신호발생기를 이용하여 $V_{p-p} = 6[\mathrm{V}]$, $f = 1[\mathrm{kHz}]$인 정현파 신호를 만들어 인가하라.

〈단, 오실로스코우프의 Volt/Div = 1, Time/Div = 0.5[ms]로 하라.〉

③ 출력 파형 V_{dc}를 오실로스코우프로 측정하여 그 파형을 표 19-1에 그려라.

[2] 브리지 전파 정류

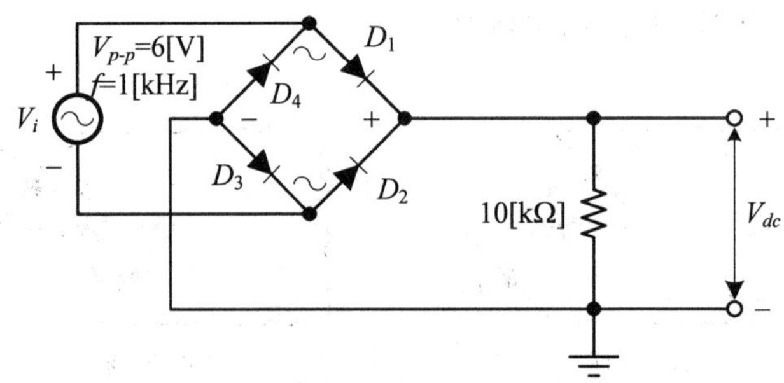

그림 19-7 브리지 전파 정류 회로

① 그림 19-7의 회로를 구성하라.

② 입력전압 V_i는 신호발생기를 이용하여 $V_{p-p} = 6[\mathrm{V}]$, $f = 1[\mathrm{kHz}]$인 정편파 신호를 만들어 인가하라.

〈단, 오실로스코우프의 Volt/Div = 1, Time/Div = 0.5[m/s]로 하라.〉

③ 출력파형 V_{dc}를 오실로스코우프로 측정하여 그 파형을 표 19-2에 그려라.

5. 실험 결과

표 19-1 반파 정류 회로

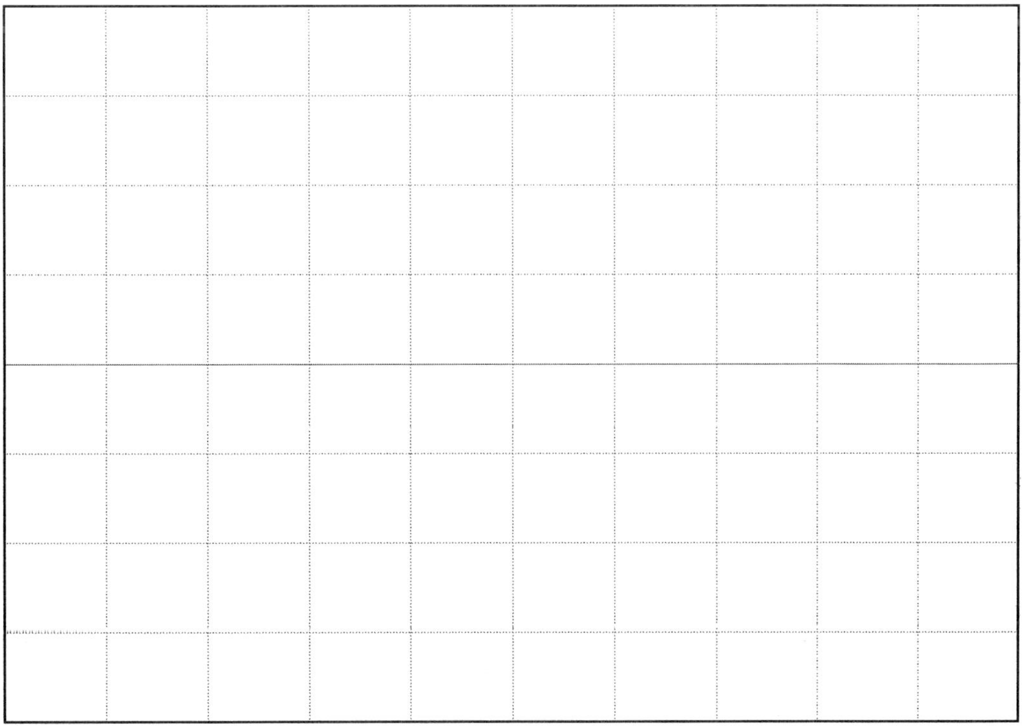

Volt/Div = 1, Time/Div = 0.5[ms]

표 19-2 브리지 전파정류회로

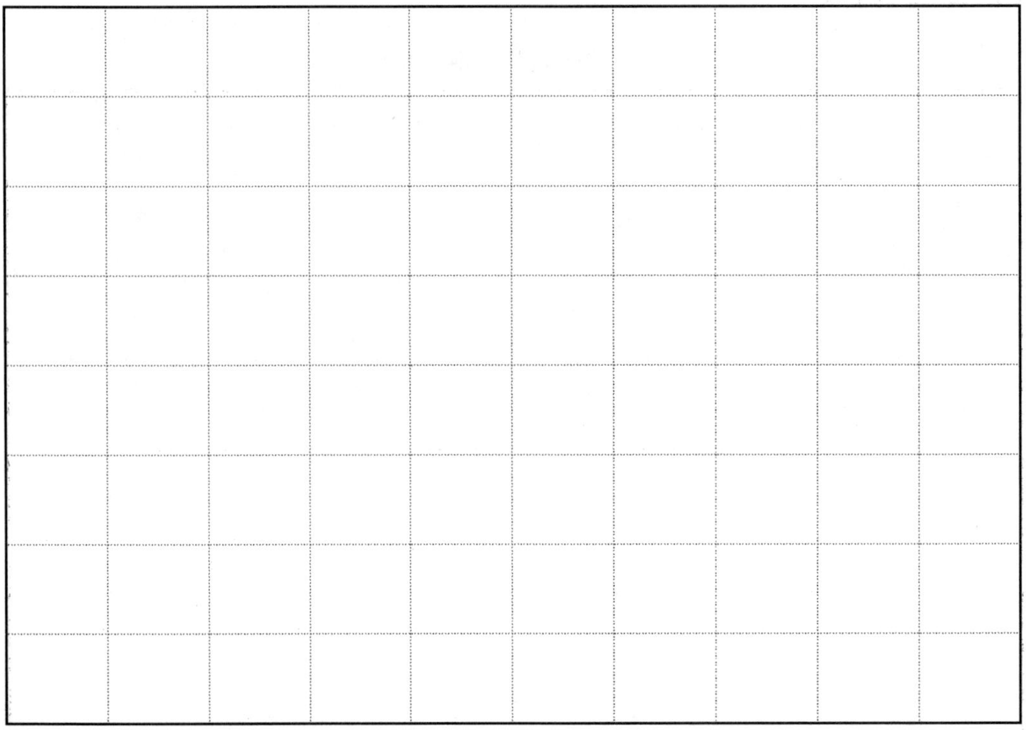

Volt/Div = 1,   Time/Div = 0.5[ms]

과제 및 검토 사항

1. 정류(rectification)란 무엇인가?

2. PIV(peak inverse voltage)를 정의하라.

3. 실험에서 다룬 각 정류 회로의 장단점을 비교 설명하라.

4. 실험에서 다룬 각 정류 회로의 입력 주파수와 출력 주파수의 관계를 설명하라.

실험보고서

<table>
<tr><td>학 과</td><td colspan="2"></td><td>학 년</td><td></td><td>제출일</td><td colspan="2">20 / /</td></tr>
<tr><td>학 번</td><td colspan="2"></td><td>성 명</td><td colspan="4"></td></tr>
<tr><td>실험조</td><td></td><td>평 가</td><td colspan="2">A B C D F</td><td>확 인</td><td colspan="2"></td></tr>
<tr><td>실험일</td><td colspan="2">20 / /</td><td>온 도</td><td>℃</td><td>습 도</td><td colspan="2">%</td></tr>
<tr><td colspan="3">소 요 시 간</td><td colspan="5">시간 분</td></tr>
</table>

1. 실험 제목 : 다이오드의 정류 특성

2. 실험 목적

3. 실험 관련 이론(요약)

4. 실험 절차
   표 19-1, 표 19-2 첨부할 것

5. 실험 고찰 및 소감

실험 20

배전압 정류 회로

1. 실험 목표

[1] 반파 및 전파 정류 배전압 회로의 동작 원리 및 특성을 이해하고 이를 실험을 통해 확인한다.

2. 실험 장비 및 부품 (조당)

[1] 브레드보드 : 1대
[2] 오실로스코프 : 1대
[3] 콘덴서 : 100[μF]×3개
[4] 다이오드 : 1N4001(Si) ×1개
[5] 저항 : 5[w] 500[Ω]×1개, 2[w] 250[Ω]×1개, 1[w] 100[Ω]×1개, 1/2[w] 5.6[kΩ] ×1개, 2.7[kΩ]×1개
[6] 신호 발생기 : 1대
[7] 리드선 : 약간
[8] 기타 Accessory : 1식

3. 실험 관련 이론

배전압 정류 회로는 전원 변압기를 사용하지 않고, 정류 소자를 사용하며 교류 전원 전압의 2배 이상의 출력 전압을 얻는 정류 회로이다. 즉 첨두 입력 전압의 2배(또는 2배 이상)에 해당하는 직류 전압을 발생시킨다.

이러한 전원 공급 장치는 TV 브라운관, 오실로스코프, 컴퓨터, 브라운관 같은 CRT (cathode-ray-tube)에 고전압, 저전류를 공급하는데 사용한다.

[1] 반파 배전압 정류 회로

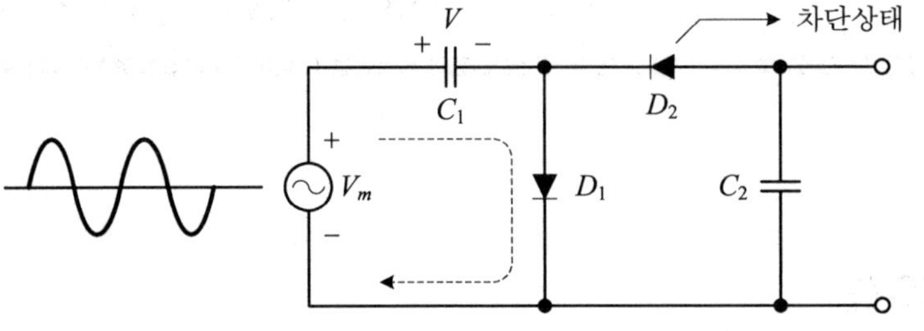

(a)

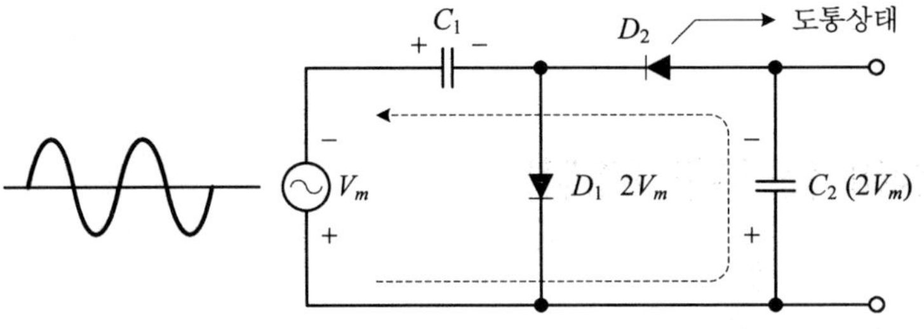

(b)

그림 20-1 배전압 정류 회로

그림 20-1은 반파 정류 배전압 회로이다. 그림에서 전원 선과 출력 단자의 한 선이 공통이므로 같은 접지선으로 사용할 수 있다는 것이 특징이다. 변압기의 2차 측 전압의 정(+)의 반주기 동안은 다이오드 D_1은 도통되고 D_2는 차단되어 캐패시터 C_1에 교류의 최대값 V_m까지 충전이 유지되며 부(-)의 반 주기 동안에는 다이오드 D_1은 차단 상태, D_2는 도통 상태가 되어 캐패시터 C_2에 C_1의 충전 전압과 입력 단자 사이의 교류 전압의 합이 충전되어 $2V_m$이 된다.

즉, 그림 20-1(b)와 같이 바깥쪽 루프에 대한 전압의 합은 다음과 같다.

$$-V_{C2}+V_{C1}+V_m=0$$

또는 $-V_{C2}+V_m+V_m=0$, 따라서 $V_{C2}=2V_m$이 된다.

다음에 오는 정(+)의 반 주기 동안에 다이오드 D_2는 차단되고 캐패시터 C_2는 부하를 통하여 방전하게 된다. 만일 캐패시터 C_2 양단에 부하가 연결되어 있지 않다면 캐패시터 C_1은 V_m으로, C_2는 $2V_m$으로 충전된 채로 남아있게 된다. 그러나 배전압 회로에 부하가 연결되어 있다면 C_2의 양단에는 캐패시터가 다시 충전된다. C_2 양단의 출력 파형은 캐패시터가 필터에 의하여 필터링되는 반파 신호의 파형이다. 각 다이오드의 최대 역방향 전압(PIV : Peak Inverse Voltage)은 $2V_m$이 된다.

[2] 전파 배전압 정류 회로

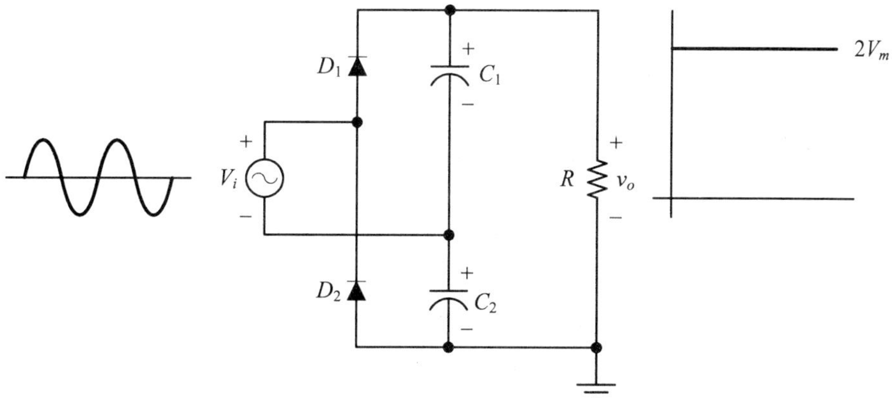

그림 20-2 전파 배전압 정류 회로

그림 20-2 전파배전압 정류회로는 입력전압 v_i의 정극성의 반주기 동안에는 다이오드 D_1이 도통(ON)상태가 되어 커패시터 C_1에 입력전압의 최대값 전압 V_m과 동일한 크기의 직류전압이 충전된다. 정극성의 입력전압이 인가되는 동안은 D_1과 C_1 폐로를 통해 커패시터 C_1이 충전된다. 또한 입력전압 v_i의 부극성의 반주기 동안에는 다이오드 D_2가 도통(ON)상태가 되어 커패시터 C_2에 입력전압의 최대값 전압 V_m과 동일한 크기의 직류전압이 충전된다. 부극성의 입력전압이 인가되는 동안은 D_2와 C_2 폐로를 통해 커패시터 C_2가 충전된다.

이와 같은 동작특성에 의해 교류입력전압 최대값 V_m의 2배에 해당하는 직류전압을 출력전압으로 나타나게 하는 것이 다이오드를 이용한 전파배전압 정류회로의 동작특성이다. 그림 20-2 전파배전압 정류회로를 이용하면 출력전압 v_o가 입력전압 v_i의 최대값 전압 V_m의 2배(배전압)가 되는 정류회로를 구성할 수 있다. 다이오드 전파배전압 정류회로의 출력전압은 다음과 같다.

$$v_o(t) = 2V_m$$

4. 실험 순서

[1] 반파 배전압 정류 회로

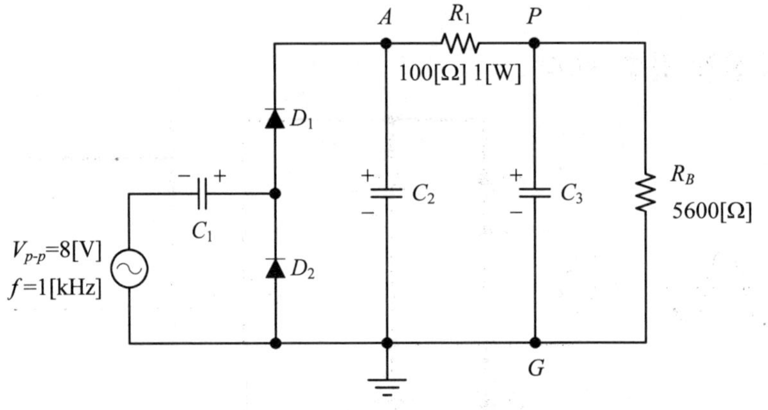

$C_1 = C_2 = C_3 = 100[\mu F]$ (50[V])

그림 20-3 반파 배전압 정류 실험 회로

① 그림 20-3의 회로를 구성하라. R_B는 5.6[kΩ] 블리더(bleeder)저항으로 전압 변동률을 개선하기 위하여 사용되는 저항이다.

② 전원을 끄고 모든 콘덴서를 방전시킨 후, 점 P와 점 G 사이의 저항을 측정한다. 이 때 저항계 리이드의 극성을 전해 콘덴서의 극성과 일치시켜야 한다. 만일 저항치가 5.6[kΩ]보다 더 작으면 회로를 검사하여 그 원인을 찾아라.

③ 전원을 인가하고 점 A와 점 G, 점 P와 점 G 사이의 무부하 직류 전압을 측정하여 표 20-1에 기록하여라.

④ 오실로스코프를 이용하여 파형을 관찰하고 점 A와 점 G, 점 P와 점 G 사이의 무부하 리플 전압을 측정하여 표 20-1에 기록하여라.

⑤ 전원을 끄고, 5[W], 500[Ω]의 부하 저항을 R_B와 병렬로 연결하여라.

⑥ 실험 순서 ③, ④번 실험을 반복하고, 결과치를 표 20-1에 기록하여라.

⑦ 전원을 끄고 모든 콘덴서를 방전시킨 후에 콘덴서 C_1을 제거하여라.

⑧ 다시 전원을 가하고 점 A와 점 G, 점 P와 점 G 사이의 직류 전압과 교류 파형을 관측하여 표 20-2에 기록하여라.

⑨ 전원을 끄고 표 20-2에 표시된 각 콘덴서에 대하여 실험 순서 ⑦, ⑧을 반복 실행하여라.

[2] 전파 배전압 정류 회로

① 그림 20-4의 회로를 구성하고, 모든 콘덴서를 방전시켜라.

② 실험 4-1의 반파 배전압 정류 실험 순서와 같이 실험한 후, 표 20-3과 표 20-4에 결과치를 기록하여라.

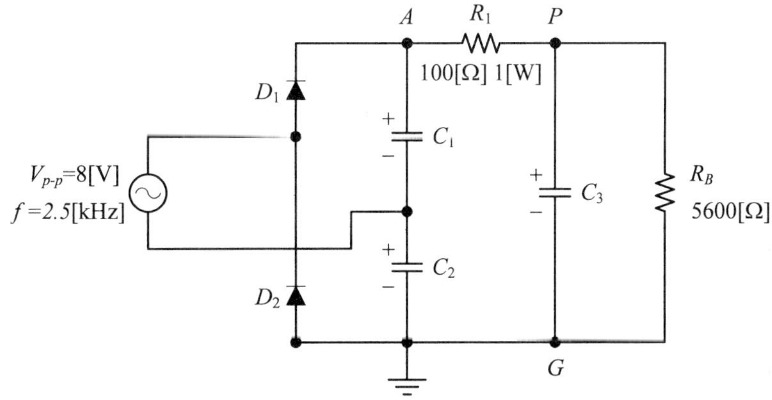

$C_1 = C_2 = C_3 = 100[\mu F]$ (50[V])

그림 20-4 전파 배전압 정류 실험 회로

5. 실험 결과

표 20-1 반파 배전압

측정치	무부하		부하 (500[Ω])	
	파형	전압	파형	전압
점 A-G	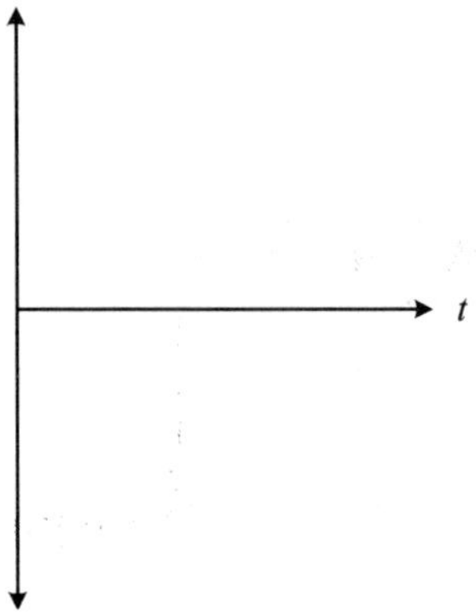	직류 V_{p-p} 	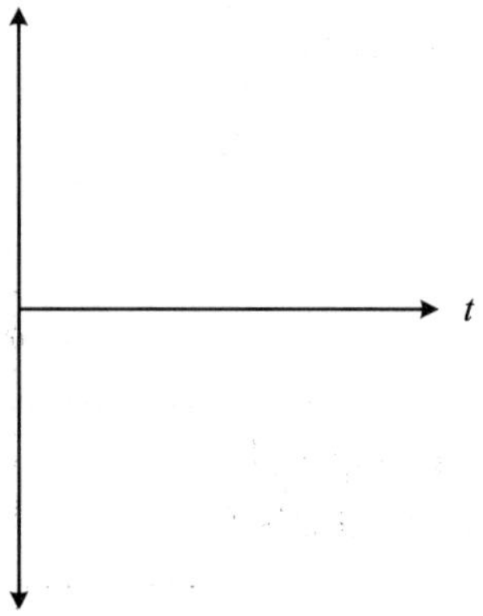	직류 V_{p-p}
점 P-G	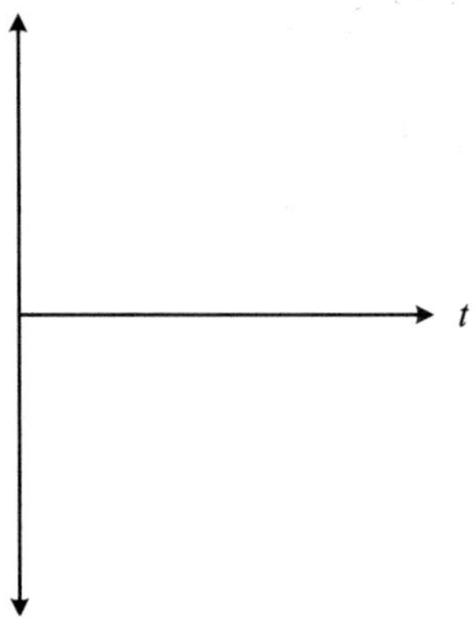	직류 V_{p-p} 	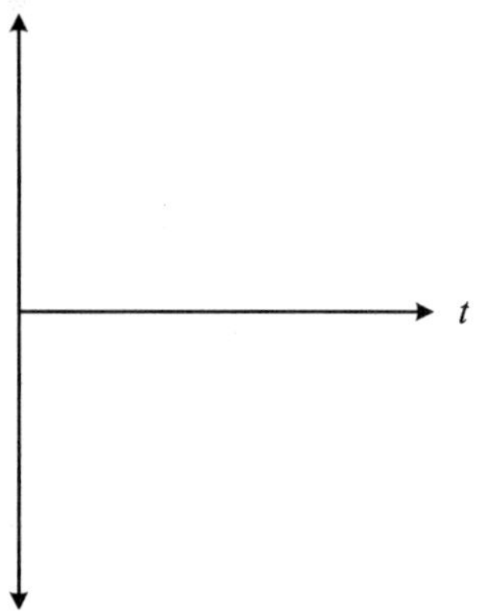	직류 V_{p-p}

표 20-2 반파 배전압

제거되는 C	점 A - G		점 P - G	
	파 형	V_{p-p}	파 형	V_{p-p}
C_1 제거	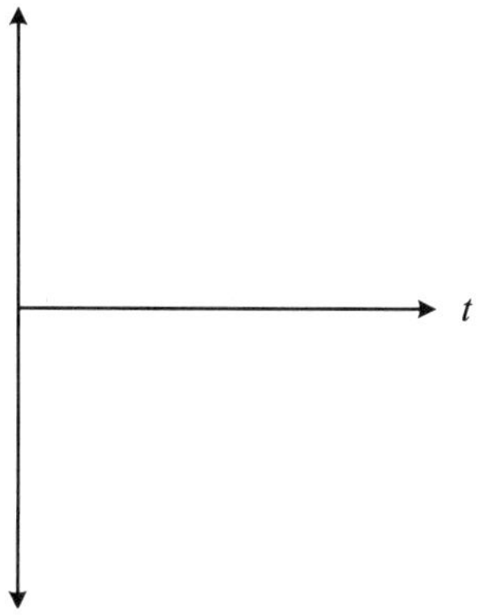		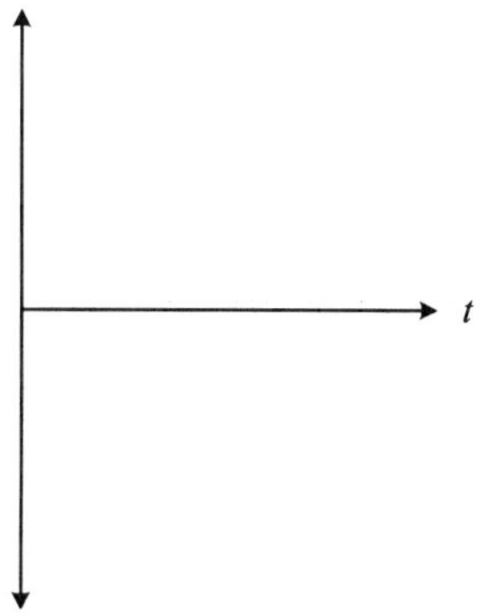	
C_2 제거	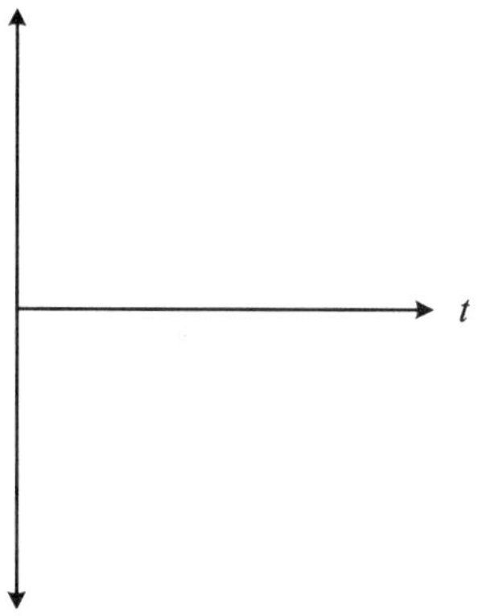		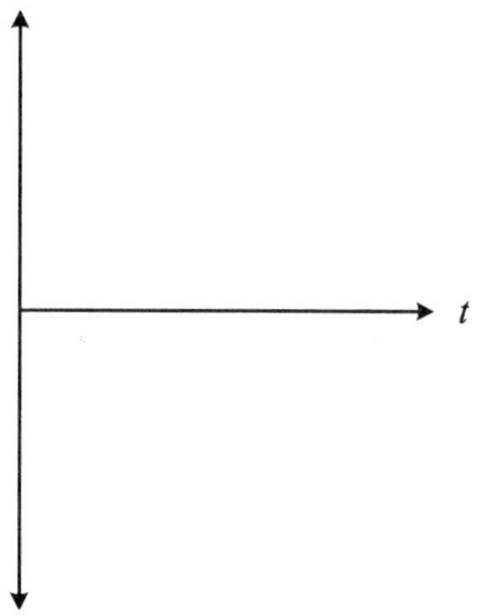	
C_3 제거	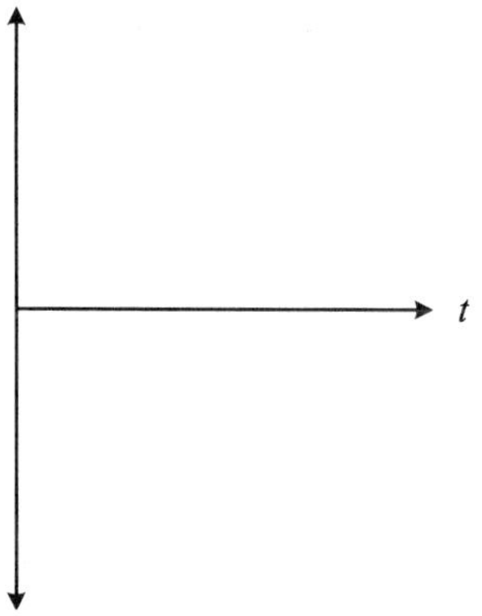		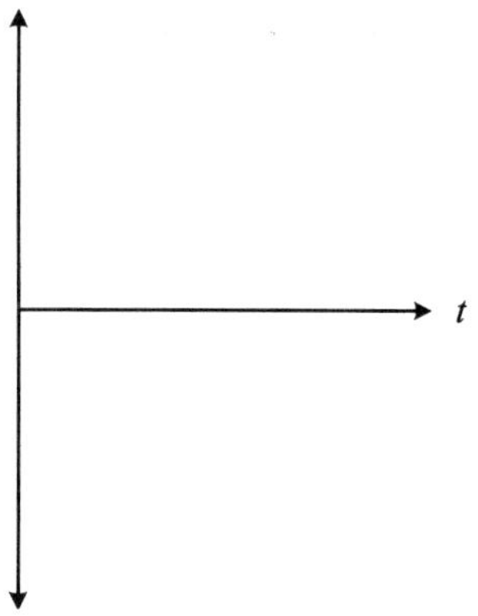	

표 20-3 전파 배전압

측정치	무 부 하		부 하 (500[Ω])	
	파 형	전 압	파 형	전 압
점 A-G	t	직 류	t	직 류
		V_{p-p}		V_{p-p}
점 P-G	t	직 류	t	직 류
		V_{p-p}		V_{p-p}

표 20-4 전파 배전압

제거되는 C	점 A - G		점 P - G	
	파 형	V_{p-p}	파 형	V_{p-p}
C_1 제거	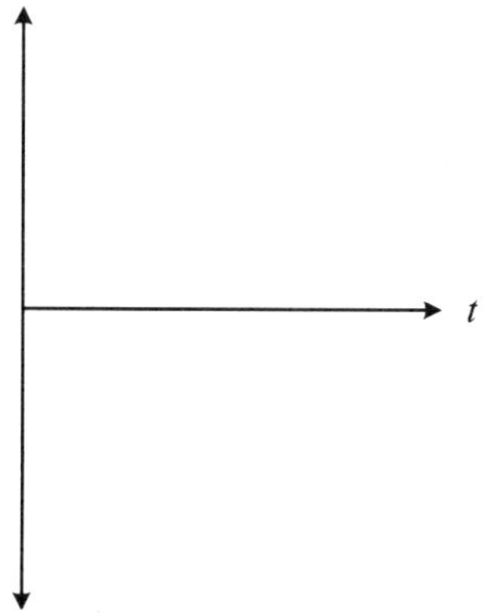		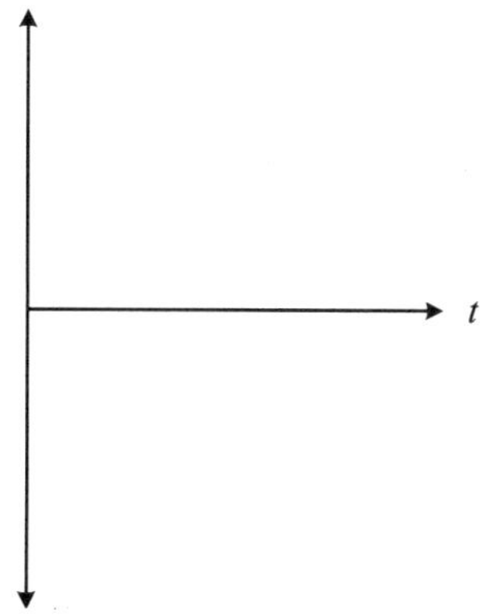	
C_2 제거	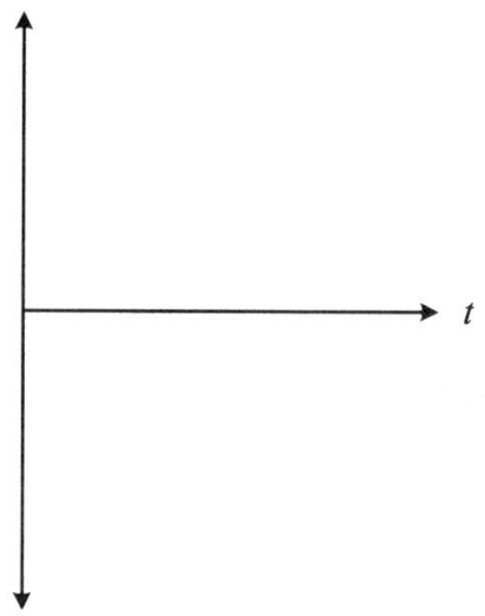		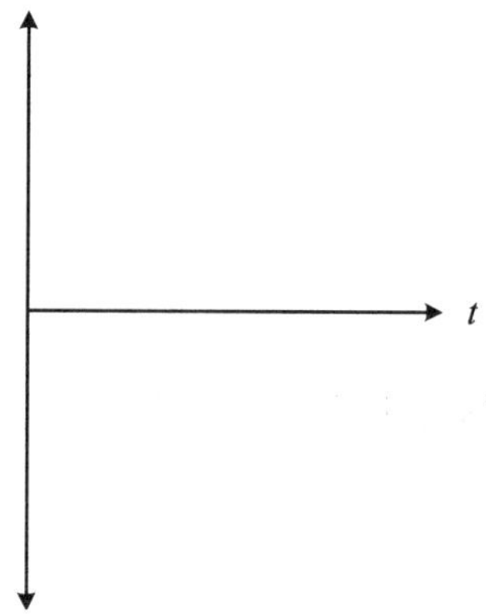	
C_3 제거	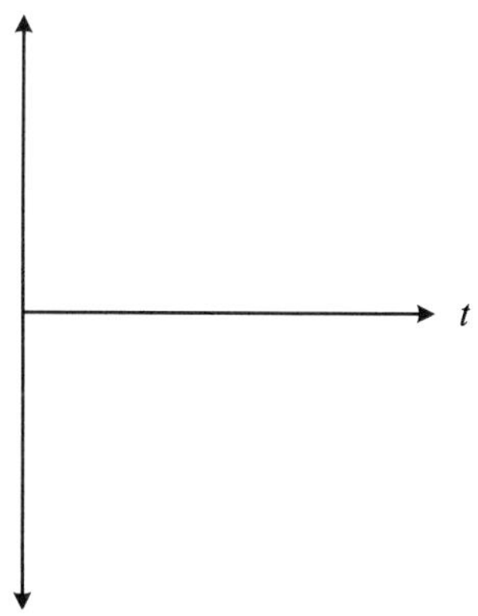		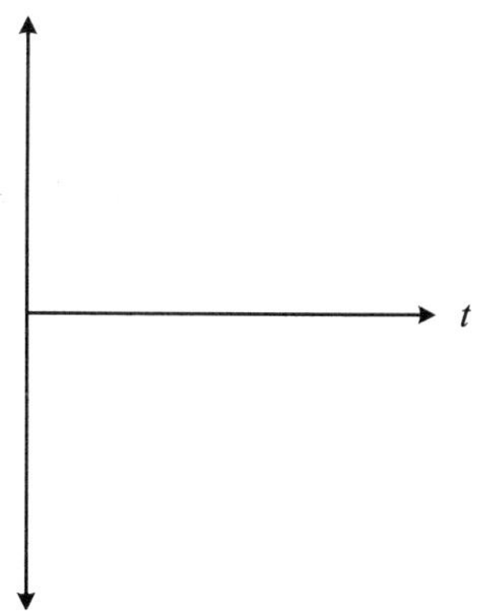	

과제 및 검토 사항

1. 배전압 회로란 무엇이며 사용 용도에 대하여 설명하라.

2. 일반적인 정류 회로와 배전압 정류 회로와의 차이점에 대하여 설명하라.

3. 정류 회로에서 리플을 제거하는 방법에 대하여 설명하라.

4. 3배 전압 정류 회로에 관하여 설명하라.

실험보고서

<table>
<tr><td>학 과</td><td colspan="2"></td><td>학 년</td><td></td><td>제출일</td><td>20 / /</td></tr>
<tr><td>학 번</td><td colspan="2"></td><td>성 명</td><td colspan="3"></td></tr>
<tr><td>실험조</td><td></td><td>평 가</td><td colspan="2">A B C D F</td><td>확 인</td><td></td></tr>
<tr><td>실험일</td><td colspan="2">20 / /</td><td>온 도</td><td>℃</td><td>습 도</td><td>%</td></tr>
<tr><td colspan="3">소 요 시 간</td><td colspan="4">시간 분</td></tr>
</table>

1. 실험 제목 : 배전압 정류 회로

2. 실험 목적

3. 실험 관련 이론(요약)

4. 실험 절차
   표 20-1~표 20-4를 완성하여 첨부할 것

5. 실험 고찰 및 소감

실험 21

다이오드의 클리핑 회로

1. 실험 목표

[1] 다이오드를 이용한 직 · 병렬 클리퍼의 회로 및 동작 원리를 이해한다.

[2] 클리퍼 회로의 입·출력 파형을 측정하여 입·출력 사이의 관계를 관찰한다.

2. 실험 장비 및 부품 (조당)

[1] 브레드보드 : 1대

[2] 직류 전원 장치 : 1대

[3] 신호 발생기 : 1 대

[4] 오실로스코프 : 1 대

[5] 다이오드 : 1N4001(Si) ×4개

[6] 저항 : 10[kΩ]×4개

[7] 리드선 : 약간

[8] 기타 Accessory : 1식

3. 실험 관련 이론

클리퍼(clipper)는 다이오드 파형 정형 회로를 말하는데, 클리핑(clipping) 회로의 출력은 입력 신호의 한 부분을 잘라 버린 파형을 나타내며 신호를 전송할 때 기준 값보다 높은 부분 또는 낮은 부분 등의 원하는 부분만을 전송하기 위해서 사용된다. 클리핑 회로는 리미터(limitter), 진폭 선택 회로(amplitude selector) 또는 슬라이서(slicer)라고도 부른다. 클리핑 회로는 적어도 두 개의 기본적인 요소, 즉 다이오드와 저항을 필요로 하고 있다.

출력 파형은 각종 요소들의 위치를 상호 교환하거나, 직류 전원의 전압을 변화시킴으로써 다른 레벨에서 클리핑할 수 있다. 따라서 다이오드가 신호 전송 회로와 직렬로 연결되어 있으면, 직렬 클리퍼(series clipper)라 부르고, 다이오드가 신호 전송 회로와 병렬로 연결되어 있으면 병렬 클리퍼(parallel clipper)라 부른다.

[1] 직렬 클리핑 회로

그림 21-1은 일반적인 직렬 클리핑 회로를 보이고 있다.

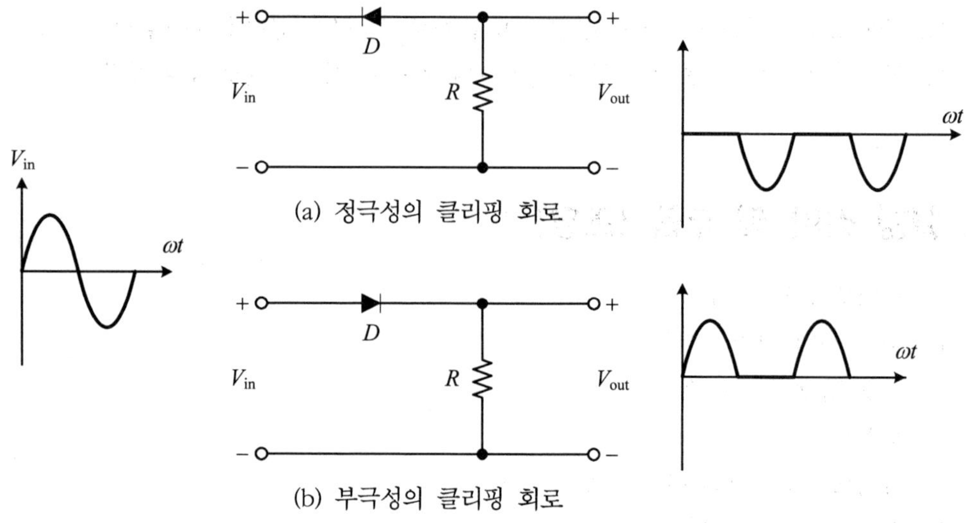

그림 21-1 직렬 클리핑 회로

그림 21-1(a)에서 V_{in}의 정(+)의 반 주기 동안 다이오드는 역방향 바이어스로 출력 전압 V_{out}은 영이 된다. 반대로 V_{in}의 부(-)의 반 주기 동안 다이오드는 순방향 바이어스가 된 상태로 V_{out}은 입력 전압과 같은 파형이 된다. 이 회로는 정(+)의 반 주기 동안의 파형이 제거되는 직렬 클리퍼이다.

그림 21-1(b)은 다이오드를 반대로 연결하여 입력 전압 파형의 정의 반 주기 동안의 파형만이 나타나게 된다. 이를 부(-)제거 직렬 클리퍼(negative series clipper)라고 부른다. 실제로 다이오드는 작은 값의 순방향 저항과 적은 역방향 전류가 흐르므로 출력 전압은 입력 전압의 반 주기 동안의 전압 보다는 약간 작은 값을 나타낸다.

[2] 병렬 클리핑 회로

그림 21-2는 다이오드가 신호 전송 회로와 병렬로 접속된 병렬 클리퍼 회로를 보이고 있다.

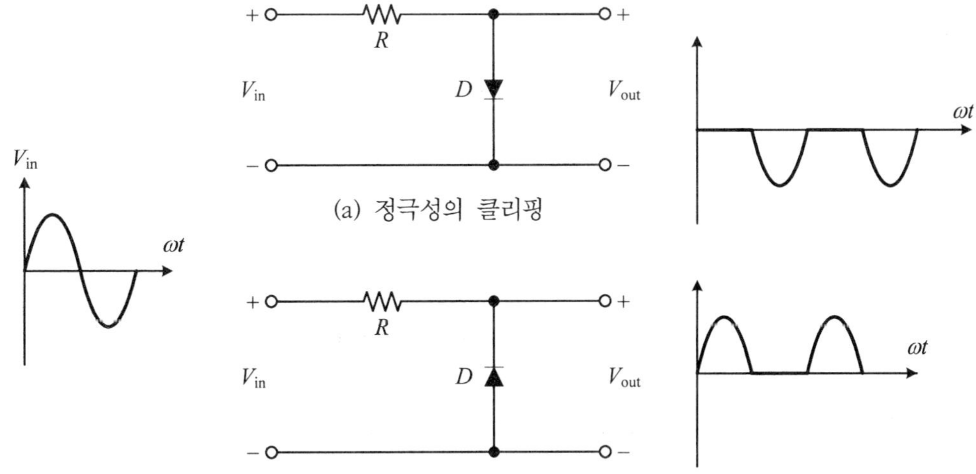

그림 21-2 병렬 클리퍼 회로

그림 21-2(a)의 경우 정(+)의 반 주기 동안 다이오드는 순방향 바이어스 상태로 V_{out}은 0이 되어 부(-)의 반 주기 동안만 입력 전압과 같은 파형이 나타난다. 그러나 그림 21-2(b)의 경우와 같이 다이오드를 반대로 연결할 경우, 정(+)의 반주기 동안 입력 파형과 같이 파형이 나타난다.

그림 21-3은 바이어스된 병렬 클리퍼의 회로를 나타낸 것이다. 그림 21-3(a)에서 입력 전압 V_{in}이 기준 전압 V보다 작을 때 다이오드는 차단 상태에 있으며, 이는 개방 회로와 같다. 한편, V_{in}이 V보다 클 때 다이오드는 도통 상태가 되어 단락 회로로서 동작하게 되어 출력 전압 V_{out}은 다음과 같다.

$$V_{in} < V \text{일 때 } V_{out} = V_{in}$$
$$V_{in} > V \text{일 때 } V_{out} = V$$

그림 21-3(b)은 (a)과 반대로 해석을 하면 된다.

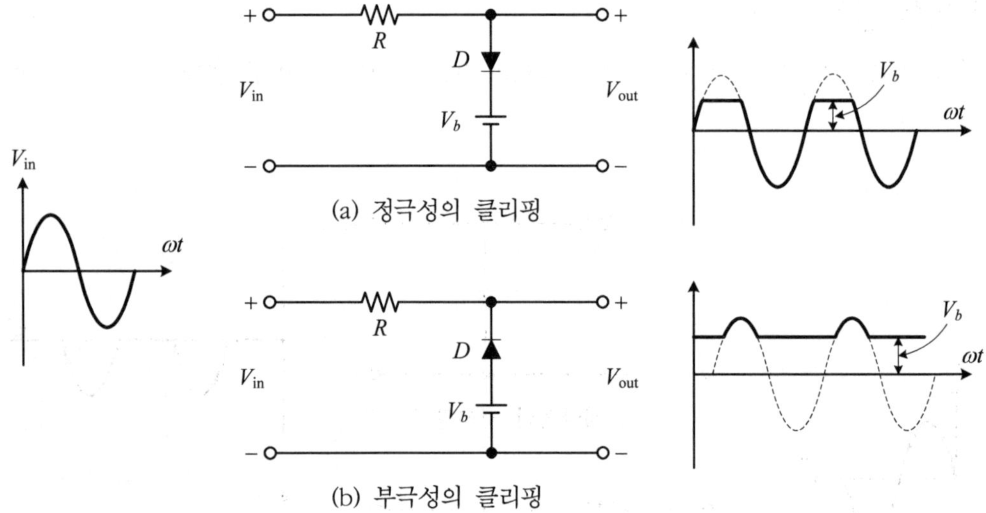

그림 21-3 바이어스된 병렬 클리퍼 회로

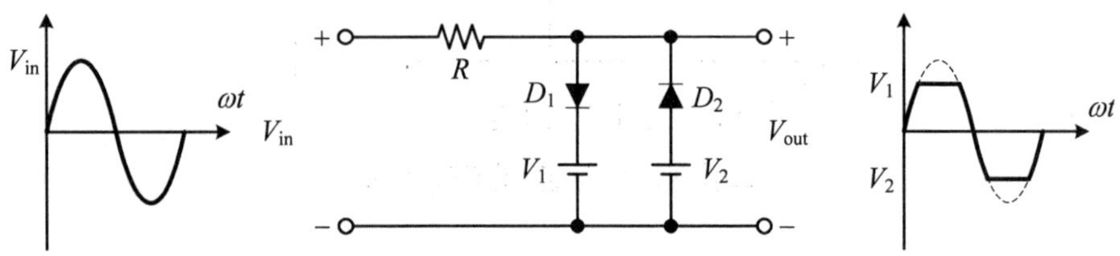

그림 21-4 바이어스된 이중 다이오드 클리핑 회로

그림 21-4는 바이어스된 다이오드 2개를 병렬로 접속한 이중 다이오드 클리핑 회로를 보이고 있다. 그림에서 다이오드 D_1은 입력 전압 V_{in}이 기준 전압 V_1보다 더 큰 전압 파형을 제거하며, 다이오드 D_2는 기준 전압 V_2보다 더 작은 전압 파형을 제거하므로 그림과 같은 출력을 얻는다.

즉, 출력 파형에서 보는 바와 같이 슬라이서(slicer)는 두 개의 기준 전압 사이의 파형만 출력으로 내보내기 때문에 정현파 신호로부터 구형파 신호를 얻기 위하여 사용된다. 대칭인 구형파를 얻기 위해서는 V_1과 V_2의 절대값은 같고, 부호는 반대이어야 한다. 이러한 조건에서의 출력 파형은 윗 부분과 아래 부분이 대칭으로 잘리게 된다. 입력 신호의 진폭이 기준 전압 V_1과 V_2의 차이보다 훨씬 크면 출력 신호는 완전한 구형파에 가깝게 된다.

* 실험시 다이오드 장벽 전압을 고려하여 파형을 해석하라.
(실리콘(Si) 다이오드 : 약 0.7[V], 게르마늄(Ge) 다이오드 : 약 0.3[V])

4. 실험 순서

[1] 직렬 클리핑

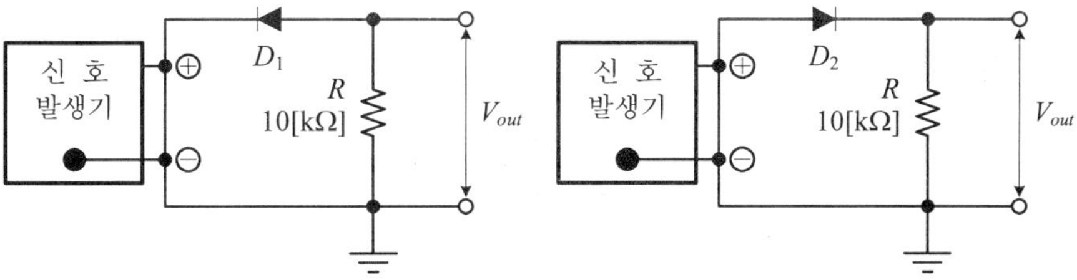

(a) (b)

그림 21-5 직렬 클리핑

① 그림 21-5(a)와 같이 회로를 구성하라. 이 때 다이오드는 전원 정류용이 아닌 신호용 다이오드로 공급된 다이오드를 사용하여야 한다.

② 오실로스코프와 신호 조절기를 다음과 같이 맞추어라

오실로스코프 : Volts/DiV = 1, dc, Time/DiV = 0.2[ms]

신호 발생기 : $f = 1$[kHz], V_{in} = 12[$V_{p\text{-}p}$]

③ 입력을 회로에 연결하여 출력 전압 V_{out}를 관찰 입력 파형에 맞추어 출력 파형을 표 21-1에 기록하라.

④ 그림 21-5(b)와 같이 다이오드의 방향을 바꾸어 연결하여 같은 실험을 반복하여 입력 파형과 출력 파형을 표 21-1에 기록하라.

[2] 병렬 클리핑

① 그림 21-6(a)와 같이 회로를 구성하라.

② 직렬 클리핑 실험 순서 과정과 같이 반복 실험 후 결과를 표 21-2에 기록하라.

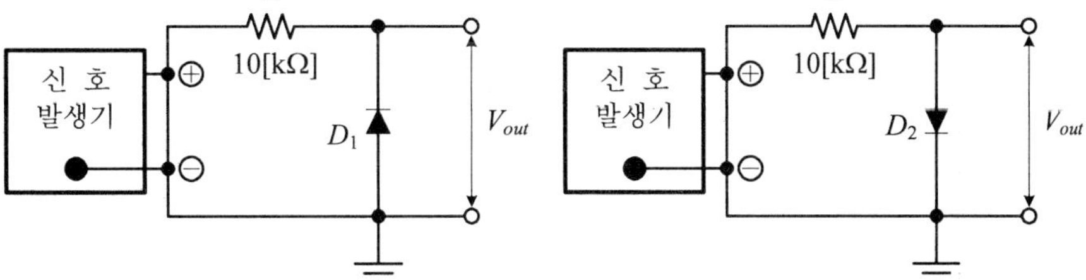

(a) (b)

그림 21-6 병렬 클리핑

* 직 · 병렬 회로를 참고로 하여 p274 그림 21-3, 21-4를 구성하여 출력 파형을 확인하라. (단, V_b와 V_1, V_2는 4[V]로 하라)

5. 실험 결과

표 21-1 직렬 클리핑

실 험 파 형		V_{p-p}
V_{in}	t	
(a)의 V_{out}	t	
(b)의 V_{out}	t	

표 21-2 병렬 클리핑

실 험 파 형		V_{p-p}
V_{in}		
(a)의 V_{out}		
(b)의 V_{out}		

과제 및 검토 사항

1. (+)의 클리퍼와 (-)의 클리퍼 차이점은 무엇인가?

2. 직렬과 병렬 클리핑 회로의 차이점은 무엇인가?

3. 클리핑 회로에서 바이어스 전압의 역할은 무엇인가?

실험보고서

학 과			학 년		제출일	20 / /
학 번			성 명			
실험조		평 가	A B C D F		확 인	
실험일	20 / /		온 도	℃	습 도	%
소 요 시 간			시간 분			

1. 실험 제목 : 다이오드의 클리핑 회로

2. 실험 목적

3. 실험 관련 이론(요약)

4. 실험 절차

   표 21-1, 표 21-2를 완성하여 첨부할 것

5. 실험 고찰 및 소감

실험 22

트랜지스터의 바이어스 특성

1. 실험 목표

[1] 트랜지스터의 구조와 동작 원리를 이해한다.
[2] 트랜지스터의 바이어스 방법을 익힌다.
[3] 트랜지스터의 단자 구별 방법을 익힌다.
[4] 에미터-베이스 회로에서 순방향과 역방향 바이어스가 에미터 전류에 미치는 영향을 관찰한다.
[5] 에미터-베이스 회로에서 순방향과 역방향 바이어스가 콜렉터 전류에 미치는 영향을 관찰한다.

2. 실험 장비 및 부품 (조당)

[1] 직류 전원 장치 : 1대
[2] 브레드보드 : 1대
[3] 디지털멀티미터 : 1대
[4] 저항 : 100[Ω]×1개, 1[kΩ]×1개
[5] 가변 저항 : 2[kΩ]×1개
[6] 트랜지스터 : 2SC1815(NPN형)×1개, 2SA1015(PNP형)×1개
[7] 리드선 : 약간
[8] 기타 Accessory : 1식

3. 실험 관련 이론

[1] 트랜지스터의 구조

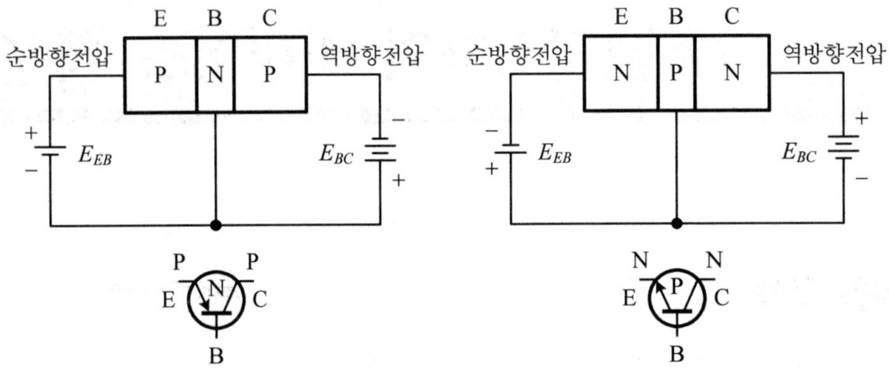

(a) PNP 형　　　　(b) NPN 형

그림 22-1　트랜지스터의 구조와 기초

트랜지스터는 그림 22-1과 같이 3층 구조를 갖는 반도체이다. PNP형 트랜지스터는 N형 반도체를 P형 반도체 사이에 접합한 것이고 NPN형 트랜지스터는 P형 반도체를 N형 반도체 사이에 접합한 것이다. 이러한 구조에서 가운데 반도체의 두께는 다른 두 개의 반도체에 비해서 매우 얇으며, 이 세 부분의 반도체는 배열 순서에 따라 에미터(emitter), 베이스(base), 콜렉터(collector)라 하고, 알파벳의 첫 글자를 따서 E, B, C로 표시한다. 여기서 에미터란 이름은 전하를 공급한다는 뜻이고, 콜렉터는 전하를 모은다는 뜻이다.

1) 에미터(emitter)

에미터-베이스 접합은 순방향 전압이 인가된다. 그림 22-1(a)에서 나타낸 것처럼 PNP형 트랜지스터에서 P형 에미터는 베이스의 접합에 정공 전하를 공급하고 이 방향으로 화살표를 표시한다. 따라서 PN 접합 다이오드와 같다.

그림 22-1(b)에 표시한 NPN 트랜지스터에서 에미터는 베이스에 전자를 공급하기 때문에 N형 에미터의 화살표가 에미터에서 베이스로 향하고 있으면 PNP형이고, 화살표가 베이스에서 에미터로 향하고 있으면 NPN형이다.

2) 콜렉터(collector)

콜렉터는 베이스와 접합으로부터 전하를 제거시키는 기능을 갖는다. 그림 22-1(a)의 PNP형 트랜지스터는 정공을 받아들이는 P형 콜렉터를 갖는다. 그림 22-1(b)의 NPN 트랜지스터는 전자를 받아들이는 N형 콜렉터를 갖는다.

콜렉터 베이스 접합은 역방향 전압이 인가되고 일반적으로 4[V]~100[V]의 크기를 갖는다. 이러한 극성은 다수 캐리어가 콜렉터에서 베이스로 흐르지 못하게 하지만 베이스와 콜렉터 사이의 역전압은 에미터에 의해서 공급된 전하를 끌어당기게 된다.

3) 베이스(Base)

에미터와 콜렉터를 분리시키는 역할을 하며 베이스와 에미터 접합은 순방향으로 바이어스되어 있으므로 에미터 회로의 저항은 아주 적은데 비해서 베이스와 콜렉터 전압은 역방향으로 바이어스가 걸리므로 콜렉터 회로의 저항은 매우 높다.

[2] 트랜지스터의 바이어스

트랜지스터가 동작하기 위해서는 트랜지스터에 바이어스를 걸어 주어야 한다. 그림 22-2는 베이스를 기준으로 한 것으로 그림 22-2(a)는 PNP형 트랜지스터에 외부로부터 에미터 E와 베이스 B 사이에 전압 V_{EB}은 순방향으로 바이어스되어 있고, 콜렉터 C와 베이스 B 사이에는 전압 E_{CB}가 역방향으로 바이어스되어 있다.

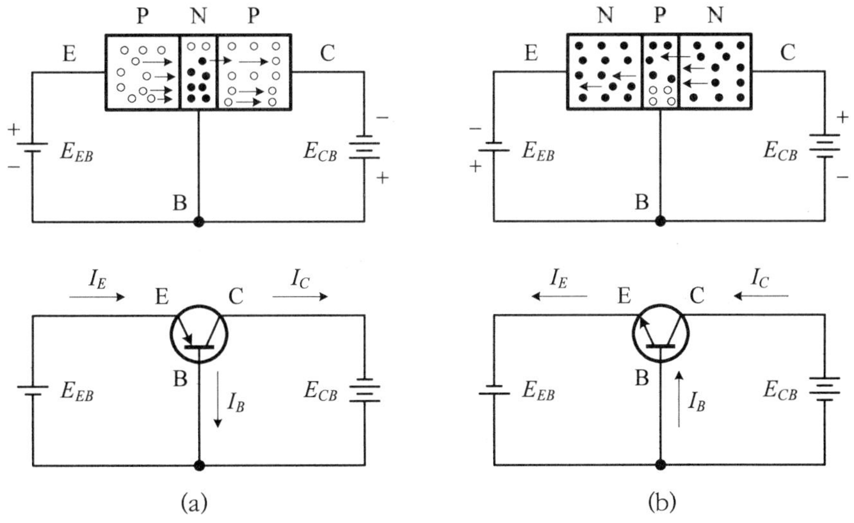

그림 22-2 트랜지스터의 바이어스 회로

이와 같이 에미터-베이스 다이오드에 있어서는 정공(hole)이 다수 캐리어가 되며 P형인 에미터에서 N형인 베이스 쪽으로 이동하게 된다. 즉, 에미터에서 방출된 정공 중에서 일부만이 베이스 내의 자유 전자와 결합하고 나머지 대부분에 정공은 매우 얇은 베이스를 통과하여 P형인 콜렉터로 흘러 외부 전원의 (-)극으로 들어간다. 에미터-콜렉터간은 직렬로 된 E_{EB}와 E_{CB}에 의하여 연결된다. 따라서 에미터는 전류 캐리어의 원천이며 에미터-베이스간은 매우 적은 전류가 흐르고 에미터-콜렉터간은 많은 전류가 흐른다. 또한 에미터-베이스간의 바이어스를 변화시키면 에미터 전류가 변하고 순방향의 바이어스를 증가시키면 에미터 전류가 증가하게 되고 콜렉터 전류도 증가하게 된다. 에미터 전류가 증가하거나 감소할 때에 베이스 전류가 증가하거나 감소하는 양은 매우 적기 때문에 에미터-베이스 사이의 바이어스를 변화시키면 콜렉터 전류를 쉽게 조절할 수 있음을 알 수 있다.

그림 22-2(b)와 같이 NPN의 구조로도 만들 수 있다. 이때에도 PNP형과 마찬가지로 에미터-베이스 사이에는 순방향의 바이어스를 걸어 주고 콜렉터-베이스 사이에는 역방향 바이어스를 걸어 준다. 그러나 NPN형에서는 전원 전지의 극성은 PNP형과 반대로 연결된다. NPN 트랜지스터에서는 전자가 PNP형에서는 정공이 각각 에미터에서의 다수 캐리어가 된다.

[3] 트랜지스터 식별 방법

실험 4의 트랜지스터 극성판별법 참조

[4] 트랜지스터의 취급상의 주의 사항

① 트랜지스터는 소형이므로 취급에 특히 주의를 한다.

② 회로에 트랜지스터를 연결 또는 떼어 낼 때 큰 과도 전류가 흐를 가능성이 있으므로 반드시 전원을 제거하도록 한다.

③ 특히, 콜렉터와 베이스간의 단락을 조심한다.

④ 트랜지스터 회로에 전원을 가하기 전에 콜렉터 바이어스 전압이 역방향으로 바이어스가 됨을 확인한다.

⑤ 회로에 트랜지스터를 연결할 때는 회로에 전류를 제한할 수 있는 저항을 반드시 연결한다.

⑥ 트랜지스터는 그 내부 저항을 측정할 때 파괴될 수도 있다. 특히 저항계를 저저항 범위에서 사용하면 트랜지스터에 과도한 전류가 흐르게 될 우려가 있으므로 저항계를 사용하여 트랜지스터 극성을 조사할 때는 저항계의 높은 범위(R×100)를 사용한다.

⑦ 신호 발생기의 큰 출력이 트랜지스터를 파괴할 수도 있다. 그러므로 신호 발생기 출력은 낮은 값에서 시작하여 점차로 적당한 값으로 높이도록 주의한다.

⑧ 트랜지스터 회로에서 전압 측정을 할 때에는 플러그에 의해 단락 회로가 생기지 않도록 특히 조심한다.

⑨ 트랜지스터는 열에 약해 납땜할 때에는 가능한 한 짧은 시간 내에 하도록 한다.

4. 실험 순서

① 주어진 트랜지스터의 PNP형과 NPN형을 각각 확인하고 각 트랜지스터의 에미터, 베이스, 콜렉터 단자를 확인하라.

② PNP형 트랜지스터를 이용하여 그림 22-3과 같이 회로를 구성하라. 단, 이때 가변 저항 R_2는 최대로 하라.

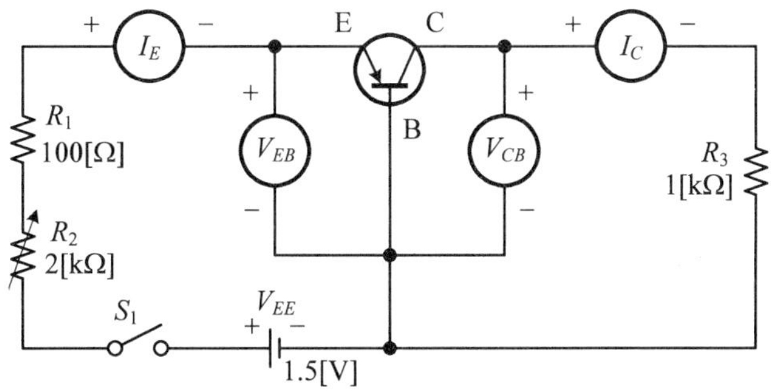

그림 22-3 에미터-베이스의 전압 · 전류 측정

③ S_1을 닫고 에미디 진류 I_E와 콜렉터의 전류 I_C 및 에니터-베이스산의 전압 V_{EB}와 콜렉터-베이스간의 전압 V_{CB}를 측정 표 22-1에 기록하라

④ 그림 22-4와 같이 회로를 구성하라.

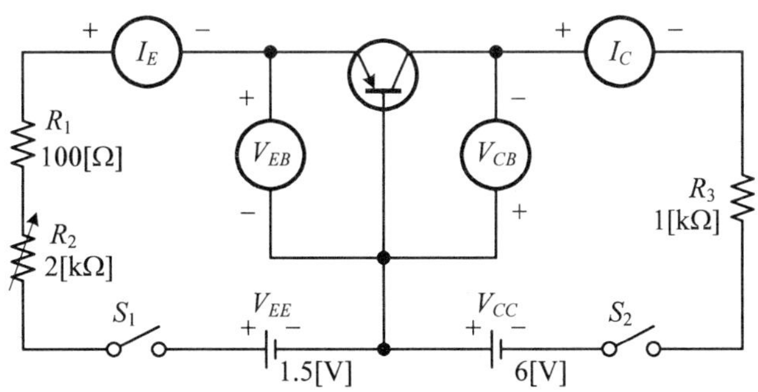

그림 22-4 PNP형 트랜지스터의 전류 · 전압 측정

⑤ 가변 저항 R_2를 최대로 유지한 상태에서 S_1과 S_2를 닫고 에미터와 콜렉터 전류 I_E, I_C 및 에미터-베이스, 콜렉터-베이스간의 전압 V_{EB}, V_{CB}를 측정 표 22-1에 기록하라.

⑥ 가변 저항 R_2를 최소로 하고 실험 순서 ⑤를 반복하여 그 결과를 표 22-1에 기록하라.

⑦ NPN형 트랜지스터를 이용하여 그림 22-5와 같이 회로를 구성하라.

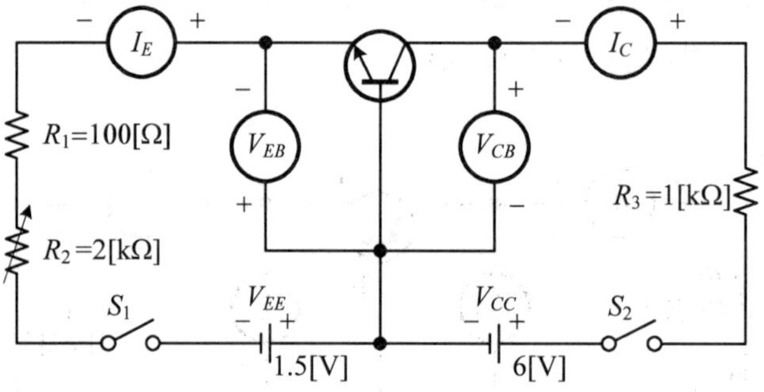

그림 22-5 NPN형 트랜지스터의 전류 · 전압 측정

⑧ 앞의 PNP형 트랜지스터 실험 순서 ③~⑥을 반복하여 그 결과를 표 22-1에 기록하라.

5. 실험 결과

표 22-1

PNP형 트랜지스터					NPN형 트랜지스터				
트랜지스터의 형명 :					트랜지스터의 형명 :				
실험 순서	에미터-베이스		콜렉터-베이스		실험 순서	에미터-베이스		콜렉터-베이스	
	전류 I_E	전압 V_{EB}	전류 I_C	전압 V_{CB}		전류 I_E	전압 V_{EB}	전류 I_C	전압 V_{CB}
3					8-3				
5					-5				
6					-6				

과제 및 검토 사항

1. PNP형 트랜지스터와 NPN형 트랜지스터의 차이점은 무엇인가 설명하라.

2. PNP형 트랜지스터와 NPN형 트랜지스터의 올바른 바이어스 방법을 설명하라.

3. 베이스 전류를 영으로 하면 콜렉터 전류도 영이 되는가?

실 험 보 고 서

학 과			학 년		제출일	20 / /
학 번			성 명			
실험조		평 가	A B C D F		확 인	
실험일	20 / /		온 도	℃	습 도	%
소 요 시 간			시간 분			

1. 실험 제목 : 트랜지스터의 바이어스 특성

2. 실험 목적

3. 실험 관련 이론(요약)

4. 실험 절차
   표 22-1을 완성하여 첨부할 것

5. 실험 고찰 및 소감

실험 23

트랜지스터 증폭기의 부하선 해석

1. 실험 목표

[1] 최대 전력 손실 곡선을 그리는 방법을 익힌다.
[2] 에미터 접지 증폭기의 부하선과 동작 전류로부터 동작 점을 구한다.
[3] 동작 점에 따른 증폭기의 선형 동작 범위를 조사한다.

2. 실험 장비 및 부품 (조당)

[1] 전원 공급 장치 : 1대
[2] 브레드보드 : 1대
[3] 디지털 멀티미터 : 1대
[4] 저항 : 470[Ω]×1개, 1[kΩ]×1개, 68[kΩ]×1개
[5] 가변 저항 : 5[kΩ]×1개, 10[kΩ]×1개
[6] 트랜지스터 : 2SC1815×1개
[7] 리드선 : 약간
[8] 기타 Accessory : 1식

3. 실험 관련 이론

트랜지스터 증폭기에서 일그러짐이 없는 출력 파형을 얻기 위해서는 특성 곡선의 선형적인 범위에서 동작시키기 위하여 적당한 동작점을 선택할 필요가 있다. 트랜지스터는 동작 점이 콜렉터, 에미터, 베이스에 인가된 직류 전압에 의해 정해지므로 증폭기를 설계할 때는 트랜지스터 특성 곡선과 규격을 참조하여야 한다.

[1] 직류 부하선

트랜지스터 증폭기의 성능은 부하선을 사용해서 그래프 적으로 예측할 수 있고, 특정 동작 조건에서 입력 신호가 출력 신호에 미치는 영향은 부하선으로부터 결정된다.

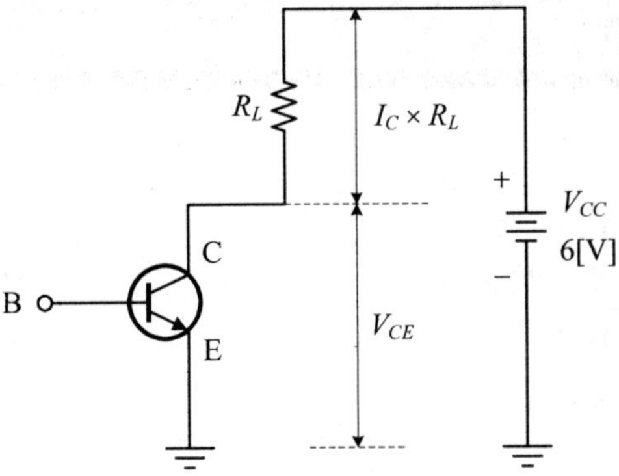

그림 23-1 에미터 접지 증폭기의 출력 회로

그림 23-1은 에미터 접지 증폭기의 출력 회로를 나타내며, 출력 회로에 Kirchhoff의 전압 법칙으로부터 $V_{CC} = I_C R_l + V_{CE}$가 되고, 여기서 V_{CC}와 R_L이 정해지면 부하선은 최대 포화점과 절대 차단점을 연결하여 얻을 수 있으며, 최대 포화점과 절대 차단점의 조건은 다음과 같다.

$$\text{최대 포화 점} : V_{CE} = 0, \quad I_C = \frac{V_{CC}}{R_L}$$

$$\text{절대 차단 점} : V_{CE} = V_{CC}, \; I_C = 0$$

두 극한 점의 좌표를 찾아내는 방법을 예를 들어 설명하면 다음과 같다.

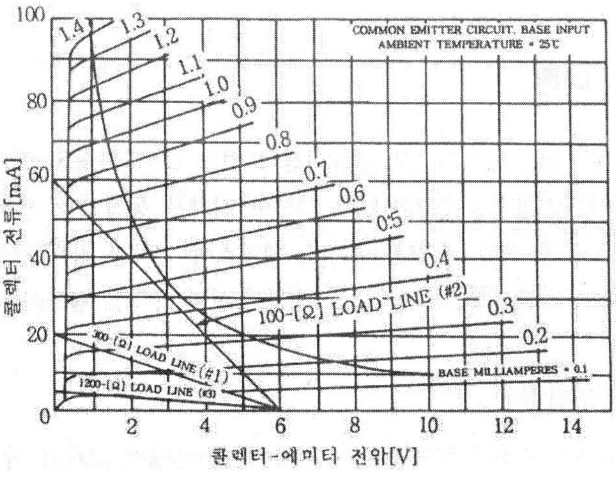

그림 23-2 R_L과 V_{CC} 값에 따른 부하선

그림 23-2에서 $V_{CC}=6[\mathrm{V}]$, $R_L=300[\Omega]$이고, $V_{CE}=0$일 때 $I_C=20[\mathrm{mA}]$이다. 또한 $I_C=0$이면, $V_{CE}=6[\mathrm{V}]$이다. 이들 두 점을 통과하는 직선이 그림 23-2에 부하선(#1)으로 그려져 있다.

다른 모든 조건들이 일정하게 유지된 상태에서 R_L값의 증감이 부하선에 미치는 영향은 무엇인가? 먼저 R_L이 100[Ω]으로 감소되었다면, 부하선(#2)의 좌표는 다음과 같이 계산된다.

$$V_{CE}=0,\quad I_C=\frac{6}{100}=60[\mathrm{mA}]$$
$$I_C=0,\quad V_{CE}=6\ [\mathrm{V}]$$

이 부하선(#2)은 부하선(#1)과 공통점 $V_{CC}=6[\mathrm{V}]$, $R_L=0$을 가지나, 부하선(#1) 아래에 위치한다. 만약 R_L의 값 1.2[kΩ]으로 증가하면 부하선(#3)의 좌표는 다음과 같다.

$$V_{CE}=0,\quad I_C=\frac{6}{1200}=5[\mathrm{mA}]$$
$$I_C-0,\quad V_{CE}=6\ [\mathrm{V}]$$

따라서 부하선(#3)은 부하선(#1) 및 부하선(#2)와 공통점을 가지나 부하선(#1) 아래에 위치한다. 지금까지의 예로부터 3가지 경우에 있어서, 부하선은 모두 최대 손실 곡선(100[mA])의 좌측에 위치함을 알 수 있다.

부하선을 그리는 일반적인 방법은 R_L과 V_{CC}의 값을 알면 쉽게 그릴 수 있다. R_L값은 모르지만, 트랜지스터 증폭기의 동작점이 알려진 경우를 가정해 보자.

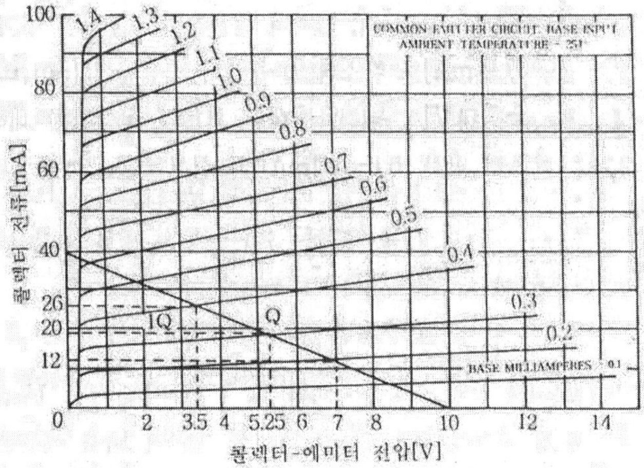

그림 23-3

그림 23-3 동작점 Q와 전원 전압 V_{CC}를 알면 부하 선을 그릴 수 있다. 만약 동작점 Q가 $V_{CE} = 5.25[\text{V}]$, $I_C = 19[\text{mA}]$이고 전원 전압 V_{CC}가 10[V]라면, 부하선은 그림 23-3과 같이 점 $I_C = 0$, $V_{CE} = 10$으로부터 Q를 통과하는 직선으로 된다.

여기서 부하선은 콜렉터 전류 축과 점 $V_{CE} = 0$, $I_C = 40[\text{mA}]$에서 교차하고, R_L의 값은 $V_{CE} = 0$일 때 $I_C = \dfrac{V_{CC}}{R_L}$의 관계로부터 쉽게 얻어진다. 즉,

$$R_L = \frac{V_{CC}}{I_C}$$

윗 식에서 $V_{CC} = 10[\text{V}]$, $I_C = 40[\text{mA}]$ 대입하면 부하 저항 R_L은

$$R_L = \frac{10}{40 \times 10^{-3}} = 250\,[\Omega]$$

이 된다.

[2] 부하선으로부터 증폭기 동작의 예측

부하선으로부터 베이스 전류의 변화에 따라 콜렉터 전류가 어떻게 변화할 것인가를 예측할 수 있다. 부하선과 콜렉터 곡선 중 하나의 교차점은 하나의 동작점으로 된다. 최적의 동작점은 회로의 요구 조건에 의해서 결정된다.

트랜지스터가 그림 23-1과 같이 에미터 접지 방식으로 접속되어 있고 부하 저항 250[Ω]과 10[V] 전원으로부터 동작한다면 이 회로에서 베이스 전류의 증가는 콜렉터 전류에 어떤 영향을 미치는가? 이것에 대한 해답은 부하선이 0.4[mA] 특성 곡선과 교차하는 점으로부터 얻어진다.

이 경우 $I_C = 26[\mathrm{mA}]$로 되어, 콜렉터 전류는 7[mA]만큼 증가하므로 $V_{CE} = 3.5[\mathrm{V}]$이다. 만약 $I_B = 0.2[\mathrm{mA}]$로 감소하면, 콜렉터 전류는 12[mA]로 되어 7[mA]의 감소를 가져오고, $V_{CE} = 7.0[\mathrm{V}]$로 된다. 선택된 회로와 동작점에 대해서 콜렉터 전류의 변화는 베이스 전류의 변화 (0.1~0.3[mA])와 선형적인 관계가 있음을 알 수 있다.

4. 실험 순서

① 그림 23-4와 같이 회로를 구성하고, $V_{BB} = 1.5[\mathrm{V}]$, $V_{CC} = 3[\mathrm{V}]$로 맞추고 가변저항 R_1을 최소값으로 놓은 상태에서 스위치 S_1을 개방하라.

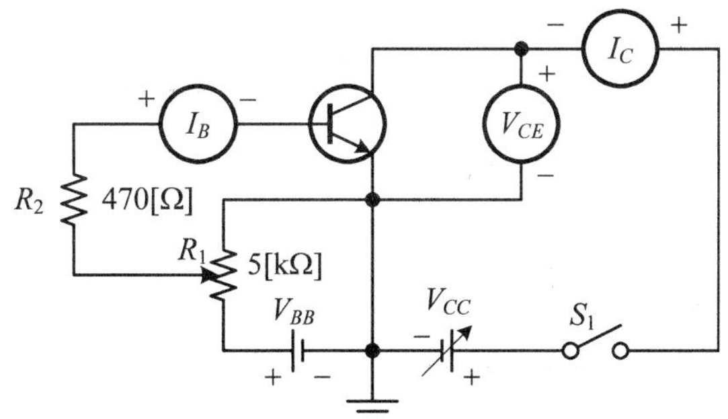

그림 23-4 $V_{CE} - I_{CE}$ 특성 실험 회로

② 가변 저항 R_1을 조정하여 회로에 약간의 전류의 흐름을 확인하고, 베이스 전류 I_B가 10[μA]가 되도록 가변 저항 R_1을 조정하라.

③ V_{CE}를 V_{CC}를 조정하여 0[V]가 되게 하여 이 때의 I_C를 측정 표 23-1에 기록하라.

④ 표 23-1에 주어진 V_{CE}값이 되도록 V_{CC}를 조정하여 각각의 값에 대한 I_C를 측정 표 23-1에 기록하라.

⑤ 표 23-1을 이용하여 콜렉터 특성 곡선을 그림 23-6에 그려라.
(부하선의 두 극점을 계산할 것)

⑥ 부하선과 $I_B = 5[\mu A]$ 곡선과의 교차점을 구하고, 부하선 상의 동작점 Q_1을 구하라.

⑦ 부하선으로부터 다음 경우에 대한 I_C 대 V_{CE}값을 계산한 후 표 23-2의 부하선 값(계산치)란에 기록하여라.

(a) $I_B = 10[\mu A]$일 때　　(b) $I_B = 20[\mu A]$일 때
(c) $I_B = 25[\mu A]$일 때　　(d) $I_B = 30[\mu A]$일 때

이 때, 부하 선과 $I_B = 25[\mu A]$ 곡선과의 교차점을 Q_2로 삼는다.

⑧ 그림 23-5의 회로를 구성하여라. 스위치 S_1을 개방하고, R_1을 최소 저항치로 조정하라.

⑨ S_1을 닫고, 베이스 전류가 $10[\mu A]$로 되도록 R_1을 조정하여 이 때의 베이스 전류값을 측정하여 표 23-2의 부하선 값(측정치)항목 중 I_B에 기록하라.
I_C, V_{CE} 및 V_{EB}를 측정하여, 그 결과를 표 23-2의 부하선 값(측정치)란에 기록하라. 표 23-2에 주어진 각 I_B값에 대해서 반복하여라.

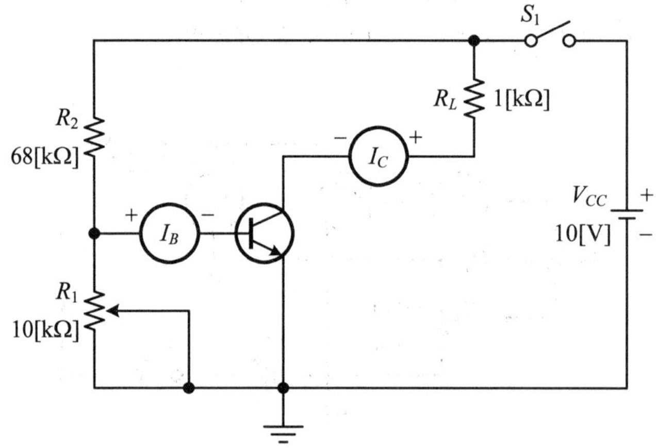

그림 23-5 트랜지스터 증폭기 실험 회로

⑩ 측정치를 사용하여, Q_1에서 동작하는 트랜지스터의 콜렉터 전류 이득을 $10[\mu A]$의 총 베이스 전류 변화에 대해서 계산하고, 결과를 표 23-3에 기록하라. 또한, 같은 조건에 대한 콜렉터에서의 전압 이득을 계산하고, 그 데이터를 표 23-3에 기록하여라.

⑪ 동작 점 Q_2에 대해서 실험 순서 ⑩을 반복하여, 표 23-3에 기록하여라.

5. 실험 결과

표 23-1 에미터 접지 증폭기 콜렉터 특성 곡선($V_{CE}-I_C$) 측정

I_B, [μA]	I_C, [ma]								
	V_{CE}, [V]								
	0	2.5	5	7.5	10	15	20	25	30
10									
20									
30									
40									
50									
60									

표 23-2 부하선 측정

부하선 값 (계산치)			부하선 값 (측정치)			
I_B, [μA]	I_C, [ma]	V_{CE}, [V]	I_B, [μA]	I_C, [ma]	V_{CE}, [V]	V_{EB}, [V]
10						
15						
20						
25						
30						

표 23-3 부하선 이득 계산

동 작 점	콜렉터 전류 이득 $= \dfrac{\Delta I_C}{\Delta I_B}$	콜렉터 전압 이득 $= \dfrac{\Delta V_{CE}}{\Delta V_{EB}}$
Q_1 (15[μA])		
Q_2 (25[μA])		

그림 23-6

과제 및 검토 사항

1. 최대 전력 손실 곡선에 대하여 설명하라.

2. 직류 부하 선의 의미는 무엇인가?

3. 직류 부하 선을 그리기 위한 자료는 무엇인가?

실험보고서

학 과			학 년		제출일	20 / /
학 번			성 명			
실험조		평 가	A B C D F		확 인	
실험일	20 / /		온 도	℃	습 도	%
소 요 시 간			시간 분			

1. 실험 제목 : 트랜지스터 증폭기의 부하선 해석

2. 실험 목적

3. 실험 관련 이론(요약)

4. 실험 절차
   표 23-1~표 23-3, 그림 23-6을 완성하여 첨부할 것

5. 실험 고찰 및 소감

실험 24

에미터 접지 증폭기

1. 실험 목표

[1] 에미터 접지 증폭기의 바이어스 방법을 고찰하고 입·출력 임피던스를 측정한다.

[2] 증폭기의 전압, 전력 이득을 측정하고 증폭기의 입·출력 신호의 위상 관계를 고찰한다.

2. 실험 장비 및 부품 (조당)

[1] 브레드보드 : 1대

[2] 전원 공급 장치 : 1대

[3] 디지털 멀티미터 : 1대

[4] 오실로스코프 : 1대

[5] 신호 발생기 : 1대

[6] 저항 : 220[Ω], 390[Ω], 470[Ω], 560[Ω], 1[kΩ], 4.7[kΩ], 8.2[kΩ], 10[kΩ], 18[kΩ], 47[kΩ] × 각1개

[7] 가변 저항 : 1[kΩ]×1개, 5[kΩ]×1개

[8] 콘덴서 : 25[μF]×2개, 50[μF]×1개, 100[μF]×1개

[9] 트랜지스터 : KTA1015×1개

[10] 다이오드 : 1N4001×1개

[11] 리드선 : 약간

[12] 기타 Accessory : 1식

3. 실험 관련 이론

에미터 접지 증폭기(common emitter amplifier)는 트랜지스터 증폭기 중에서 가장 많이 사용되고 있으며 베이스 접지 증폭기에 비하여 높은 임피던스와 낮은 출력 임피던스 값을 가지고 있다.

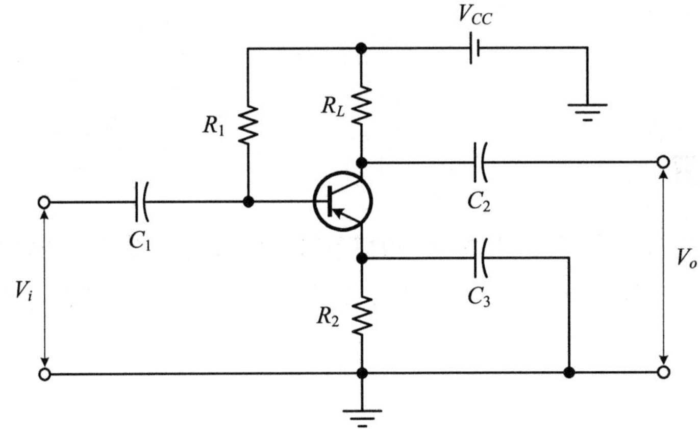

그림 24-1 에미터 접지 증폭기

그림 24-1은 바이어스 안정화된 에미터 접지 증폭기 회로를 보이고 있으며, 이 회로는 온도에 대한 트랜지스터의 특성 변화는 동작 점의 변화를 일으키게 되고 그 변화는 증폭 이득과 안정성에 영향을 미쳐 결과적으로 트랜지스터가 파손되기도 하므로 외부 온도의 변화와 트랜지스터 특성 변화에 따른 콜렉터 전류의 증가를 저항 R_2를 두어 저항 R_2에 의한 전압 강하로 인하여 베이스 전류를 감소시켜 콜렉터 전류도 감소되어 트랜지스터 동작의 안정성을 유지하여 준다. 또한 캐패시터 C_3는 교류 신호에 대한 바이패스를 만들어 주므로 교류 신호의 감소를 방지한다.

[1] 입·출력 임피던스의 측정

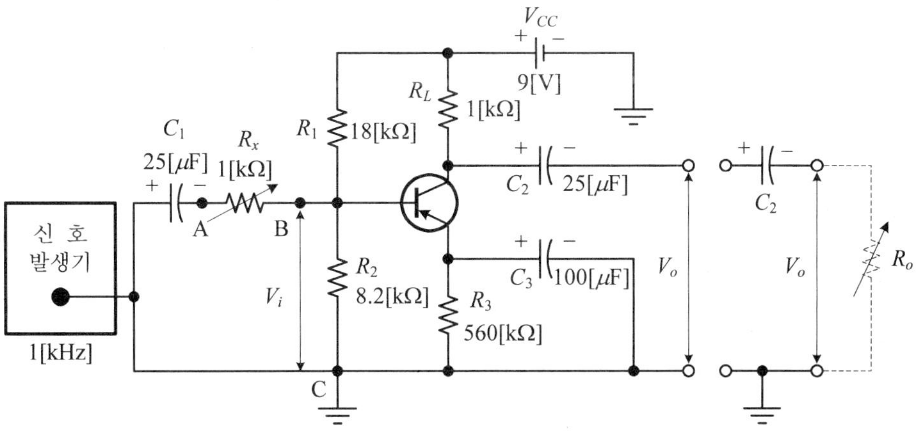

그림 24-2 입 · 출력 임피던스의 측정 회로

그림 24-2회로의 입력 임피던스는 $R_i = V_i / I_i$이므로, 먼저 V_{AB}와 V_i를 측정한 다음 $I_i = V_{AB}/R_x$를 계산하면 I_i와 R_i를 구할 수 있다.

다른 방법으로서는 AB 사이에 고정 저항 대신 가변 저항기를 연결하여 이 단자 사이의 전압이 V_i와 같은 값이 되도록 조정한 다음 이 저항기를 분리하면 이 때 측정된 저항 값이 R_i가 된다.

출력 임피이던스는 그림 24-2(b)에서와 같이 가변 저항 R_o를 달 때 측정되는 V_0의 값이 R_o가 없을 때 측정된 V_0의 1/2이 되도록 R_o의 저항값을 정하면 출력 임피던스를 구할 수 있다. 이 때 주의하여야 할 것은 출력 파형에 찌그러짐이 없어야 한다.

[2] 전압·전력 이득

전압 이득(voltage gain) A_v와 전력 이득(power gain) A_P는 다음과 같이 주어지며 V_0와 V_i를 측정하여 실험적으로 구할 수 있다.

$$A_v = \frac{V_o}{V_i}$$

$$A_P = \frac{P_o}{P_i} = \left(\frac{V_o}{V_i}\right)^2 \left(\frac{R_i}{R_o}\right) = 10\log\frac{P_o}{P_i}\ [\mathrm{dB}]$$

[3] 위상 관계

에미터 접지 회로에서의 입력과 출력 파형의 위상차는 180°이며 반파 정류 회로에서 얻은 반파 신호를 입력하여 오실로스코프를 통하여 위상차를 확인할 수 있다.

4. 실험 순서

[1] 에미터 접지 증폭기

① 그림 24-3과 같이 회로를 구성하고, 베이스-에미터간의 전압 V_{BE}E와 콜렉터-에미터간 전압 V_{CE}를 측정 표 24-1에 기록하라.

② 신호 발생기의 주파수를 1[kHz]로 하여 입력 단자에 연결하고, 출력 파형의 일그러짐이 없는 최대 크기가 되도록 신호 발생기의 출력을 조절한다. 콜렉터 전류 I_C, 입력과 출력 파형의 peak-peak 전압치, V_{BE}, V_{CE}를 측정하여 표 24-1에 측정값과 파형을 기록하라.

③ 증폭기 출력이 ②의 실험 과정에서의 최대 출력의 70[%]값이 되도록 신호 발생기의 출력을 조정한 다음 콜렉터 전류 I_C, V_{BE}, V_{CE} 그리고 입력 및 출력 파형과 peak-peak 전압을 표 24-1에 기록하라.

④ 60[W] 전구로서 트랜지스터를 1분간(출력 파형이 변할 때까지) 가열한다. 이 때의 파형과 peak-peak 전압치 및 콜렉터 전류 I_C, V_{BE}, V_{CE}를 표 24-1에 기록하라.

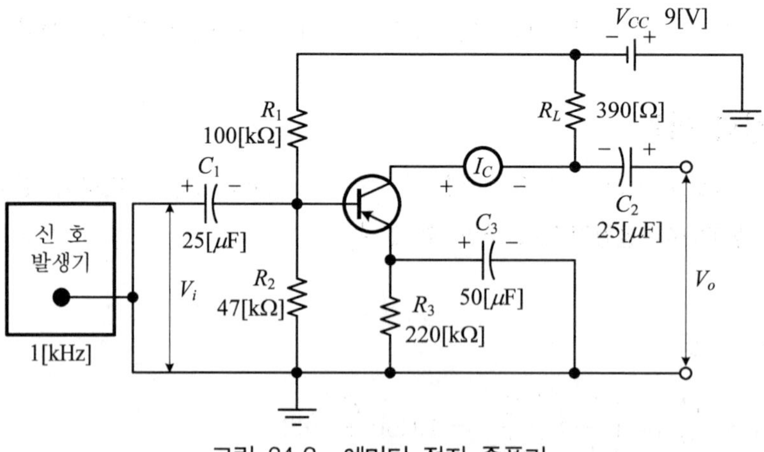

그림 24-3 에미터 접지 증폭기

[2] 입·출력 임피던스 측정

① 그림 24-2과 같이 회로를 구성하여, 오실로스코프를 이용하여 찌그러짐이 없는 최대 출력 전압의 70[%]가 증폭기 출력이 되도록 신호 발생기의 출력을 조절한다.

② 신호 발생기의 출력 전압 V_{ac}, AB와 BC간의 전압 V_x와 V_i, 출력 전압 V_0을 측정하여 표 24-2에 측정값을 기록하라.

③ 측정된 값을 이용하여 I_i와 R_i를 계산하여 표 24-2에 기록하라.

④ 입력값을 고정시키고 그림 24-2(b)에서와 같이 5[kΩ]의 가변 저항 R_o를 연결하고 V_0값이 실험 과정 ②에서 얻은 V_0의 반이 되도록 R_o를 조절하라.

⑤ 이 때의 저항 값 R_o가 출력 임피던스가 되므로 R_o를 회로에서 분리하여 그 값을 측정하여 표 23-2에 기록하라.

⑥ R_o를 연결한 상태에서의 전압 이득, 전력 이득을 계산하여 표 23-2에 기록하라.

⑦ 입력을 고정시키고 측로 콘덴서 C_3를 회로에서 분리하고 실험①에서 ⑥까지를 되풀이하여 표 23-2에 기록하라.

[3] 위상 실험

① 그림 24-2에서 가변 저항 R_x를 제거한 다음 그림 24-4와 같은 반파 정류 회로의 출력을 입력에 연결하여 찌그러짐이 없는 최대 출력 전압의 70[%]가 증폭기 출력이 되도록 신호 발생기의 출력을 조절한다.

② 입력 전압과 출력 전압을 오실로스코프로 측정, 관찰하여 표 24-3에 기록하라.

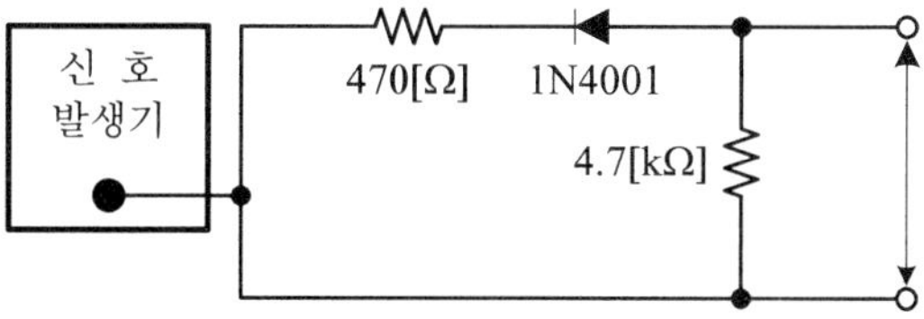

그림 24-4 반파 정류 회로

5. 실험결과

표 24-1 에미터 접지 증폭기

실험순서	전류 I_C [mA]	전압		파형			
		V_{BE} [V]	V_{CE} [V]	입력	V_i (p-p)	출력	V_o (p-p)
①							
②							
③							
④							

표 24-2 입 · 출력 임피던스를 측정

실험 순서	전 압 (V_{p-p})				i_i[mA]	$R_i[\Omega]$	$R_o[\Omega]$	이 득	
	V_{ac}	V_x	V_i	V_o				전압	전력
①~⑥									
⑦									

표 24-3 위상 실험

	파 형
입 력	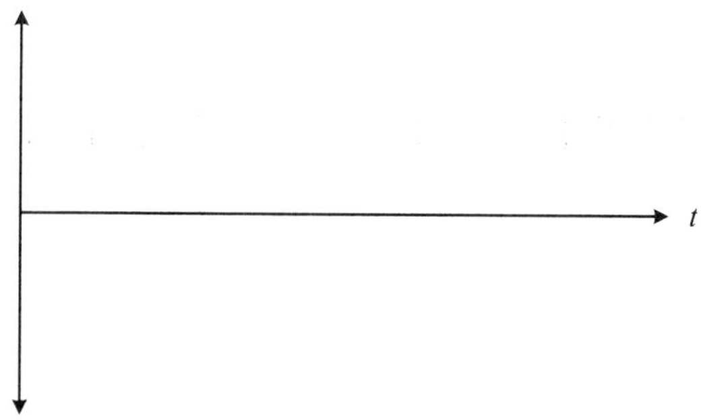
출 력	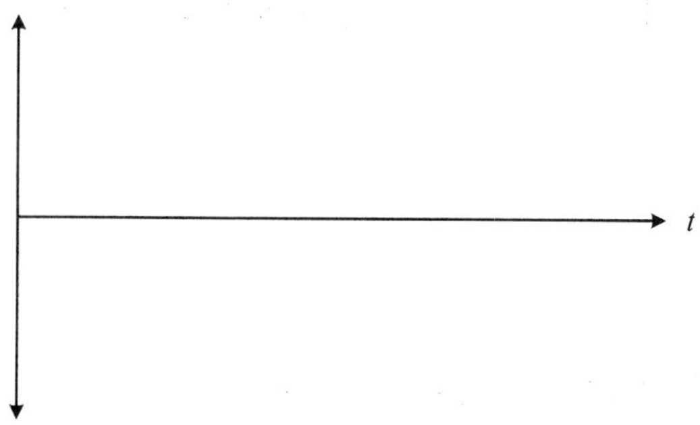

과제 및 검토 사항

1. 증폭기의 전압 이득은 무엇을 의미하는가?

2. 에미터 접지 증폭기 실험에서 캐패시터 C_3의 역할은 무엇인가?

3. 주위 온도의 변화에 따른 트랜지스터의 동적 변화를 설명하라.

4. 증폭기의 출력이 찌그러지는 경우를 설명하라.

실험보고서

학 과		학 년		제출일	20 / /
학 번		성 명			
실험조	평 가	A B C D F		확 인	
실험일	20 / /	온 도	℃	습 도	%
소 요 시 간		시간 분			

1. 실험 제목 : 에미터 접지 증폭기

2. 실험 목적

3. 실험 관련 이론(요약)

4. 실험 절차

   표 24-1 ~ 표 24-3을 완성하여 첨부할 것

5. 실험 고찰 및 소감

실험 25

베이스 접지 증폭기

1. 실험 목표

[1] 베이스 접지 증폭기의 전압, 전력 이득을 실험적으로 고찰한다.

[2] 베이스 접지 증폭기의 입·출력 임피던스를 실험적으로 구한다.

2. 실험 장비 및 부품 (조당)

[1] 브레드보드 : 1대

[2] 전원 공급 장치 : 1대

[3] 디지털 멀티미터 : 1대

[4] 오실로스코프 : 1대

[5] 신호 발생기 : 1대

[6] 저항 : 2.2[kΩ], 5.6[kΩ]×각1개

[7] 가변 저항 : 500[Ω]×1개, 100[kΩ]×1개

[8] 콘덴서 : 25[μF]×2개

[9] 트랜지스터 : 2SA1015×1개

[10] 다이오드 : 1N4001×1개

[11] 리드선 : 약간

[12] 기타 Accessory : 1식

3. 실험 관련 이론

베이스 접지 증폭기는 낮은 주파수보다 높은 주파수 영역에서 많이 사용되고 있다. 베이스 접지 증폭기의 전류 이득은 1보다 약간 적으나 전압 이득은 일반적으로 크며 40~300[Ω] 정도의 낮은 임피던스와 300[Ω]~3[MΩ] 정도의 높은 출력 임피던스를 가지고 있다.

그림 25-1은 일반적인 베이스 접지 증폭 회로로 PNP형 트랜지스터로 구성되어 있다.

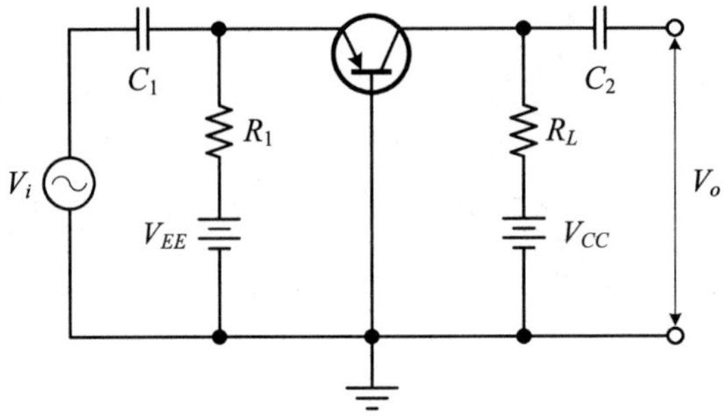

그림 25-1 베이스 접지 증폭기

[1] 전압 이득

그림 25-1에서 V_{CC}는 콜렉터 공급 전원, V_{EE}는 에미터 바이어스 전원이며 이 회로의 입력 저항 R_i는 무시할 수 있을 정도로 작으므로 에미터 전류 I_E는 근사적으로 다음과 같다.

$$I_E \simeq \frac{V_{EE}}{R_1}$$

입력 전류는 직류 바이어스 전류와 함께 콜렉터 전류를 변화시킨다. 출력 파형의 찌그러짐이 없는 범위 내에서 전압 이득 A_v와 전력 이득 A_p는 다음과 같다.

$$A_v = \frac{V_o}{V_i}$$

$$A_p = \left(\frac{V_o}{V_i}\right)^2 \times \frac{R_i}{R_o} = 10\log\left(\frac{P_0}{P_i}\right)[\text{dB}]$$

여기서 R_i, R_0는 입·출력 임피던스를 나타낸다.

[2] 입·출력 임피던스

A급 트랜지스터 증폭 회로에서는 입력 임피던스가 매우 낮으며 입력 회로에 흐르는 신호 전류가 높은 저항을 갖는 출력 회로에 그대로 흐른다. 즉, 콜렉터에 흐르는 전류는 에미터에 흐르는 전류에 의하여 조절되며 이것이 트랜지스터를 전류 제어 장치라고 하는 이유이며, 트랜지스터의 어떤 동작에도 이점을 고려하여야 한다. 입 · 출력 임피던스는 일정하지 않으며 회로의 파라미터에 따라 달라진다. 출력 저항은 입력 저항의 변화에 따라 달라진다.

[3] 위상 관계

그림 25-1에서 입력 신호의 정(+)의 최대치는 에미터 전류를 증가시키며, 이로 인해 콜렉터 전류가 증가하여 콜렉터의 전압이 정(+)의 최대치를 갖게 되므로 입력 신호와 출력 신호는 동상(in-phase)이다.

4. 실험 순서

[1] 전압 이득

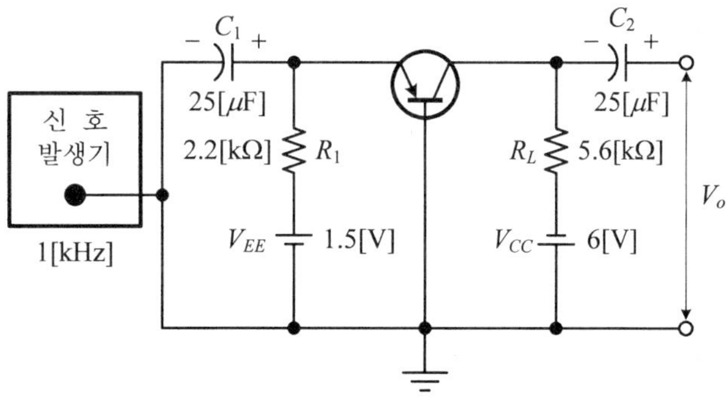

그림 25-2 베이스 접지 증폭기

① 그림 25-2와 같이 구성하고 신호 발생기의 출력을 1[kHz]로 조정하라.

② 오실로스코프로 신호 발생기의 출력을 관찰하여 출력 파형이 찌그러짐이 없는 범위에서 진폭이 최대가 되도록 신호 발생기를 조정하라.

③ ②의 조건이 되었을 때 입력과 출력 파형의 관찰하고 peak-peak 값을 측정하여 표 25-1에 기록하라.

또한 에미터-베이스간 직류전압 V_{EB}와 콜렉터-베이스간의 전압 V_{CB}를 측정하고 전압 이득 A_v도 계산하여 기록하라.

[2] 입·출력 임피던스

① 그림 25-3과 같이 500[Ω]의 가변 저항을 연결하여 회로를 구성하고 가변저항 R_B를 최소로 하라.

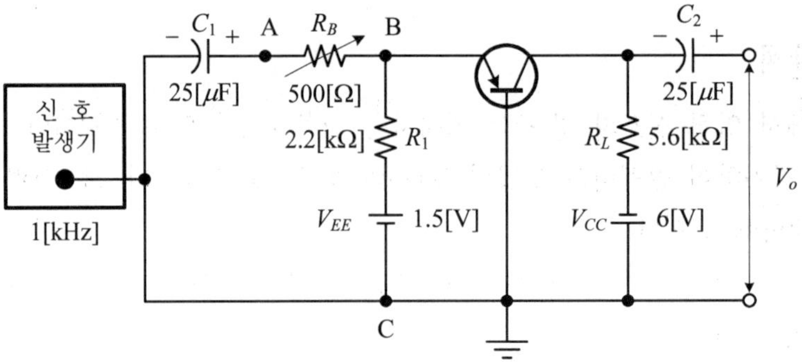

그림 25-3 입력 임피던스 측정

② 출력 파형의 찌그러짐이 없는 범위에서 진폭이 최대가 되도록 신호 발생기를 조정하고, 오실로스코프로 A, C 사이의 peak-peak 신호 입력 전압 V_{AC}를 측정하라.

③ B, C 사이의 전압 V_{BC}가 V_{AC}의 1/2이 되도록 R_B를 변화시킨다. 이 때의 저항 값이 입력 임피던스이므로 전원을 끄고 가변 저항 R_B를 떼어 내서 그 양단의 저항값을 측정 표 25-1에 기록하라.

또한, R_B를 제거한 상태에서 V_C와 에미터-베이스 사이의 전압 V_i를 측정 표 25-2에 기록하라.

④ 그림 25-1의 회로에 100[kΩ]의 가변 저항을 그림 25-4와 같이 연결하여 ③에서 측정된 V_o값이 1/2이 되도록 가변저항 R_o를 조정하라.

이 때 저항값이 출력 임피던스 값이므로 가변 저항을 떼어 내어 양단의 저항값을 측정 표 25-2에 기록하라.

가변저항 R_o가 변하여도 V_i 값은 같도록 신호 발생기를 같이 조정하라.

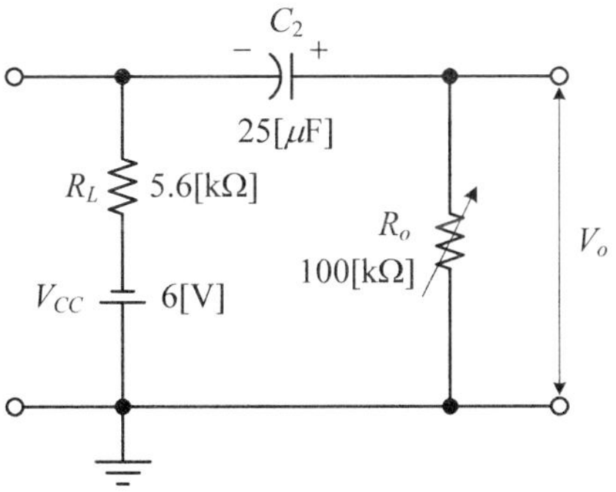

그림 25-4

⑤ 실험에서 얻은 V_i와 V_o, R_i와 R_o로써 전력 이득을 계산 표 25-2에 기록하라.

(3) 위상 실험

① 실험 24의 실험 순서 [3]과 같은 방법으로 입력과 출력을 관찰하고 측정하여 표 25-3에 파형을 그려라.

5. 실험 결과

표 25-1 전압 이득

파 형		이득	직류전압	
		$A_v = \frac{V_o}{V_i}$	V_{EB}	V_{CB}
입 력 파 형	$V_{i(p-p)}$			
출 력 파 형	$V_{o(p-p)}$			

표 25-2 입·출력 임피던스 측정

임피던스		신호전압(V_{p-p})		전력이득[dB]
입 력	출 력	$V_i(V_{ac})$	V_o	

표 25-3 위상 실험

	파 형
입 력	
출 력	

과제 및 검토 사항

1. 베이스 접지 증폭 회로에서 트랜지스터를 등가 회로로 대치하여 해석하는 방법에 대해 고찰하라.

2. hybrid 등가 회로에 의한 A_i, A_v의 공식을 구하라.

3. 베이스 접지 증폭 회로의 사용 용도에 관하여 설명하여라.

실험보고서

학 과			학 년		제출일	20 / /
학 번			성 명			
실험조		평 가	A B C D F		확 인	
실험일	20 / /		온 도	℃	습 도	%
소 요 시 간			시간 분			

1. 실험 제목 : 베이스 접지 증폭기

2. 실험 목적

3. 실험 관련 이론(요약)

4. 실험 절차
   표 25-1, 25-2, 표 25-3을 완성하여 첨부할 것

5. 실험 고찰 및 소감

실험 26

콜렉터 접지 증폭기

1. 실험 목표

[1] 콜렉터 접지 증폭기의 전압, 전력 이득을 실험적으로 고찰한다.

[2] 콜렉터 접지 증폭기의 입·출력 임피던스를 실험적으로 구한다.

2. 실험 장비 및 부품 (조당)

[1] 브레드보드 : 1대

[2] 전원 공급 장치 : 1대

[3] 디지털 멀티미터 : 1대

[4] 오실로스코프 : 1대

[5] 신호 발생기 : 1대

[6] 저항 : 470[Ω], 3.3[kΩ], 3.3[kΩ], 12[kΩ], 470[kΩ]×각1개

[7] 가변저항 1개 : 500[Ω]×1개

[8] 콘덴서 2개 : 25[μF]×1개, 100[μF]×1개

[9] 트랜지스터 1개 : 2SA1015×1개

[10] 다이오드 1개 : 1N4001×1개

[11] 리드선 : 약간

[12] 기타 Accessory : 1식

3. 실험 관련 이론

콜렉터 접지 증폭기는 에미터 폴로워(enitter follower)로 불리우며 전압 이득은 1보다 약간 적으나 다른 접지 방법의 경우보다 전류 이득은 일반적으로 크며, 높은 입력 임피던스와 낮은 출력 임피던스를 갖고 있어 임피던스 접합(impedance matching)용으로 널리 사용된다.

[1] 콜렉터 접지 증폭기

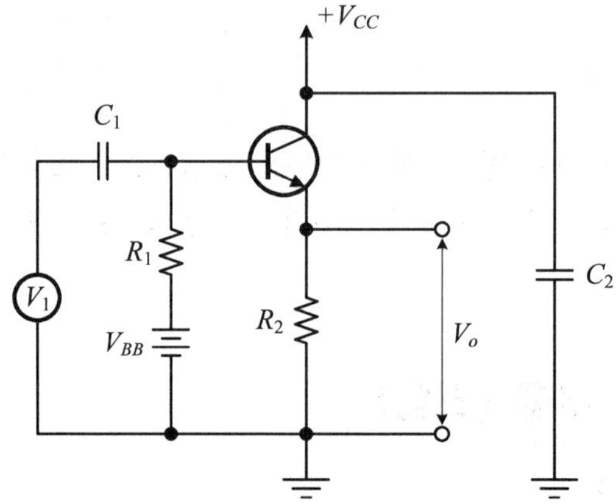

그림 26-1 양 전원 콜렉터 접지 증폭기

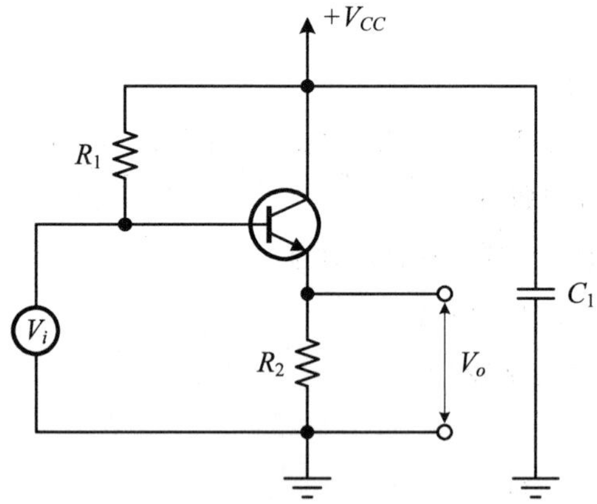

그림 26-2 단일 전원 콜렉터 접지증폭기

그림 26-1의 회로는 V_{BB}와 V_{CC} 두 개의 전원을 사용한 회로이며 그림 26-2는 한 개의 전원을 사용한 회로이다. 입력 신호는 콘덴서 C_1을 통하여 베이스 단자로 들어가며

부하 저항 R_2는 에미터에 연결되어 있다.

그리고 콜렉터 단자는 전원 V_{CC}에 직접 연결되어 있고 교류 신호는 콘덴서 C_2를 통하여 접지된다. C_2는 실제 콘덴서일 수도 있고, 전원 내부의 평골 콘덴서로 대신하기도 한다. 이 회로의 선형 동작 영역에서의 정확한 식은 매우 복잡하다.

근사적으로 널리 쓰이는 공식은

$$\text{전압 이득 } A_v \simeq 1$$

$$\text{전류 이득 } A_i = \frac{1}{1-\alpha}$$

$$\text{전력 이득 } A_p = \frac{1}{1-\alpha}$$

전압 이득 측정, 입력 및 출력 임피던스의 결정은 에미터 접지 증폭기나 베이스 접지 증폭기의 실험에서와 같다.

전력 이득은 실험적으로 구한 R_i, R_o, V_i, V_o의 값에 의해서 다음 식으로 결정된다.

$$\text{입력 전력 } P_i = \frac{V_i^{\,2}}{R_i} = I_i^{\,2} R_i$$

$$\text{출력 전력 } P_o = \frac{V_o^{\,2}}{R_o} = I_o^{\,2} R_o$$

$$\text{전력 이득 } A_p = \frac{P_o^{\,2}}{P_i}$$

[2] 입·출력 임피던스

콜렉터 접지 증폭기는 100(%) 부궤환이 걸리기 때문에 높은 입력 임피던스와 낮은 출력 임피던스를 가지므로 입 · 출력을 분리하는 기능의 버퍼로 널리 쓰인다.

근사적인 입 · 출력 저항은

$$\text{입력 저항 } R_i = \frac{R_L}{1-\alpha}$$

$$\text{출력 저항 } R_o = r_e + (1-\alpha)(R_G + r_b)$$

와 같으며, 윗 식에서 r_e와 r_b는 트랜지스터 T형 등가 회로에서 에미터와 베이스 저항, R_G는 신호 발생기의 저항을 나타낸다.

이 근사식은 T형 변수가 다음 값에 가까울 때 성립한다. 즉,

$$r_b = 500\,[\Omega], \quad r_e = 30\,[\Omega], \quad r_c = 1.5\,[\mathrm{M}\Omega], \quad \alpha = 0.975$$

콜렉터 접지 증폭기의 입력 저항은 α와 R_L에 의해서만 결정되는 것이 아니라 베이스에 연결된 저항에 의해서도 변화하므로 R_1이 낮은 값이면 R_i에 영향을 미친다.

[3] 위상 관계

그림 26-2회로에서 입력 신호의 정(+)의 최대치는 베이스 전류를 증가시키며, 이로 인해 콜렉터 및 에미터의 부하 회로에는 R_2를 통하여 흐르는 전류의 화살표 방향으로 증가되므로 에미터 전압 V_o는 정(+)의 최대치를 갖게 된다. 즉, 에미터 단자의 전압은 입력 신호보다 트랜지스터의 베이스-에미터간의 전압만큼만 적은 차를 가지므로 에미터 폴로워의 역할을 갖게 되며 입 · 출력 신호는 동상(in-phase)이다.

4. 실험순서

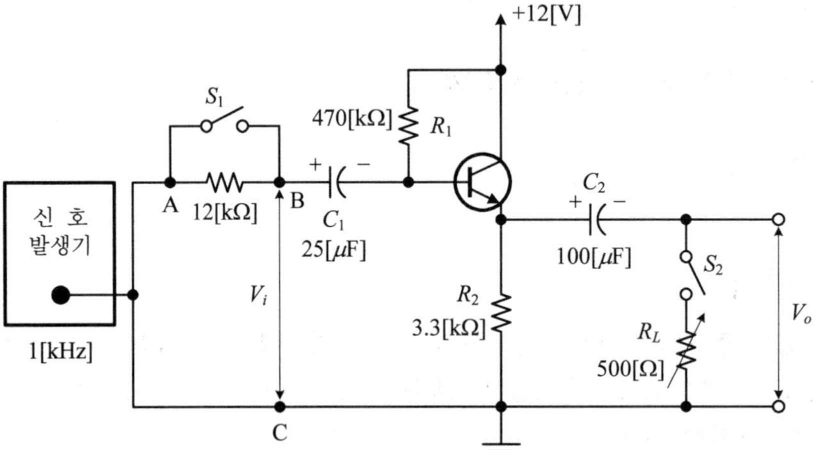

그림 26-3 콜렉터 접지 증폭기

[1] 전압 이득, 입력 임피던스

① 그림 26-3의 회로를 구성하고 신호 발생기의 주파수를 1[kHz]에 놓고 출력 파형이 찌그러짐이 발생되기 직전까지 증가시킨다.

② 스위치 S_1을 ON, S_2는 OFF하여 AC 사이의 입력 전압 V_i와 출력 전압 V_0를 측정 표 26-1에 기록하고 V_0/V_i의 전압 이득을 구한다.

③ 스위치 S_1을 열고 BC 사이의 전압 V_i가 실험 과정 (2)와 같은 크기가 되도록 신호 발생기의 출력은 증가시킨 다음 AB 사이의 신호 전압 V_{AB}를 측정하여 표 26-1에 기록한다. 입력 베이스 전류 I_i를 계산한다.

즉, $I_i = \dfrac{V_{AB}}{R_{AB}} = \dfrac{V_{AB}}{12{,}000}$이므로 표 26-1에 기록하라.

④ 입력 저항 R_i와 입력 전력 P_i는 다음과 같이 계산하여 표 26-1에 기록하라.

$$P_i = \frac{V_i}{I_i}, \quad P_i = I_i^2 R_i$$

[2] 전력 이득, 출력 임피던스

① 스위치 S_1을 닫고 회로의 출력 V_o가 0.1[V] 정도가 되도록 신호 발생기의 출력을 고정한다. S_2는 열어 놓은 채로 V_o를 측정하여 표 26-2에 기록하라.

② S_2를 닫아 부하 저항 R_L을 연결하고 실험 과정 ①에서 측정한 V_o의 1/2이 되도록 부하 저항 R_L을 조정한다. $V_o/2$를 계산하여 표 26-2에 기록하라.

③ S_2를 열고 R_L을 측정한 값이 출력 저항 R_o이다.
R_o를 표 26-2에 기록하라.

④ 출력 전력과 전력 이득을 다음과 같이 계산하여 표 26-2에 기록하라.

$$P_o = \frac{V_o^{\,2}}{R_o}, \quad A_P = \frac{P_o}{P_i}$$

[3] 위상 실험

① 실험 24의 실험 순서 [3]의 위상 실험과 같은 방법으로 실험하여 파형을 표 26-3에 기록하라.

5. 실험결과

표 26-1 전압 이득, 입력 임피던스

V_o[V]	V_i[V]	입력이득 $\frac{V_o}{V_i}$	V_{AB}[V]	I_i[A]	$R_i\,[\Omega]$	$I_i^2 R_{in}$

표 26-2 전력 이득, 출력 임피던스 측정

V_o[V]	$\frac{V_o}{2}$[V]	$R_L = R_o[\Omega]$	$\frac{V_o^2}{R_o}$[W]	전력이득

표 26-3 위상 실험

	파 형
입 력	
출 력	

과제 및 검토 사항

1. 에미터 폴로워의 전압 이득을 설명하라.

2. 그림 26-1회로에서 바이어스 저항 R_1의 변화가 회로의 임피던스에 미치는 영향을 설명하고 R_2의 변화가 미치는 영향도 설명하라.

3. 에미터 접지 증폭기의 위상 관계를 설명하라.

실험보고서

<table>
<tr><td>학 과</td><td colspan="2"></td><td>학 년</td><td></td><td>제출일</td><td>20 / /</td></tr>
<tr><td>학 번</td><td colspan="2"></td><td>성 명</td><td colspan="3"></td></tr>
<tr><td>실험조</td><td></td><td>평 가</td><td colspan="2">A B C D F</td><td>확 인</td><td></td></tr>
<tr><td>실험일</td><td colspan="2">20 / /</td><td>온 도</td><td>℃</td><td>습 도</td><td>%</td></tr>
<tr><td colspan="3">소 요 시 간</td><td colspan="4">시간 분</td></tr>
</table>

1. 실험제목 : 콜렉터 접지 증폭기

2. 실험목적

3. 실험관련 이론(요약)

4. 실험 절차
   표 26-1 ~ 표 26-3을 완성하여 첨부할 것

5. 실험 고찰 및 소감

실험 27

FET 특성 실험

1. 실험 목표

[1] 드레인-소스 전압 V_{DS}가 드레인 전류 I_D에 미치는 영향을 실험적으로 이해한다.
[2] 게이트-소스 역바이어스 전압 V_{GS}가 드레인 전류 I_L에 미치는 영향을 실험적으로 이해한다.
[3] 특정한 V_{DS}에 대한 I_D대 V_{GS}의 J-FET 전달 곡선을 측정하여 그린다.

2. 실험 장비 및 부품 (조당)

[1] 전원 공급 장치 : 1대
[2] 브레드보드 : 1대
[3] 디지털 멀티미터 : 1대
[4] J-FET : 2SK30A(N채널)×1개
[5] 리드선 : 약간
[6] 기타 Accessory : 1식

3. 실험 관련 이론

전계 효과 트랜지스터(Field Effect Transistor)는 NPN형 또는 PNP형과 같은 BJT (Bipolar Junction Transistor)가 전자와 정공이라는 두 종류의 캐리어에 의해 동작하는 전압 제어형 단극성(unipolar) 소자이다.

FET는 구조상 접합형 FET(Junction FET : MOS FET)와 절연 게이트형 FET(Inslated Gatc : IGFET) 또는 Metal Oxide Semi(Conductor FET : MOS FET)의 두 종류로 나뉜다.

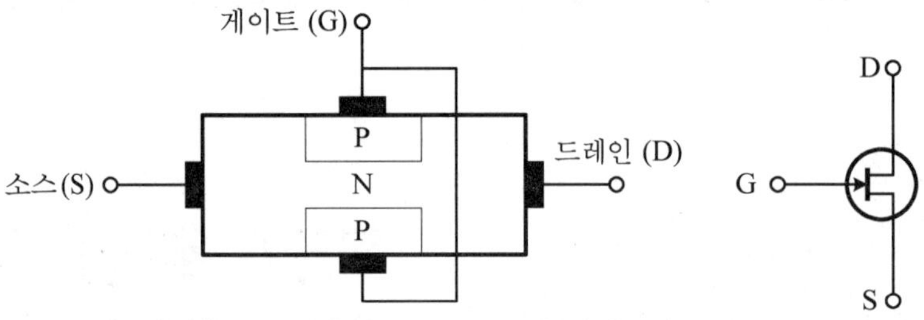

(a) N 채널 J-FET의 구조와 기호

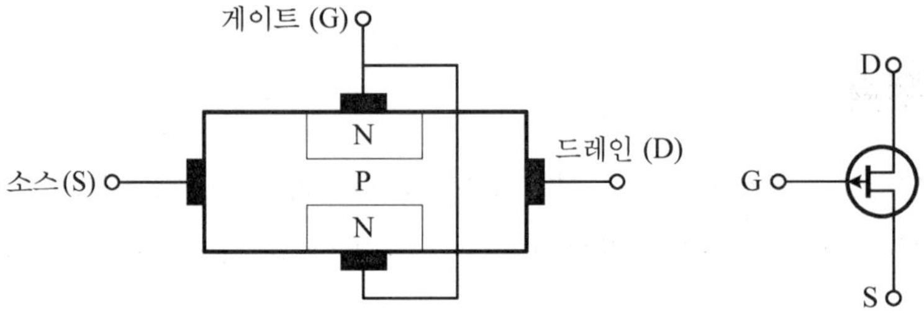

(b) P 채널 J-FET의 구조와 기호

그림 27-1 J-FET의 구조와 기호

그림 27-1은 J-FET의 구조와 기호를 보이고 있다. (a)는 N채널 J-FET, (b)는 P채널 J-FET의 구조이다. 여기에는 게이트(gate), 드레인(drain), 소오스(source)의 세 단자가 있다. 이들 단자는 각각 BJT의 베이스, 콜렉터, 에미터에 해당한다.

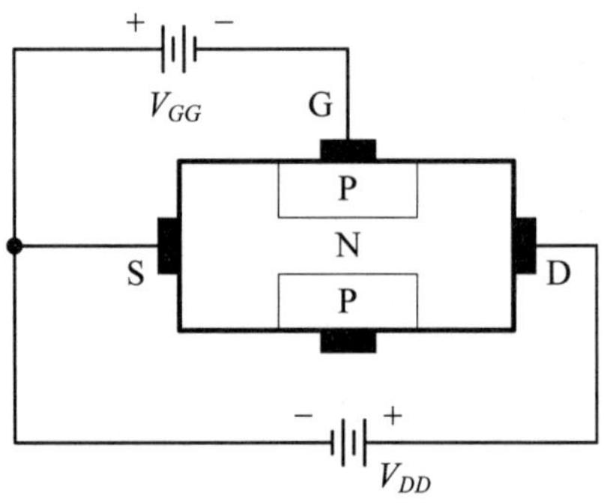

그림 27-2 J-FET의 바이어스

그림 27-2은 N채널 J-FET에 가해진 바이어스 전압을 보여주고 있다. V_{DD}는 드레인-소스 사이에 전압을 공급하여 드레인에서 소스로 전류를 흘려준다. V_{GG}는 게이트와 소스

사이에 역방향 바이어스를 걸고 있다. 즉, 게이트-소스 사이는 항상 역방향으로 바이어스 시킨다.

드레인 전류 I_D는 P형 게이트에 의해서 둘러싸여 있는 채널을 통하여 흐르게 된다. 이때 게이트 전류는 게이트-소스 접합이 역 바이어스되어 있기 때문에 흐르지 않는다. N채널 내의 공핍 영역의 폭은 게이트 전압 V_{GS}에 의해 영향을 받는다.

공핍 영역의 폭의 증가는 채널 폭의 감소를 가져오고, 채널 폭의 감소는 드레인-소스 간의 저항의 증가를 나타내며, 결국 드레인 전류 I_D는 감소된다. 즉, 게이트 전압 V_{GS}에 의해서 드레인 전류 I_D가 제어된다.

우선 $V_{GS} = 0[\mathrm{V}]$일 때의 소자의 동작을 고찰하여 보면 드레인-소스의 N형 반도체를 통하여 흐르는 전류에 의한 채널의 전압 강하는 소스-게이트 접합에서보다 드레인-게이트 접합에서 더 양(+)의 전압이 걸린다.

P-N접합 양단의 이 역바이어스 전압은 공핍 영역을 형성하고 V_{DD}가 증가하면 공핍 영역은 드레인, 소스 간의 채널을 완전히 가로질러 형성이 되어 채널이 핀치 오프(pinch off) 된다.

이 점에서 전압 V_{DD}의 증가는 단지 공핍 영역 양단 전압의 증가로 나타나며, 공핍점에서 접지까지의 전압 강하는 일정하게 남아 있어 드레인 전류 I_D는 일정하게 머문다.

그림 27-3의 특성 곡선에서 보이고 있다.

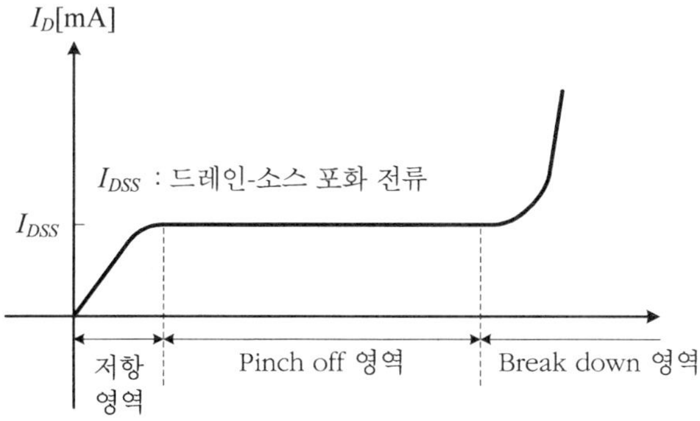

그림 27-3 $V_{GS} = 0[\mathrm{V}]$에 대한 드레인 특성 곡선

또한, 게이트 전압 V_{GS}가 (-)쪽으로 증가되면, 더 적은 드레인 전류에서 채널이 차단되도록 그림 27-4에서 채널이 핀치 오프(pinch off)되어 드레인 전류 I_L가 포화 상태로 되는 전류치가 $V_{GS} = 0[\mathrm{V}]$인 경우보다 V_{GS}가 음의 값이 증가할수록 낮아진다.

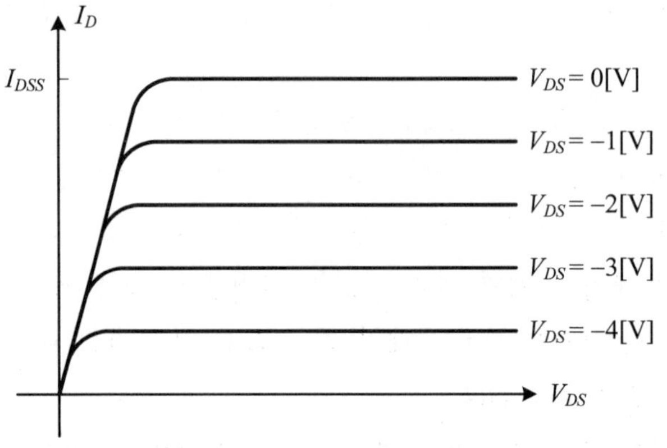

그림 27-4 드레인 특성 곡선

즉, 드레인 전류 I_D는 V_{GS}에 의해서 제어가 된다. 따라서 그림 27-5는 V_{GS}와 I_D와의 관계를 그래프적으로 보여주는 전형적인 전달 특성 곡선이다.

그래프에서 $V_{GS}=0$일 때 $I_D = I_{DSS}$, $I_D = 0$일 때 $V_{GS} = V_p$임을 알 수 있으며 다음 식과 같이 표현할 수 있다.

$$I_D = I_{DSS}\left[1 - \frac{V_{GS}}{V_{GS(OFF)}}\right]$$

여기서 $V_{GS(OFF)}$와 I_{DSS}를 알면 V_{GS}에 대한 I_D를 결정할 수 있다.

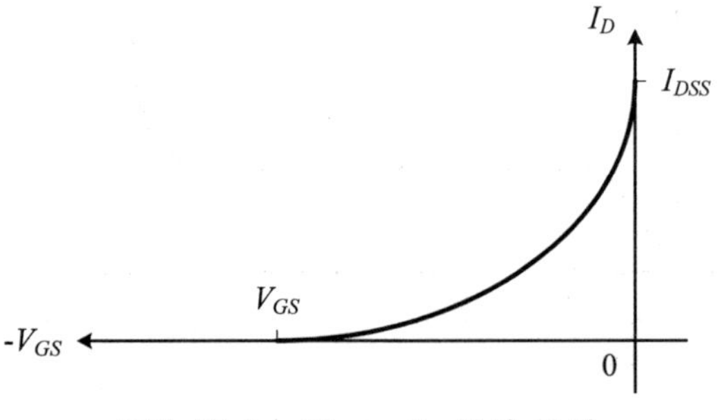

그림 27-5 $V_{GS}-I_L$ 특성 곡선

4. 실험순서

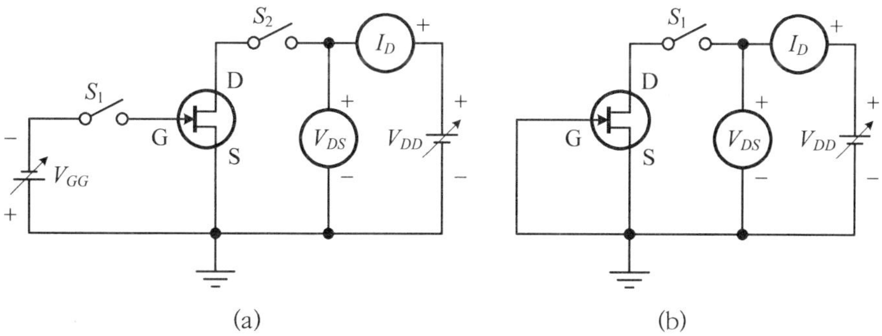

그림 27-6 실험 회로

[1] 게이트-소스 단락($V_{GS} = 0$)일 경우

① 그림 27-6(b)와 같이 회로를 구성하라. 스위치 S_1은 OFF 상태이다.

② V_{DD}를 0[V]에 맞추고, 스위치 S_1을 ON하면 $V_{DS} = 0$, $V_{GS} = 0$인 상태가 된다. 이 때의 드레인 전류 I_D를 측정하여 표 27-1에 기록하라.

③ $V_{DS} = 0.5[\mathrm{V}]$가 되도록 V_{DD}를 증가하라.
이때는 $V_{DS} = 0.5[\mathrm{V}]$, $V_{GS} = 0[\mathrm{V}]$이다.
이때의 드레인 전류 I_D를 측정 표 27-1에 기록하라.

④ 표 27-1에 표시된 V_{DS}값이 되도록 V_{DD}를 조정하고 그에 대응하는 드레인 전류 I_D를 측정 표 27-1에 기록하라.

[2] 게이트가 역 바이어스일 경우

① 그림 27-6(a)와 같이 회로를 구성하라. 이 때 스위치 S_1, S_2는 OFF 상태이다. V_{GG}와 V_{DD}를 0[V]에 맞추고 S_1, S_2를 닫아라.

② $V_{GS} = -0.25[\mathrm{V}]$가 되도록 V_{GG}를 조정하라.
이 때가 $V_{DS} = 0[\mathrm{V}]$, $V_{GS} = -0.25[\mathrm{V}]$ 상태이다.
이 때의 드레인 전류 I_D를 표 27-1에 기록하라.

③ 표 27-1에서 주어진 V_{DS}와 V_{GS}값이 되도록 V_{DD}와 V_{GG}를 조정하여 각각의 실험에서 드레인 전류 I_D를 측정, 표 27-1에 기록하라.
이 때, 드레인 전류 I_D가 완전히 차단될 때까지 실험을 행하라.

[3] 전달 특성

① 그림 27-6(a)의 회로에서 S_1, S_2를 OFF 시키고 $V_{DD} = 15[\mathrm{V}]$, $V_{GG} = -2.5[\mathrm{V}]$로 조정하여라.

② $V_{DD} = 15[\mathrm{V}]$를 유지하며 표 27-2에 주어진 V_{GS}값에 대한 드레인 전류 I_D를 측정 표 27-2에 기록하라.

③ 표 27-2을 이용하여 수평축을 V_{GS}로 하고 수직축을 I_D로 하는 전달 특성 곡선을 그림 27-7에 그려라.

5. 실험결과

표 27-1 드레인 특성에 대한 실험값

	I_D [mA]									
	V_{GS} [V]									
V_{DS}	0	-0.25	-0.5	-0.75	-1.0	-1.25	-1.5	-1.75	-2.0	-2.5
0										
0.5										
1.0										
1.5										
2.0										
2.5										
3.0										
3.5										
4.0										
4.5										
5.0										
7.0										
9.0										
11.0										
13.0										
15.0										

표 27-2 전달 특성에 대한 실험값 ($V_D = 15$[V])

V_{GS}	-2.5	-2.0	-1.75	-1.50	-1.25	-1.0	-0.75	-0.50	-0.25	0
I_D										

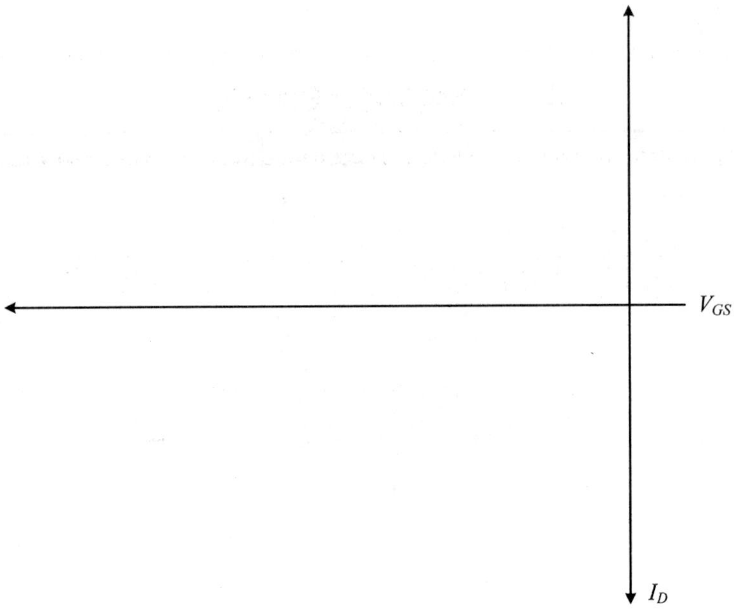

그림 27-7 특성 곡선

과제 및 검토 사항

1. J-FET의 구조 및 특성을 설명하라.

2. J-FET의 바이어스 방법에 대하여 설명하라.

3. J-FET의 핀치 오프(pinch off)에 대하여 설명하라.

실험보고서

학 과			학 년		제출일	20 / /
학 번			성 명			
실험조		평 가	A B C D F		확 인	
실험일	20 / /		온 도	℃	습 도	%
소 요 시 간			시간 분			

1. 실험제목 : J-FET 특성 실험

2. 실험목적

3. 실험관련 이론(요약)

4. 실험 절차
   표 27-1, 표 27-2, 그림 27-7을 완성하여 첨부할 것

5. 실험 고찰 및 소감

실험 28

멀티 바이브레이터

1. 실험 목표

[1] 멀티 바이브레이터의 종류와 동작 원리를 이해한다.

[2] 멀티 바이브레이터의 파형을 측정하여 동작 상태를 이해한다.

2. 실험 장비 및 부품 (조당)

[1] 전원 공급 장치 : 1대

[2] 브레드보드 : 1대

[3] 오실로스코프 : 1대

[4] 트랜지스터 : 2SC1815×2개

[5] 저항 : 1[KΩ]×1개, 2.2[KΩ]×2개, 10[KΩ]×1개, 27[KΩ]×2개, 100[KΩ]×2개

[6] 콘덴서 : 0.01[μF]×2개, 100[μF]×1개

[7] 리드선 : 약간

[8] 기타 Accessory : 1식

3. 실험 관련 이론

트리거 멀티 바이브레이터는 외부 신호에 의해 도전 상태가 변하는 회로이다. 이런 종류의 회로에는 도전 상태의 변화에 따라 무안정(astable), 단안정(monostable), 쌍안정 멀티 바이브레이터(bistable multivilbrator)가 있다.

무안정 멀티 바이브레이터는 외부 신호에 의해 트리거 되거나 동기될 수도 있지만 일

반적으로 무안정 발진을 한다. 그러나 쌍안정과 단안정 멀티 바이브레이터는 외부 신호에 의해 트리거되지 않는 한 동작을 하지 않는다.

[1] 무안정 멀티 바이브레이터

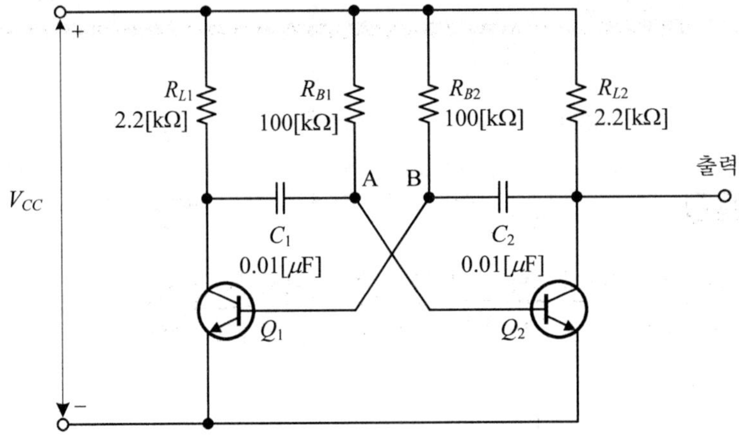

그림 28-1 무안정 멀티 바이브레이터

무안정 멀티 바이브레이터는 그림 28-1과 같이 똑같은 특성을 갖는 에미터 접지 트랜지스터를 2개 사용하여, 각각 하나의 출력이 다음 트랜지스터의 입력이 되도록 만든다. 이 때 출력의 주파수는 증폭기의 R, C 소자들의 값에 의해 정해진다. 또한 2개의 트랜지스터 회로는 서로 대칭이므로, 대응하고 있는 각 소자들이 같으면, 출력은 Q_1에서 나오든 Q_2에서 나오든 같은 모양이 된다.

무안정 멀티 바이브레이터(astable multivibrator)의 동작은 트랜지스터 Q_1, Q_2의 스위칭 작용에 의한다. 처음에 V_{CC}가 인가되면 어느 소자이든 상태는 약간은 다르게 될 것이고, 둘중의 하나에는 더 많은 전류가 흐르게 될 것이다. 우선 처음에 Q_1이 ON 상태로 되었다면, 콜렉터 전류는 증가하고, 콜렉터 전압은 R_{L1}의 전압 강하에 의해 감소한다.

Q_1이 ON 상태로 되어 콜렉터 전압이 갑자기 줄어들면, 이와 같이 감소하는 전압은 C_2를 지나 Q_1의 베이스로 들어가고 Q_2의 베이스 전압은 순간적으로 -전압이, Q_2는 OFF 상태로 Q_2의 콜렉터 전압은 V_{CC}로 된다. 그런데, Q_2의 베이스에 걸린 -전압은 오래 지속되지는 않는다.

그 이유는 $V_{CC}-R_{B2}-C_2-Q_1$의 콜렉터 전압으로 이어지는 선을 따라가 보면 시간이 지남에 따라 C_2에는 V_{CC}의 전압이 걸리게 되고 이와 같이 +의 전압이 Q_2의 베이스로 되는 순간, Q_2는 ON 상태로 갑자기 변하게 된다.

따라서, 이번에는 Q_2의 콜렉터 전압은 강하고, 이 영향은 Q_1의 베이스에 -전압을, Q_1을 OFF 상태로 만든다.

[2] 단안정 멀티 바이브레이터

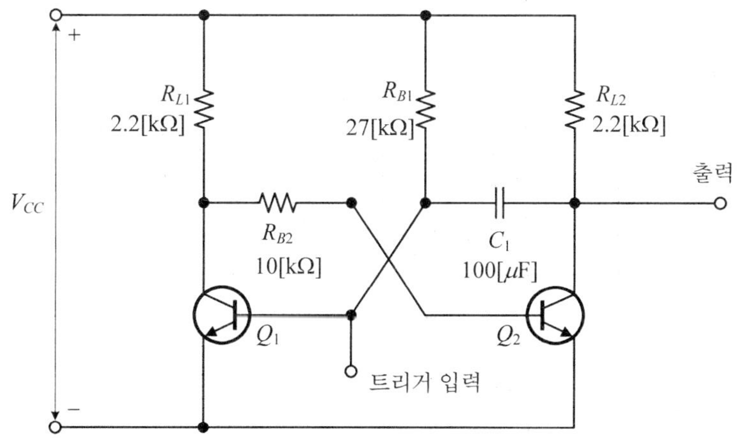

그림 28-2 단안정 멀티 바이브레이터

V_{CC}가 인가되면 Q_1의 게이트에는 R_{B1}을 통하여 순방향 바이어스가 걸리므로 Q_1은 ON 상태로 된다.

Q_1이 ON 상태로 되면 R_{L1}을 통하여 흐르는 전류는 증가하고, 따라서 R_{L1}의 전압 강하는 커지고, Q_1의 콜렉터에는 약간의 전압만이 걸리게 된다. Q_1의 약한 콜렉터 전압이 R_1을 거쳐 Q_2의 베이스에 걸리게 되므로 Q_2는 OFF 상태로 된다.

Q_2가 OFF 상태로 되면, Q_2의 콜렉터 전압은 거의 V_{CC}에 가까워지도록 커지고 Q_2의 콜렉터는 Q_1의 베이스에 연결되어 있으므로 Q_1은 완전히 포화 상태(ON)로 있게 된다. 이 상태는 V_{CC}가 걸려 있는 한 계속될 것이다.

만일 음(-)의 트리거 펄스가 Q_1의 베이스가 인가되면, Q_1은 즉시 OFF 상태로 되고, Q_1의 커진 콜렉터 전압은 Q_2의 베이스로 인가된다.

Q_2가 도전되면(ON), Q_2의 콜렉터 전류는 커지고, 따라서 R_{L1}에 의한 전압 강하가 크게 되어 Q_2의 콜렉터 전압은 아주 낮게 된다. Q_2의 콜렉터 전압이 이와 같이 낮아지면 $V_{CC} - R_{B1} - C_1 - Q_1$로 이어지는 회로망에서 시간이 지남에 따라 C_1에는 다시 양(+) 전압의 충전이 이루어진다.

C_1의 양(+) 전압이 Q_1의 베이스에 인가되므로 Q_1은 다시 ON 상태로 되고, 트리거가 끝난 다음, 다시 본래의 상태로 되돌아오는 시간은 R_{B1}과 C_1의 시정수에 따라 달라진다.

[3] 쌍안정 멀티바이브레이터

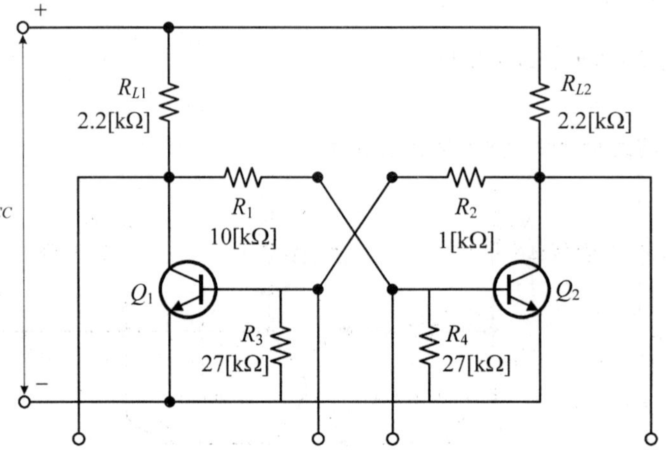

그림 28-3 쌍안정 멀티바이브레이터

쌍안정 멀티 바이브레이터는 안정 상태가 2가지이고, 때로는 플립-플롭(flip-flop)이라고도 한다. 그림 28-3의 쌍안정 멀티 바이브레이터에서는 상태를 변화시키기 위해 양의 펄스를 상용하게 되어 있다. 쌍안정 멀티 바이브레이터의 동작은 다음과 같다.

전압이 쌍안정 멀티 바이브레이터에 인가되면, 어느 쪽이든지 한 트랜지스터는 곧 ON 상태로 된다. 실제 회로 상에서는 대칭이나 양쪽 다 ON 상태로는 될 수 없다.

우선 Q_1이 ON 상태로 되었다 하자. Q_1에 전류가 흐르면(ON), Q_1의 콜렉터 전압은 매우 낮아진다. 이 전압이 R_1을 통하여 Q_2의 베이스에 인가되므로 Q_2는 차단 상태(OFF)로 있게 되고, Q_2의 콜렉터 전압은 커진다. Q_2의 콜렉터 전압이 Q_1의 베이스로 오고, 따라서 Q_1은 포화 상태(ON)로 되어 이 상태에서 Q_1은 ON, Q_2는 OFF로 안정된다. V_{CC}가 인가되고, 외부 신호가 없는한 이 회로는 이 상태로 안정된다.

상태를 변화시키기 위해서는 차단 상태(OFF)로 있게 되고, Q_2의 베이스에 양(+)의 펄스를 넣어야 한다.

Q_2의 베이스에 양의 전압이 인가되면 Q_2의 콜렉터 전류는 증가 − Q_2의 콜렉터 전압 강하 − Q_1의 베이스 전압 강하 − Q_1의 콜렉터 전압 증가 − Q_2의 베이스 전압 증가 − Q_2의 콜렉터 전압 강하…, 등으로 Q_2는 ON, Q_1은 OFF로 유지된다. 이 상태는 차단 상태에 있는 트랜지스터의 베이스에 양(+)의 신호를 넣을 때까지 계속된다.

4. 실험 순서

[1] 무안정 멀티 바이브레이터

① 그림 28-1과 같이 회로를 구성하라.

② 직류 전원 V_{CC}를 6[V]를 인가한 후, 오실로스코프를 이용하여 출력 파형을 관찰하여 그 파형과 주파수를 표 28-1에 기록하라.

[2] 단안정 멀티 바이브레이터

① 그림 28-2과 같이 회로를 구성하라.

② 직류 전원 V_{CC}를 6[V]를 인가한 후, 오실로스코프를 이용하여 출력 파형을 관찰하여 그 파형과 주파수를 표 28-1에 기록하라.

[3] 쌍안정 멀티 바이브레이터

① 그림 28-3과 같이 회로를 구성하라.

② 직류 전원 V_{CC}를 6[V]를 인가한 후, 오실로스코프를 이용하여 출력 파형을 관찰하여 그 파형과 주파수를 표 28-1에 기록하라.

5. 실험결과

표 28-1 출력 파형

종 류	파 형	주파수
무안정	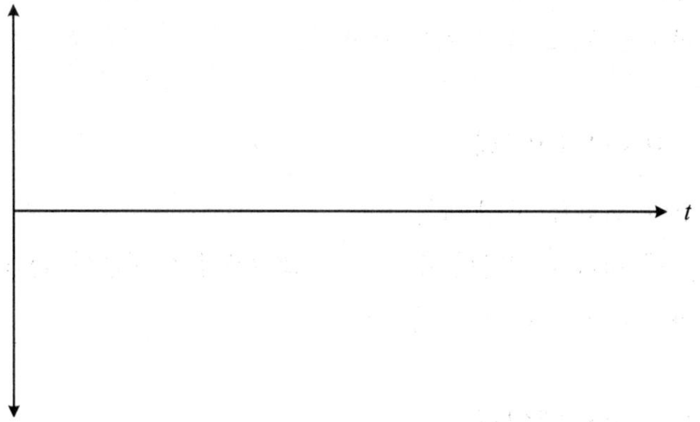	
단안정		
쌍안정	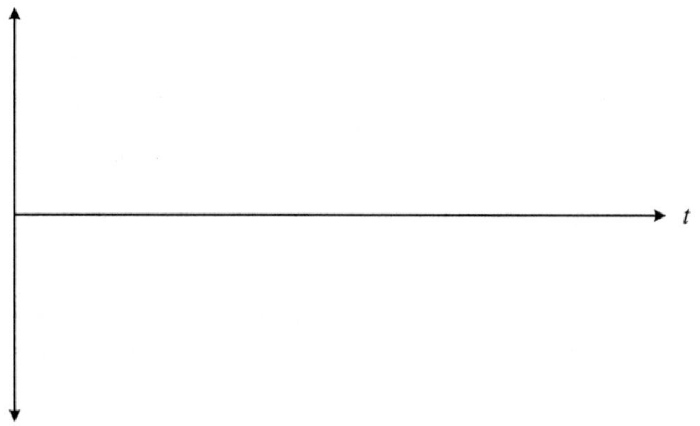	

과제 및 검토 사항

1. 멀티 바이브레이터의 종류와 사용 용도에 관하여 설명하라.

2. 각 멀티 바이브레이터의 주파수는 어떻게 되겠는가?

3. 각각의 멀티 바이브레이터의 출력을 관찰하여 출력 주파수를 구하여 이론적인 주파수와 비교하라.

실험보고서

학 과		학 년		제출일	20 / /
학 번		성 명			
실험조		평 가	A B C D F	확 인	
실험일	20 / /	온 도	℃	습 도	%
소 요 시 간		시간 분			

1. 실험제목 : 멀티 바이브레이터

2. 실험목적

3. 실험관련 이론(요약)

4. 실험 절차
   표 28-1을 완성하여 첨부할 것

5. 실험 고찰 및 소감

실험 29

SCR의 특성

1. 실험 목표

[1] SCR의 구조와 동작 특성을 이해한다.

[2] 게이트 전류가 SCR을 ON-OFF 전환함을 실험적으로 이해한다.

[3] 게이트 전류가 부하 전류를 제어함을 실험적으로 확인한다.

2. 실험 장비 및 부품 (조당)

[1] 브레드보드 : 1대

[2] 전원 공급 장치 : 1대

[3] 디지털멀티미터 : 1대

[4] 오실로스코프 : 1대

[5] 저항 : 220[Ω]×1개,500[Ω]×1개,5[w]×1개,1[kΩ]×1개,5.1[kΩ]×1개

[6] 가변 저항 : 5[kΩ]×1

[7] SCR : 2P2M 또는 2P4M×1개

[8] 다이오드 : 1N4001×1

[9] 변압기 : 1차 110[V] 2차 25[V]×1개

[10] 리드선 : 약간

[11] 기타 Accessory : 1식

3. 실험 관련 이론

SCR(Silicon Controlled Rectifier)은 실리콘 정류 소자 또는 다이리스터(thyristor)라고 부른다. 일반 다이오드의 애노드와 캐소드를 외부 게이트 신호에 의해 제어할 수 있는 제어 정류 소자이다.

SCR은 에노드, 캐소드, 게이트와 같이 3개의 전극을 가진 NPNP의 4층 반도체 구조로 되어 있으며 한 방향성 소자로서 대전력 제어, 고속 스위칭, 전동기, 전열기, 온도 조절기 등에서 제어용 소자로 쓰인다.

그림 29-1은 SCR의 4층 구조와 기호를 보이고 있다.

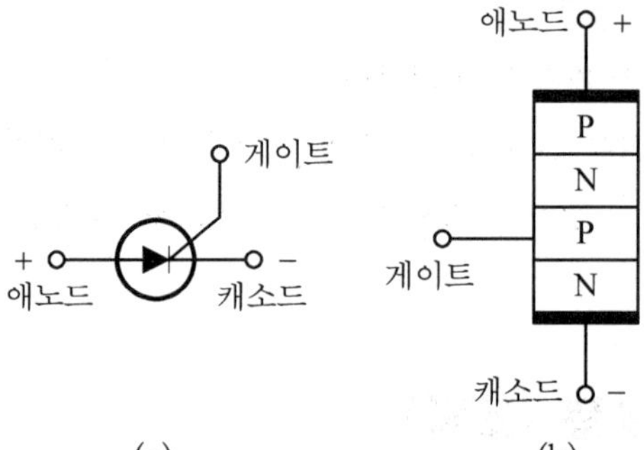

그림 29-1 SCR의 기호와 구조

그림 29-2는 SCR의 게이트가 개방된 상태의 전압-전류 특성 곡선을 보이고 있다.

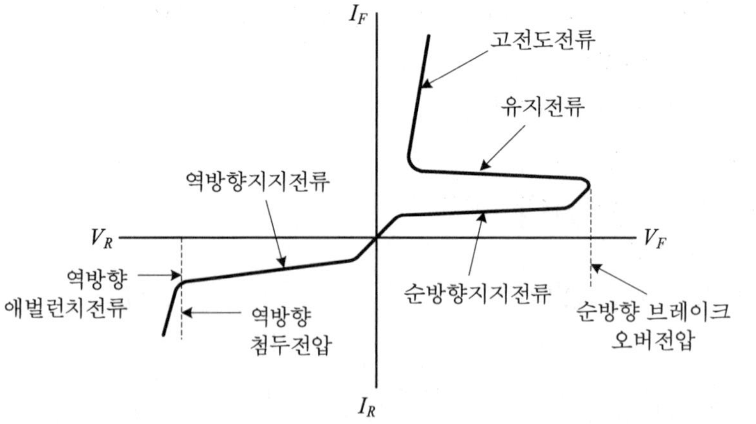

그림 29-2 게이트가 개방된 상태의 전압-전류 특성 곡선

애노드-캐소드 회로가 역방향 바이어스될 때 역방향 누설 전류인 블로킹 전류가 흐르고, 최대 역방향 전압을 초과 때까지는 적은 값을 유지한다.

이 점에서 역방향 애벌런치 영역이 시작되며, 누설 전류는 급격히 증가한다.

SCR이 순방향 바이어스일 때는 순방향 브레이크오버(breakover) 전압에 이르기까지 순방향 블로킹 전류라 불리는 적은 누설 전류가 흐른다.

V_{BRF}에서 전류는 높은 전도 전류치로 급속히 증가하며, SCR의 애노드-캐소드 간의 저항이 매우 작아져 SCR은 단락 스위치와 같은 동작을 한다. 이 높은 순방향 전도 영역에서 SCR 양단의 전압은 매우 낮은 값으로 떨어지고, 모든 전원 전압은 정류와 직렬로 연결된 부하 양단에 나타나게 되며, SCR을 지나는 전류를 제한한다.

SCR의 두 동작 단은 ON/OFF 스위치의 두 상태와 대응된다.

SCR에 가한 전압이 브레이크오버점 이하이면, SCR은 OFF 상태이고, 전압이 증가하여 브레이크오버 전압과 같거나 그 이상이면 ON 상태로 바뀐다. SCR은 유지(holding) 전류라 불리는 어떤 전류치 이상으로 지속하는 한 ON 상태를 유지하고, 정류기 양단의 전압이 유지 전류를 지속하기에 너무 낮은 전압 치로 떨어지면 OFF 상태로 된다.

게이트-캐소드의 접합부가 순방향 바이어스되면 SCR은 게이트를 개방하였을 때의 에노드 전압보다 더 낮은 V_{BRF}에 ON 상태로 된다. 즉, 순방향 브레이크오버 전압 V_{BRF}는 순방향 바이어스에 의해 감소된다.

그림 29-3은 V_{BRF}값에 따른 게이트 전류 효과를 보여주고 있는 특성 곡선이다.

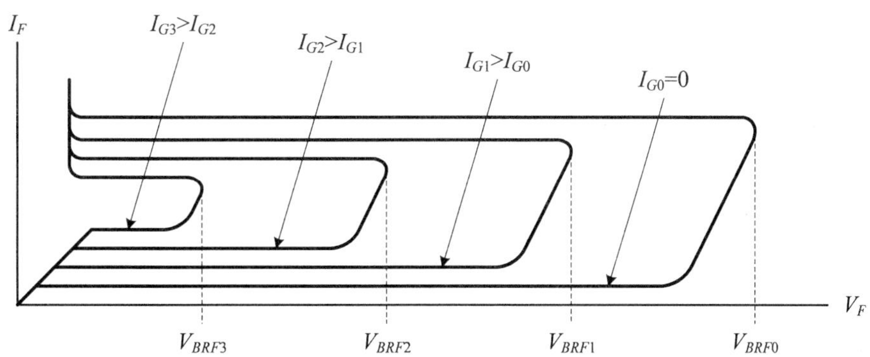

그림 29-3 V_{BRF}값에 따른 게이트 전류 효과 곡선

최대 순방향 브레이크오버 전압 V_{BRF0}는 게이트가 개방되어 있을 때, 즉 $I_{G0} = 0$일 때이다.

게이트 전류 값 I_{G1}일 때는 V_{BRF0}보다 더 낮고 I_{G1}보다 큰 I_{G2}에 대한 V_{BRF2}는

V_{BRF1}보다 더 낮다. 또 V_{BRF3}는 V_{BRF2}보다 낮음을 보이고 있다. 게이트 전류가 증가함에 따라 SCR은 보통의 실리콘 정류기처럼 동작한다. SCR이 게이트 전류에서 ON 상태가 된 이후로는 게이트는 더 이상 제어를 하지 못하며 게이트 전류의 감소가 에노드 전류에 아무런 영향을 주지 못한다.

SCR은 에노드의 순방향 전압이 사라지거나 전압값이 유지 전류를 지속하기 위한 전압값 이하로 감소되기 까지는 ON 상태를 유지한다.

에노드의 전압원이 교류이면 에노드-캐소드 간에 역바이어스가 되는 (-) 교류 주기 동안에는 SCR은 OFF 상태가 된다.

그림 29-4는 SCR의 응용 예를 보여주고 있다.

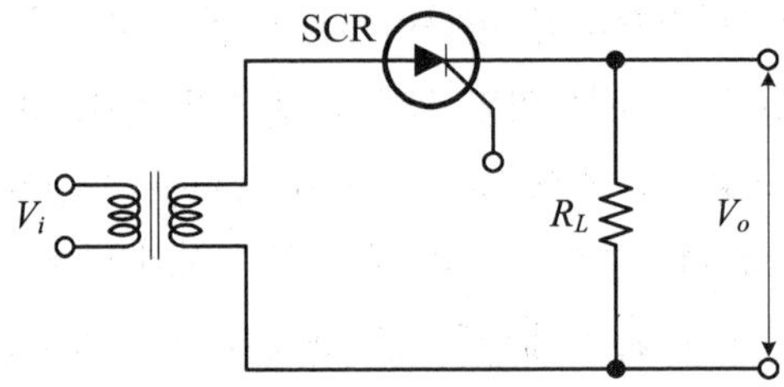

그림 29-4 SCR의 응용 예

그림에서 SCR은 부하 저항 R_L에 전류를 공급하는 반파 정류기로 사용되고 있다. 이 때 SCR의 게이트는 개방되어 있다. 에노드-캐소드 간의 순방향 전압이 순방향 브레이크 오버 전압에 도달하면, SCR은 ON 상태로 전환된다. 이 때의 V_{BRF}는 회로에 가한 정현파의 (+)주기 동안의 유지 전류를 지속하는데 요구되는 전압 V_2보다 낮은 값으로 떨어지면 SCR은 OFF 상태가 된다. 정현파의 (-)주기 동안은 SCR은 OFF 상태를 지속한다. 부하 전류는 에노드 전압이 V_{BRF0}에서 V_x에 이르는 시간 동안만 흐른다.

실험을 통하여 에노드-캐소드 간의 전압과 부하 전압을 입력 전압과 비교하여 보아라.

4. 실험순서

[1] 직류 에노드 전압, 직류 게이트 전류

① 그림 29-5와 같이 회로를 구성하고, 스위치 S_1과 S_2를 개방하라.

② 스위치 S_1이 개방된 상태에서 V_A를 15[V]로 조정하라.

SCR이 도통되면, SCR 양단의 전압은 매우 낮은 전압(약 0.1~3[V])으로 떨어지고, 에노드 전류 I_A는 전원전압 V_A와 저항 R_L에 의해서 정해진다. SCR이 ON 상태에서는 $I_A \cong \frac{V_A}{R_L}$이다.

③ 게이트 전류 제어용 가변 저항 R_2의 출력 전압이 0[V]가 되도록 조정하라. 이 때, S_1, S_2를 닫으면 SCR은 어떤 상태가 되는가?

④ 가변 저항 R_2를 매우 서서히 변화시켜 SCR이 ON 상태로 될 때까지 게이트 전류를 관찰하라.

※ **주의** : 만약 SCR이 ON 상태로 되지 않으면, 게이트 회로에 있는 5.1[kΩ] 저항치를 작게 하거나 제거 하도록 한다.

SCR이 ON 상태로 되는데 요구되는 게이트 전류 I_G를 측정하고, SCR이 ON 상태로 된 후의 SCR 양단의 에노드 전압 V_{CD}와 에노드 전류 I_A를 측정하여 표 29-1의 시도 1의 칸에 기입하여라.

⑤ 스위치 S_1를 개방하고, 게이트 전압이 다시 0[V]가 되도록 가변 저항 R_2를 조정하여라. S_1을 닫은 상태에서 실험 순서 ④를 반복하고, 그 측정 결과를 표 29-1의 시도 2의 칸에 기입하라.

⑥ 실험 순서 ⑤를 반복하고, 그 측정 결과를 표 29-1의 시도 3의 칸에 기입하라.

⑦ 실험 순서 ⑥에서 SCR이 도통된 후에 스위치 S_2를 개방하여 게이트 전류를 차단하고, SCR이 ON 상태에 있을 때 게이트 스위치 S_2의 개방이 에노드 전류에 영향이 있는지를 관찰하고, 표 29-2에 기록하라.

⑧ 스위치 S_1, S_2는 모두 개방되어 있다.

⑨ 스위치 S_1이 개방된 상태에서, 전원 전압 V_A가 30V가 되도록 조정하고, 게이트 전류 조절용 가변 저항 R_2의 출력 전압을 0[V]로 조정하여라.
스위치 S_1과 S_2를 닫고, SCR이 도통되는데 요구되는 게이트 전류를 세 번에 걸쳐 실험 순서 ④와 ⑤를 반복 시행하여 측정하여 그 결과를 표 29-2에 기입하라.

⑩ 세 번의 시행 뒤에 실험 순서 ⑦을 반복하고, 그 결과를 표 29-1에 기록하라.

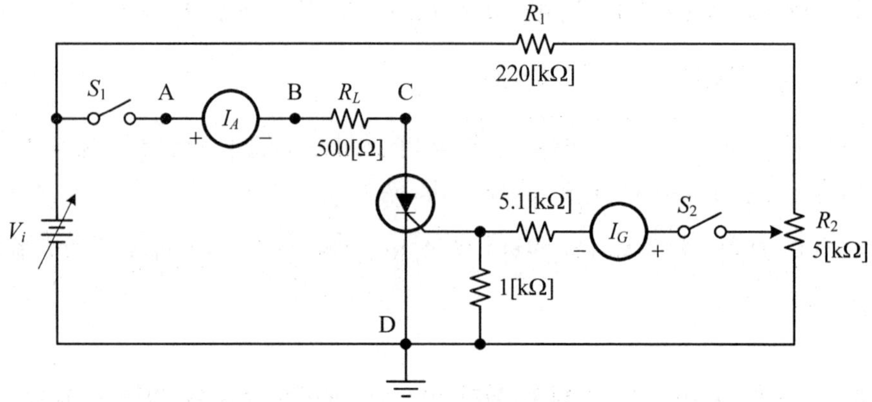

그림 29-5

[2] 직류 게이트 제어, 교류 에노드 제어

① 그림 29-6의 회로를 결선하여라. 스위치 S_1과 S_2는 개방되어 있다.
T는 전력 변압기이다. 직류 게이트 전원 V_{GG}를 6[V]로 조정하라.

② 오실로스코우프로 점 A와 C 사이의 전압 파형을 관찰하여 표 29-3에 파형을 그려라.

③ 스위치 S_1을 닫고, 게이트 전류 조절용 가변 저항 R_2를 서서히 변화시키면서 에노드-캐소드간의 전압 파형(V_{BC})를 관찰하여 최대 전도 주기 동안과 최소 전도 주기 동안에 대한 전압 파형을 표 29-3에 그려라.
그리고, 두 가지 경우에 대하여 V_{BC}의 양(+)의 peak 전압, 부하 전류 I_L, 게이트 전류 I_G, 도통각(한 주기 동안에 ON 상태 구간의 각도)를 측정하여 표 29-3에 기록하라.

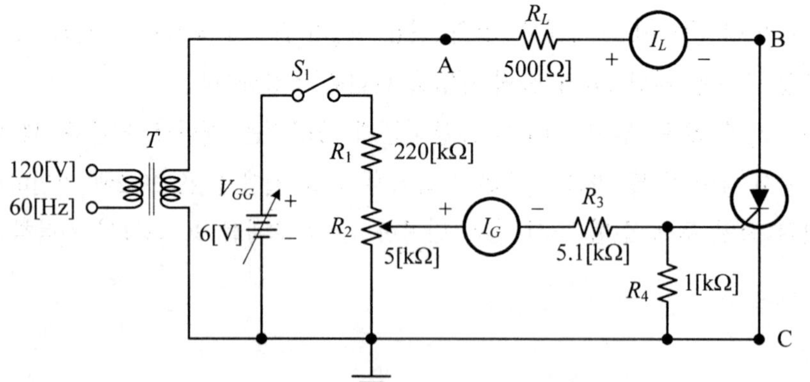

그림 29-6

[3] 교류 게이트 제어, 교류 에노드 전원

① 그림 29-7의 회로와 같이 결선하여라.

② 전원을 켜고, 부하 저항 양단의 전압 V_{BC} 파형을 게이트 전류 조절용 가변 저항 R_2를 최소에서 최대로 변화시키면서 오실로스코프를 관찰한다.

이 때의 최소 도통각과 최대 도통각 그리고 부하 파형을 표 29-4에 기록하여라.

③ 최소 및 최대 도통각에 대한 게이트 전류 I_G와 부하 전류 I_L을 측정하여 표 29-4에 기록하라.

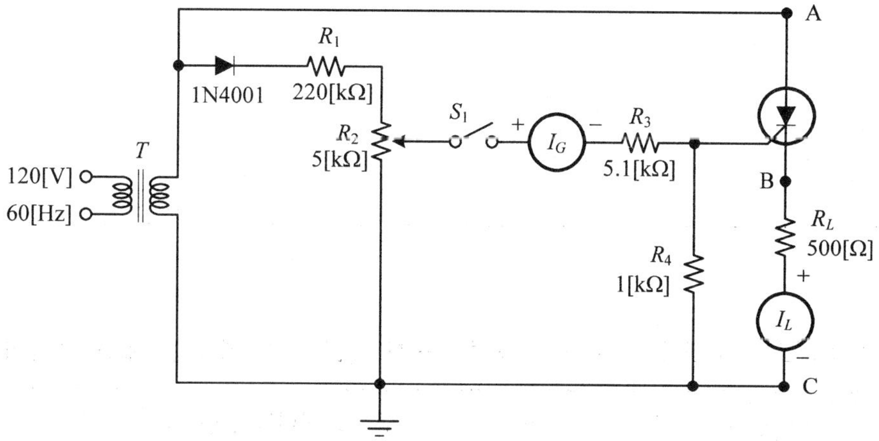

그림 29-7

5. 실험결과

표 29-1 직류 에노드 전압, 직류 게이트 전류

V_A[V]	I_G[mA]	V_{CD}[V]	I_A[mA]	시 도 횟 수
15				1
				2
				3
30				1
				2
				3

표 29-2 SCR이 ON 상태에 있을 때 게이트 스위치 S_2를 개방함에 따른 에노드 전류의 영향

실 험 순 서	에노드 전류의 영향 상태
⑦	
⑧	

표 29-3 직류 게이트, 교류 에노드 제어

	파 형	V_{p-p}	I_L	I_G	도통각
V_{AC}	t				
V_{BC} R_2 최 대	t				
V_{BC} R_2 최 소	t				

표 29-4 교류 게이트, 교류 에노드 전원

	파 형	V_{p-p}	I_L	I_G	도통각
V_{AC}	t				
V_{BC} R_2 최 대	t				
V_{BC} R_2 최 소	t				

과제 및 검토 사항

1. 일반 다이오드와 SCR의 차이점은 무엇인가?

2. SCR을 OFF 상태로 전환시키는 두 가지 방법을 열거하고 설명하라.

3. SCR이 도통된 후 애노드 전원 전압이 애노드 전류에 미치는 영향 무엇인가?

4. SCR의 교류 위상 제어에 대하여 설명하라.

실험보고서

학 과			학 년		제출일	20 / /
학 번	•		성 명			
실험조		평 가	A B C D F		확 인	
실험일	20 / /		온 도	℃	습 도	%
소 요 시 간			시간 분			

1. 실험제목 : SCR의 특성

2. 실험목적

3. 실험관련 이론(요약)

4. 실험 절차

   표 29-1 ~ 표 29-4를 완성하여 첨부할 것

5. 실험 고찰 및 소감

실험 30

UJT의 특성

1. 실험 목표

[1] UJT의 에미터 특성을 실험적으로 고찰한다.

[2] UJT의 이장 발신기(relaxation oscillator)를 구성하여 그 출력 파형을 관찰한다.

2. 실험 장비 및 부품 (조당)

[1] 전원 공급 장치 : 1대

[2] 브레드보드 : 1대

[3] 오실로스코프 : 1대

[4] 저항 : 470[Ω], 4.7[kΩ]×각1개

[6] 가변 저항 : 500[kΩ]×1개

[7] 콘덴서 : 0.1[μF]×1개

[8] UJT : 2N2160×1개

[9] 리드선 : 약간

[10] 기타 Accessory : 1식

3. 실험 관련 이론

단접합 트랜지스터(uni-junction transistor : UJT)는 J-FET와 구조가 유사한 소자로 베이스(B)의 긴 N형 반도체 봉의 중간에 에미터(E) 단자가 PN 접합되어 있는 소자다. 그림 30-1은 UJT의 구조와 기호를 보여주고 있다.

UJT는 부성 저항을 갖는 소자로 이장 발진기(relaxation oscillator), 스위칭 회로, 펄스 발생기, 전압 분별 회로 등에 쓰인다.

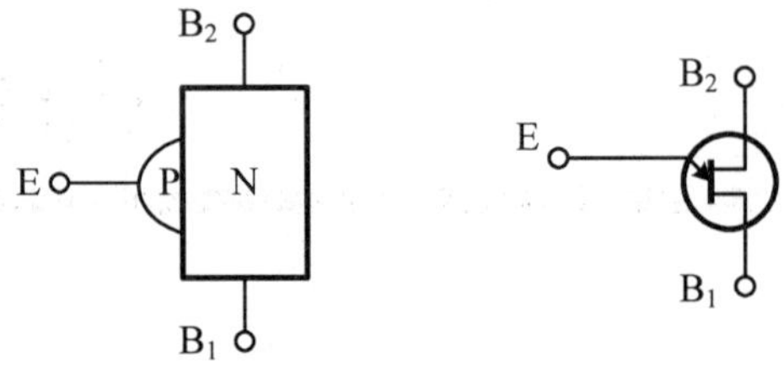

(a) UJT의 구조 (b) UJT의 기호

그림 30-1 UJT의 구조와 기호

그림 30-2는 UJT의 개략적인 등가 회로이다. 에미터-베이스 PN 접합은 다이오드 D_1로 나타내고 N형 실리콘 막대의 내부 베이스 저항 R_{BB}는 두 개의 저항 R_{B1}과 R_{B2}로 구성되며, 여기서 R_{BB}는 R_{B1}과 R_{B2}의 합이다.

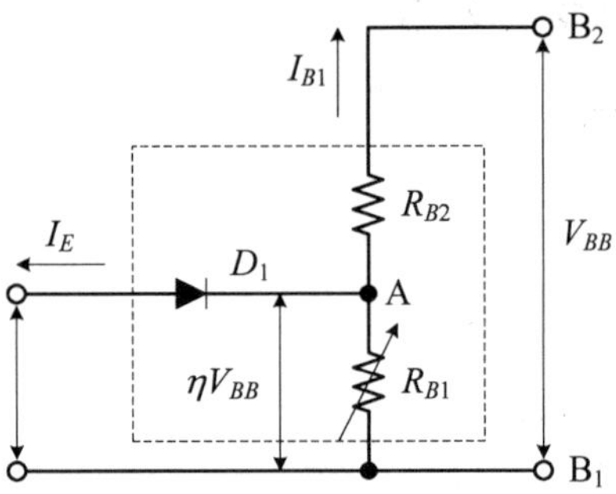

그림 30-2 등가 회로

에미터와 베이스 사이에 전류가 흐르면 UJT는 ON이 되고 R_{B1}의 저항값은 급격하게 감소한다.

R_{B1}의 저항은 에미터 전류와의 역으로 변화한다. R_{B1} 도전율은 에미터 전류의 함수이므로 에미터 전류의 변화에 의한 R_{B1}의 저항 변화를 도전율 변조(Conductivity modulation)라고 부른다.

에미터 전류 I_E가 흐르지 않을 때 점 A와 B_1 사이의 전압 V_{AB1}은 다음 식으로 주어진다.

$$V_{AB1} = V_{BB} \times \frac{R_{B1}}{R_{B!} + R_{B2}} = V_{BB} \times \frac{R_{B1}}{R_{BB}} \quad (1)$$

여기서, V_{BB}는 내부 베이스 전압이고, R_{B1}은 베이스 $-B_1$간의 저항이며, R_{BB}는 내부 베이스 저항이다. R_{B1}/R_{BB}는 UJT의 진성 stand-off 비라 부르며, 그리스 문자 η로 표시한다.

$$V_{AB1} = \eta \times V_{AA} \quad (2)$$

로 쓸 수 있다.

η는 UJT의 기하학적 구조에 의하여 결정되며, 에미터 접합과 두 개의 베이스 접촉 사이의 간격에 의존한다. η의 값은 0.51~0.81 사이의 범위에 있다.

바이어스 전압 V_E가 $\eta \times V_{BB}$보다 작으면 에미터-베이스 B_1 접합은 역바이어스되고 역방향의 에미터 누설 전류 외에는 에미터 전류 I_E는 흐르지 않는다. 바이어스 전압 V_E가 $\eta \times V_{BB}$보다 더 크면 에미터-베이스 B_1 접합은 순바이어스되고 에미터 전류는 흐르게 된다.

그림 30-3은 이장 발전기로서 전압 파형 V_{B1}을 SCR을 도통시키는 게이트 트리거 펄스로 사용할 수 있다.

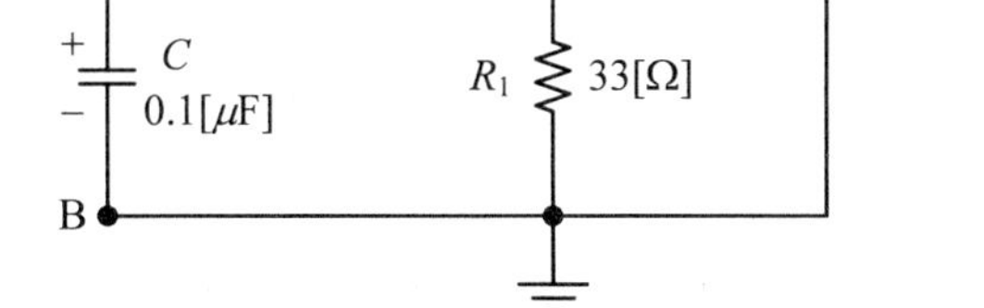

그림 30-3 이장 발전기

이 회로의 동작은 다음과 같다.

스위치 S_1을 닫으면 전원이 회로에 가해지며 콘덴서 C는 전압 V_1에서 R_3를 통하여 지수 함수적으로 충전되기 시작한다. C의 양끝의 전압이 UJT의 에미터에 가해지는 전압

V_E가 된다. C가 UJT의 피크점 전압 V_p까지 충전되며 UJT는 도통되고 에미터와 베이스 B_1 사이의 실효 저항 R_{B1}이 크게 감소한다. R_1에 의해서만 제한되는 펄스 전류 I_E는 에미터에서 베이스 B_1으로 흐르며 C는 방전한다. C 양끝의 전압이 약 2[V]까지 떨어질 때 UJT는 차단되며 이러한 주기는 반복된다.

이장 발진기의 발진 주파수 f는 시정수 C, R_3와 UJT의 특성에 의존한다.

$R_1 \leqq 100[\Omega]$인 경우의 발진 주기 T는 다음과 같다.

$$T = \frac{i}{f} \cong R_\gamma C_\gamma \ln \frac{1}{1-\eta}$$

여기서 R_r의 값은 3[K]~3[MΩ] 범위로 제한하고 공급 전압 V_1은 보통 10~30[V] 범위에서 사용된다.

4. 실험순서

① 그림 30-3과 같이 회로를 구성하라. 이 때 스위치 S_1은 개방하고 가변 저항 R_4를 최대 저항값으로 하라.

② 스위치 S_1을 닫고 회로에 25[V]의 전원을 가하라.
콘덴서 C 양끝의 V_{AB} 사이에 오실로스코프를 연결하여 스위프(sweep) 조절기를 조정 완전한 파형을 관찰하여 그 파형을 표 30-1에 기록하라. 또한, 파형의 V_{p-p}와 파형의 전압 레벨이 떨어지는 점을 표시하고 주파수를 측정 표 30-1에 기록하라.

③ 베이스 B_1에서의 파형 V_{B1}을 관찰하여라.
V_{AB} 파형의 위상과 시간을 맞춰 표 30-1에 그려라. 또한 이 파형의 V_{p-p}를 측정하여 기록하라.

④ 가변 저항 R_4를 최소 저항값으로 조정하라. 이 때의 V_{AB}와 V_{B1}의 파형을 관찰하고 표 30-1에 그려라.
또한 이들 파형의 V_{p-p}와 주파수를 측정하여 기록하라.

⑤ 가변 저항 R_4를 전체 저항의 절반 값으로 조정하고 실험 절차 ③을 반복하여라.

5. 실험결과

표 30-1 UJT 이장 발진기의 파형

실험순서		파형	V_{p-p}	주파수
②	V_{AB}	t		
③	V_{B1}	t		
④	V_E	t		
	V_{B1}	t		
⑤	V_{AB}	t		
	V_{B1}	t		

과제 및 검토 사항

1. UJT 이장 발진기의 출력이 SCR의 게이트 트리거원으로 바람직한 특성은 무엇인가 설명하라.

2. UJT 이장 발진기에서 $R_3 = 10[\text{k}\Omega]$, $C = 0.1[\mu\text{F}]$, $\eta = 0.65$, $V_{BB} = 10[\text{V}]$일 때 발진 주파수 f와 주기 T를 구하라.

실험보고서

학 과		학 년		제출일	20 / /
학 번		성 명			
실험조		평 가	A B C D F	확 인	
실험일	20 / /	온 도	℃	습 도	%
소 요 시 간		시간 분			

1. 실험제목 : UJT의 특성

2. 실험목적

3. 실험관련 이론(요약)

4. 실험 절차

   표 30-1을 완성하여 첨부할 것

5. 실험고찰 및 소감

실험 31

OP-Amp

1. 실험 목표

[1] OP-Amp(operational amplifier)를 정의한다.

[2] OP-Amp의 정수들을 실험적으로 확인한다.

2. 실험 장비 및 부품 (조당)

[1] 전원 공급 장치 : 1대

[2] 브레드보드 : 1대

[3] 오실로스코프 : 1대

[4] 신호 발생기 : 1대

[5] 저항 : 10[kΩ]×2개, 100[kΩ]×2개, 100[Ω]×2개, 1[MΩ]×1개

[6] 전류계 : DC [nA]×2개

[7] 가변 저항 : 5[MΩ]×1개

[8] OP-Amp : LM741×2개

[9] 리드선 : 약간

[10] 기타 Accessory : 1식

3. 실험 관련 이론

[1] OP-Amp

Op-Amp는 아날로그 컴퓨터에서 기본 소자로 사용되는 고성능 연산 DC 증폭기를 말하며 오늘날의 IC(integrated circuit) Op-Amp는 보통 외부에 궤환 회로를 첨가하여 응답

특성을 조정하는 고이득 DC 증폭기를 가리킨다.

외부 궤환 회로가 없는 Op-Amp는 개방 루프 모드로 사용된다고 볼 수가 있으며 이 경우에 이상적인 Op-Amp의 특성을 들면 다음과 같다.

① 개방 루우프 이득 : ∞
② 입력 저항 : ∞
③ 출력 저항 : 0
④ 대역폭 : ∞
⑤ 입력 전압 0 → 출력 전압 0 : 제로 오프 세트

실제에 있어서는 어떠한 Op-Amp도 이러한 5가지 개방 루프 특성을 만족하지는 않는다. 그러나 이상적인 Op-Amp에 근사하게 됨으로써 별 문제는 없게 된다.

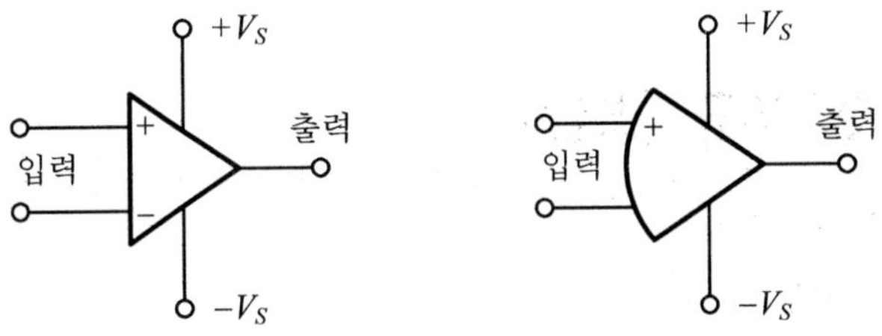

그림 31-1 Op-Amp의 기호

그림 31-1은 Op-Amp의 기호를 보이고 있다. 그림처럼 양극성 전원(±5 ~ ±15)이 필요하며 보통 전원 단자는 생략한다.

입력은 2 단자로 반전(inverting) (-) 입력 단자와 비반전(noninverting) (+) 입력 단자로 이루어진다.

[2] Op-Amp의 최대 정격

Op-Amp의 최대 정격이란 Op-Amp가 파괴되지 않고 견디며 사용될 수 있는 최대치를 말한다.

① 전원($\pm V_s$)

이는 Op-Amp에 공급될 수 있는 최대의 (+), (-) 전압을 나타낸다.

② 내부 전력 소모(P_D)

이는 어떤 특정 주위 온도에서 Op-Amp가 소모할 수 있는 최대 전력을 나타낸다.

③ 차동 입력 전압(V_{id})

이는 (+), (-) 입력간에 가해질 수 있는 최대 전압을 나타낸다.

④ 동상 입력 전압(V_{icm})

이는 두 입력 단자와 접지간에 동시에 가해질 수 있는 최대 입력 전압을 나타내며 일반적으로 이의 최대값은 전원 전압과 같다.

⑤ 사용 온도(T_a)

이는 제작자의 설계 사양 범위 내에서 Op-Amp를 동작시킬 수 있는 주위 온도의 범위를 나타낸다.

⑥ 출력 단락 유지 시간

이는 Op-Amp의 출력 단자가 접지나 전원의 한 단자와 단락되어도 Op-Amp가 파괴되지 않는 시간을 나타낸다.

[3] Op-Amp의 전기적 특성

Op-Amp의 전기적 특성은 보통 전원 전압이나 주위 온도가 주어진 상태에서 명시되어 있는데 이 중 몇 몇 정수들은 다른 조건, 즉 부하나 전원 저항들이 더 부가되어 있다. 일반적으로 각 정수들은 최소치, 대표치, 최대치로 주어지게 된다.

1) 입력 제 정수

① 입력 오프 세트 전압(input offset voltage : V_{io})

이상적 Op-Amp는 입력 임피던스는 무한대, 출력 임피던스는 영이다. 따라서 입력 신호가 없으면 출력도 없어야 한다. 그러나 입력 단의 단자들을 접지한 상태에서 출력을 측정하면 직류 전압이 나타난다.

입력 오프 세트 전압이란 출력 전압이 영이 되어야 하므로 입력 단자 중 하나에 가해주어 출력이 영이 되게 하여 주는 전압이다.

이상적인 Op-Amp인 경우 출력 전압 오프 세트는 영이 된다.

② 입력 바이어스 전류(input bias current : I_b)

이는 두 입력 단자에 흘러 들어가는 전류의 평균치이다. 이상적인 경우에 두 입력 단자의 바이어스 전류는 같게 된다.

③ 입력 오프 세트 전류(input offset current : I_{os})

이는 출력 전압이 영인 경우에 두 입력 단자의 바이어스 전류의 차가 된다.

④ 입력 전압 범위(input voltage range : V_{mm})

이는 두 입력 단자와 접지간의 전압의 범위를 나타낸다.

⑤ 입력 저항(input resistance : Z_i)

이는 어느 한 입력 단자를 접지시켰을 경우 나머지 입력 단자와 접지간을 입력측에서 들여다 본 저항이다.

2) 출력 제 정수

① 출력 저항(output resistance : Z_o)

이는 Op-Amp의 출력측에서 들여다 본 저항이다.

② 출력 단락 회로 전류(output short circuit current : I_{osc})

이는 Op-Amp가 부하에 흘릴 수 있는 최대 출력 전류가 된다.

③ 출력 전압 스윙(output voltage swing : $\pm V_{omax}$)

이는 Op-Amp가 포화나 클립핑없이 부가 저항에 따라 공급할 수 있는 최대 피크 전압치가 된다.

3) 동(dynamic) 제 정수

① 개방 루우프 전압 이득(open loop voltage gain : A_{OL})

이는 외부 궤환이 없는 경우에 출력 전압의 입력 전압에 대한 비를 나타낸다.

② 대신호 전압 이득(large signal voltage gain)

이는 출력 전압을 영에서 어떤 특정 전압까지 변화시키는데 필요한 입력 전압의 변화에 대한 최대 전압 스윙의 비를 나타낸다.

③ Slew Rate (SR)

신호 입력의 시간적 변화가 빨라지면(주파수가 높아지면) Op-Amp의 출력 전압은 빠른 변화에 따라가기 어려워진다. 따라서 출력 전압이 따라갈 수 있는 신호 전압의 변화율은 Op-Amp의 내부 회로 구성에 의해 정해지며 Op-Amp의 출력 전압이 단위 시간당(보통 ms) 어느 정도로 변화하는가를 규정한 파라미터이다.

4) 기타 제 정수

① 전원 전류(supply current)

이는 전원으로부터 Op-Amp로 흐르는 전류를 말한다.

② 동상 입력 제거비(common mode rejection ratio : CMRR)

이는 Op-Amp가 양 입력 단자에 동시에 가해지는 신호를 거부하는 정도를 측정하는데 쓰인다. 이는 동상 입력 전압의 출력 전압에 대한 비로 나타내어진다.(보통 dB로 표시)

③ 채널 분리(channel separation)

747 Op-Amp와 같이 단일 패키지 안에 1개 이상의 Op-Amp가 있는 경우 이들 간에 어느 정도 누화량이 존재하게 된다. 즉 어느 한 Op-Amp의 입력에 의해, 다른 Op-Amp 출력이 입력이 가해지지 않았음에도 나타나게 된다.

[4] 이득과 주파수 응답

실제 Op-Amp는 이상적인 Op-Amp와는 달리 무한대의 이득과 대역폭을 갖지 않는다. 그림 31-2에 741 Op-Amp의 개방 루우프 이득 A_{OL}을 주파수의 함수로 나타내었다. 아주 낮은 주파수의 경우 개방 루프 이득은 일정하나, 약 6[Hz]에서부터는 -6[dB/octave](또는 -20[dB/decade])의 비율로 감소되기 시작한다. 여기서 이득이 1(0[dB])이 될 때의 주파수를 단위 이득 주파수 f_T라 한다.

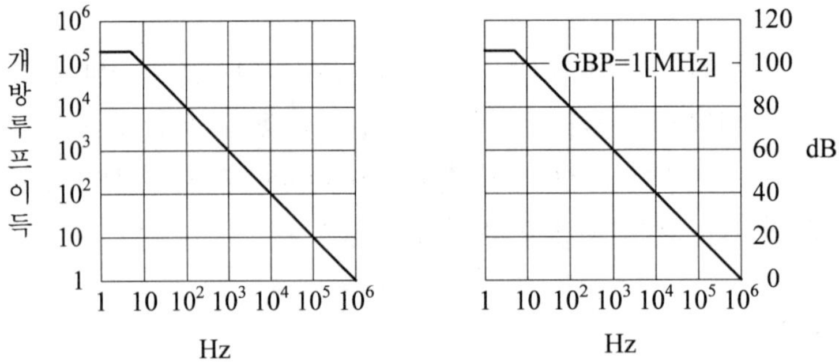

그림 31-2 741 op-amp 응답 곡선

출력 신호의 일부가 Op-Amp의 입력에 궤환될 때 출력대 입력의 비율을 폐쇄 루프 이득(closed loop gain) A_{OL}이라 하는데 이는 항상 개방 루프 이득보다는 작게 된다. 개방 루프 이득의 폐쇄 루프 이득에 대한 비를 루프 이득 A_L이라 한다.

$$A_L = \frac{A_{OL}}{A_{CL}}$$

Op-Amp의 중요한 상수로 이득 대역폭 적(gain-bandwidth product : GBP)이 있다. 앞의 그림에서 개방 루프 이득과 주파수의 곱은 곡선 상의 어떤 점에서도 일정하게 되어

$$GBP = A_{OL} \times BW$$

로 나타낸다.

그래프에서는 폐쇄 루프 이득 곡선과 개방 루프 이득 곡선이 만나는 점에서의 주파수의 값을 대역폭으로 한다. 실제 설계에 있어서는 주어진 주파수에서 Op-Amp의 실질 이득은 개방 루프 이득의 1/10 ~ 1/20의 값이 되어 왜곡없이 동작할 수 있게 된다. 예로, 그림에서 10[kHz]에서의 폐쇄 루프 이득은 개방 루프 이득이 100(40dB)이므로 5~10이 된다.

마지막으로 스텝 함수 펄스가 입력에 가해졌을 때 출력 신호가 최종 치의 10%에서 90%에 이르는데 걸리는 시간을 상승 시간(rise time)이라 하는데 이는 폐쇄 루프 경우 명시되어 있다. 일반 전자 회로 이론에 의하면 상승 시간과 Op-Amp의 대역폭 간의 관계는 다음으로 주어진다.

$$BW = \frac{0.35}{\text{상승시간}}$$

[5] 전원 공급

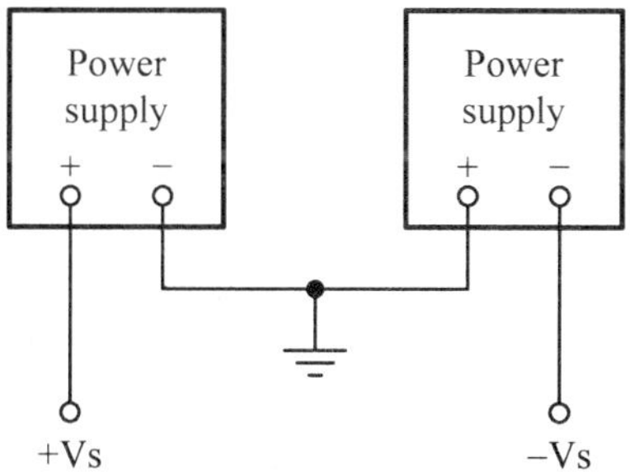

그림 31-3 전원 공급 방법

Op-Amp는 양 전원($\pm V_s$)을 사용하므로 실험을 할 때는 그림 31-3과 같이 전원 공급 장치를 연결 사용한다.

[6] Op-Amp의 핀 구조

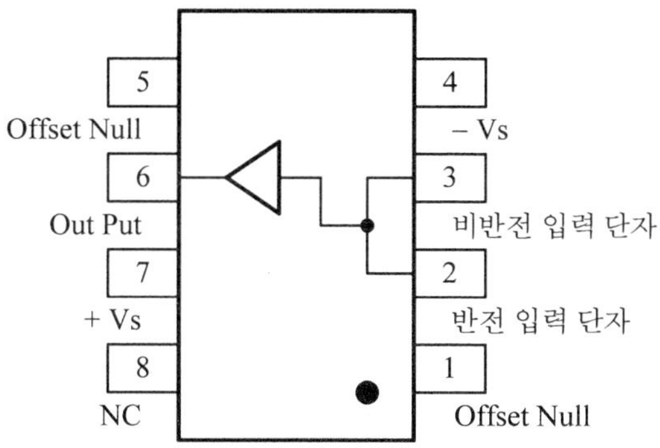

그림 31-4 Op-Amp의 핀 구조

4. 실험 순서

[1] 입력 offset 전압

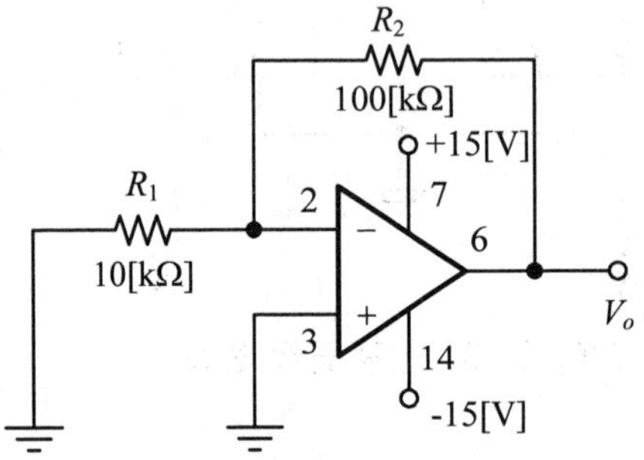

그림 31-5

① 그림 31-5와 같이 회로를 구성하고 출력 전압 V_{OS}를 측정하고 입력 오프 세트 전압은 $V_{oi} = \dfrac{V_O}{A_{CL}}$을 이용 구하여 표 31-1에 기록하라.

A_{CL}은 폐쇄 루프 이득으로 $A_{CL} = \dfrac{R_2}{R_1}$이다.

[2] 입력 바이어스 전류

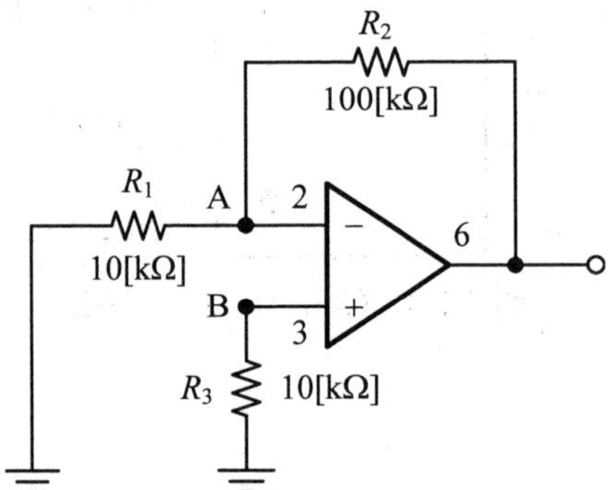

그림 31-6

$$I_{B1} = \frac{V_A}{R_1}, \quad I_{B2} = \frac{V_B}{R_3}$$

① 그림 31-6과 같이 회로를 구성하라.
② 입력 저항 R_1, R_3에 걸리는 전압 V_A와 V_B를 측정 표 31-2에 기록하라.
③ 기본 식을 이용 I_{B1}, I_{B2}를 계산 표 31-2에 기록하라.
④ 이상적인 OP-Amp에서는 I_{B1}과 I_{B2}가 같으나, 실제 사용에 있어서는 두 전류가 다르므로 일반적으로 입력 바이어스 전류 I_B는 두 전류의 평균값으로 구한다.

[3] 내부 입력 임피던스

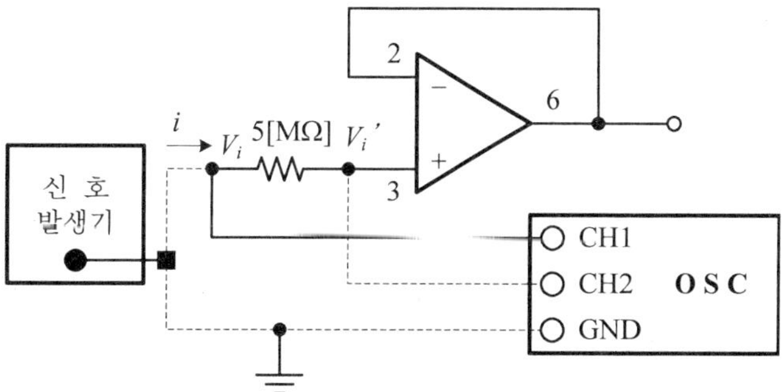

그림 31-7

그림에서 입력 전류 I는 다음과 같다.

$$i = \frac{V_i - V_I'}{R} = \frac{V_I}{Z}$$

$$V_i' = \frac{1}{2} V_i \quad (R = Z)$$

여기서 Z는 Op-Amp의 내부 임피던스 값이다. 즉, 가변 저항 R을 조절하여 V_I'의 전압이 입력 전압의 반이 되게 하면 Op-Amp의 내부 임피던스를 구할 수 있다.

① 그림 31-7과 같이 회로를 구성하고, 오실로스코프를 다음과 같이 고정하라.

Channel 1, 2 : 0.5[V/div], AC coupling.
Time base : 1[msec/div]

② 신호 발생기의 출력이 1[$V_{p\text{-}p}$], f = 100[Hz]의 sin파가 되도록 조정하라.
③ 가변 저항 R을 조정 V_I'이 V_I의 반이 되도록 오실로스코프를 이용 관찰하라.
④ 이 때 가변 저항 R을 떼어내 저항을 측정 표 31-3에 기록하라.

[4] Slew Rate

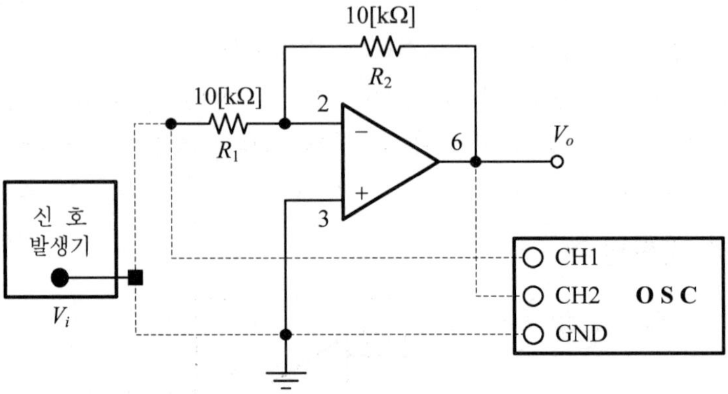

그림 31-8

$$SR = \frac{\Delta E_o}{\Delta T} \quad \Delta E_o \text{는 } \Delta T \text{ 시간 동안의 출력 전압의 최대 변화분.}$$
$$= 2\pi f_{\max} V_{P-P}$$

출력 진폭이 작아 출력 변화가 Slew Rate 이하면 파형의 찌그러짐이 없으나 출력 진폭이 커지면 출력 속도가 Slew Rate에 제한되어 파형이 찌그러진다.

ex) $SR = 0.5[\mathrm{V}/\mu\mathrm{s}]$, $\pm 10[\mathrm{V_{p\text{-}p}}]$의 sin파 입력

$$SR = 2\pi f_{\max} V_{P-P}$$

$$f_{\max} = \frac{SR}{2\pi V_{P-P}} = \frac{0.5 \times 10^6}{2\pi \times 10} = 7961.78$$

∴ 약 8[kHz]까지는 파의 찌그러짐이 없다.

① 그림 31-8과 같이 회로를 구성하고 오실로스코프를 다음과 같이 고정하라.

Channel 1 : 5[V/div]	Time base : 10[μsec/div]
Channel 2 : 1[V/div]	AC coupling

② 전원을 가하고 신호 발생기의 출력이 5[$\mathrm{V_{p\text{-}p}}$], 10[kHz]의 구형파가 되도록 조정하라.

③ p-p 출력 전압 ΔV를 측정하라.

④ 출력 전압이 한 상태에서 다른 상태로 스위치 되는데 걸리는 시간 Δt를 측정하여 표 31-4에 기록하라.

⑤ 실험 ③, ④로부터 Slew Rate $\Delta V/\Delta t$를 계산하여 표 31-4에 기록하라.

[5] 동상 제거비(CMRR) : Common Mode Rejection Ratio)

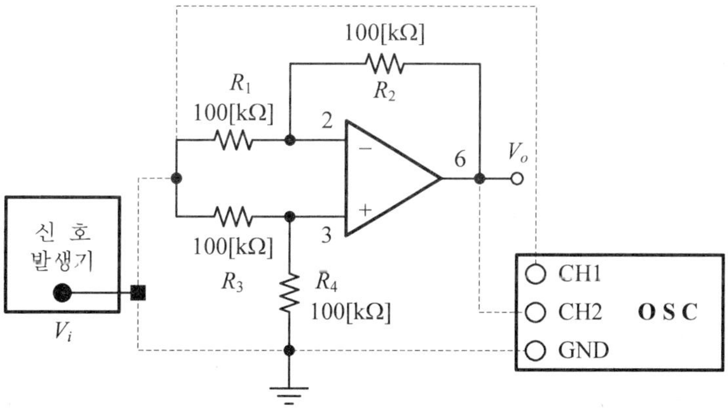

그림 31-9

Op-Amp의 입력 단자를 결합한 동상 입력 전압은 출력에 영향을 주지 않으나 실제로는 출력 전압이 생긴다. (offset voltage)

이것을 동상 전압 이득(CMG : Common mode Voltage gain)이라 한다.

$$A_{CMG} = \frac{\text{출력전압}}{\text{동상모드입력전압}} = \frac{V_o}{V_i} \quad (\text{이상적 Op-Amp } = 0)$$

또한, 차동 전압 이득과 동상 전압 이득의 비를 동상 제거비(CMRR)이라 한다. 이 값은 보통 데시벨로 나타내며 자동 전압 이득보다는 훨씬 큰 값을 갖는다.

$$CMRR = 20\log_{10}\frac{A_d}{A_{CMG}}$$

$$A_d = \frac{R_2}{R_1} = \frac{R_4}{R_3}$$

$$A_{CMG} = \frac{V_o}{V_i} \qquad CMRR = \frac{A_d}{A_{CMG}}$$

① 그림 31-9의 회로도와 같이 회로를 구성하라.
전원을 가하고 신호 발생기의 출력이 Sin파로 주파수가 약 60~100[Hz]가 되도록 조정하라.

② V_i을 측정해 입력 전압이 적어도 실효치로 2[V]가 되도록 조정하라. 이 때의 입력 전압 V_i와 출력 전압 V_o의 실효치를 측정하여 표 31-5에 기록하라.

③ 기본 설계식을 이용하여 동상 이득 A_{CM}을 계산하여 표 31-5에 기록하라.

[6] 폐쇄 루프 응답

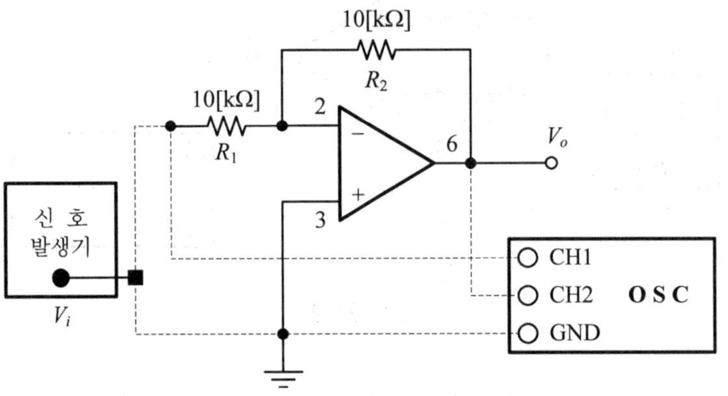

그림 31-10

Op-Amp를 개방 루프로 사용시 전압 이득이 높아 Op-Amp가 이상적 동작을 하여도 출력 전압이 포화되므로 증폭기로 사용할 수가 없다.

따라서 출력을 입력으로 되돌려 궤환시킨 폐 루프로 사용한다.

이 때 개방 루프(A_{OL})의 이득보다 폐 루프(A_{CL})의 이득은 항상 적다.

$$\text{A} = A = \frac{A_{OL}}{A_{CL}} \qquad A_{CL} = \frac{V_o}{V_i} \qquad A_{OL} = \frac{V_o}{V_{id}}$$

또한, 개방 루프 이득은 주파수의 함수로 낮은 주파수에서는 일정하며 약 6[Hz]부터는 이득이 감소하며, 이득이 1(0[dB])될 때 주파수를 단위 이득 주파수(f_T)라 한다.

이득 대역폭 적(gain-bandwidth product : GBP)은 다음과 같이 정의한다.

$$GBP = A_C \times BW \quad (BW : \text{출력 전압이 약 0.707배로 떨어지는 점의 주파수})$$

741의 GBP은 1[MHz]이며 GBP이 10[MHz] 이상이면 고 주파수용 Op-Amp라 한다.

① 그림 31-10과 같이 회로를 구성하고, 오실로스코프를 다음과 같이 고정하라.

Chammel 1, 2 : 0.1[V/div]

Time base : 0.5[μsec/div]

DC coupling

② 전원을 가하고 p-p 출력 전압이 0.7[V]가 되게 조정하라.

③ p-p 출력 전압이 0.5[V]가 될 때까지 입력 주파수를 천천히 변화시켜라. 출력 전압이 0.5[V]가 되는 점에서 주파수 BW를 표 31-6에 기록하라.

④ 실험 ③에서의 값으로부터 이득 대역폭 적 GBP를 계산하여 표 31-6에 기록하라.

⑤ R_1 양단에 10[kΩ]의 저항을 병렬로 연결하여 이를 5[kΩ]으로 바꾸고, 또한 오실로스코프의 채널 2를 0.2[V/div], time base를 1[μsec/div]으로 바꾸어라. p-p 출력 전압이 1.0[V]가 될 때까지 입력 주파수를 바꾸어서 이 점에서의 주파수 BW를 표 31-6에 기록하라.

⑥ 실험 ④에서처럼 하여 전압 이득이 2.0일 때 이 회로의 이득 대역폭 적을 계산하여 표 31-6에 기록하라.

⑦ R_1을 1[kΩ]으로 바꾸고 오실로스코프의 채널 2를 1[V/div], time base를 5[μsec/div]으로 바꾸어라. 입력 전압의 주파수를 변화시켜 p-p출력 전압이 5[V]가 될 때 이 점의 주파수 BW를 표 31-6에 기록하라.

⑧ 앞에서처럼 하여 실험 ⑦의 경우에 대하여 GBP를 구하여 표 31-6에 기록하라.

5. 실험 결과

표 31-1 입력 offset 전압

출력전압 V_o	[mV]
입력 오프 세트 전압 V_{oi}	[mV]

표 31-2 입력 바이어스 전류

전 압		저 항		바이어스 전류		
V_A	[mV]	R_1	[kΩ]	I_{B1}	[nA]	$I_B =$ [nA]
V_B	[mV]	R_2	[kΩ]	I_{B2}	[nA]	

표 31-3 내부 입력 임피던스

전 압		내부 임피던스
V_i	[V]	$Z =$ [Ω]
V_i'	[V]	

표 31-4 Slew Rate

P-P 출력 전압	스위칭 시간	SR
[V]	[μsec]	[V/μsec]

표 31-5 동상 제거비

전 압		동상 이득 A_{CM}	차동 증폭 이득 A_d	동상제거비 CMRR
V_i	[V_{rms}]			[dB]
V_o	[V_{rms}]			

표 31-6 폐쇄 루프 응답

	$V_o = 0.5$[V]		$V_o = 1$[V]		$V_o = 5$[V]	
BW		$A = 1.0$		$A = 2.0$		$A = 10$
GBP						

과제 및 검토 사항

1. 이상적인 Op-Amp에 대하여 설명하라.

2. 이상적 Op-Amp의 입력 저항은 무한대, 출력 저항은 영이다.
   이들이 가지는 의미는 무엇인가.

3. Op-Amp의 전원 공급 방법에 대하여 설명하라.

4. Op-Amp는 부궤환(Negative feed back) 회로를 주로 사용한다. 그 이유는 무엇인가?

실 험 보 고 서

학 과			학 년		제출일	20 / /
학 번			성 명			
실험조		평 가	[A] [B] [C] [D] [F]		확 인	
실험일	20 / /		온 도	℃	습 도	%
소 요 시 간			시간 분			

1. 실험 제목 : OP-Amp

2. 실험 목적

3. 실험 관련 이론(요약)

4. 실험 절차
   표 31-1 ~ 표 31-6를 완성하여 첨부할 것

5. 실험 고찰 및 소감

실험 32

선형 OP-amp 회로

1. 실험 목표

[1] 선형 Op-Amp 회로인 반전, 비반전 증폭기 및 가·감산 증폭기의 기본 동작을 이해하고 설계 능력을 기른다.

[2] 선형 Op-Amp의 궤환 소자에 대하여 이해한다.

2. 실험 장비 및 부품 (조당)

[1] 전원 공급 장치 : 1대

[2] 디지털 멀티미터 : 1대

[3] 오실로스코프 : 1대

[4] 신호 발생기 : 1대

[5] 저항 : 2.2[kΩ]×1개, 10[kΩ]×3개, 22[kΩ]×1개, 33[kΩ]×3개, 39[kΩ]×1개, 47[kΩ]×2개, 60[kΩ]×1개, 100[kΩ]×3개

[6] OP-Amp : LM741×2개

[7] 콘덴서 : 0.0047[μF]×1개, 0.0022[μF]×1개

[8] 리드선 : 약간

[9] 기타 Accessory : 1식

3. 실험 관련 이론

[1] 반전 증폭기

그림 32-1에서 입력 신호가 R_1을 통해 반전(-)입력에 가해지므로 이를 반전 증폭기라고 한다. R_1을 입력 저항, R_2를 궤환 저항이라 한다.

이 증폭기의 전압 이득(또는 폐쇄 루프 이득)과 출력 전압 V_0는 다음과 같다.

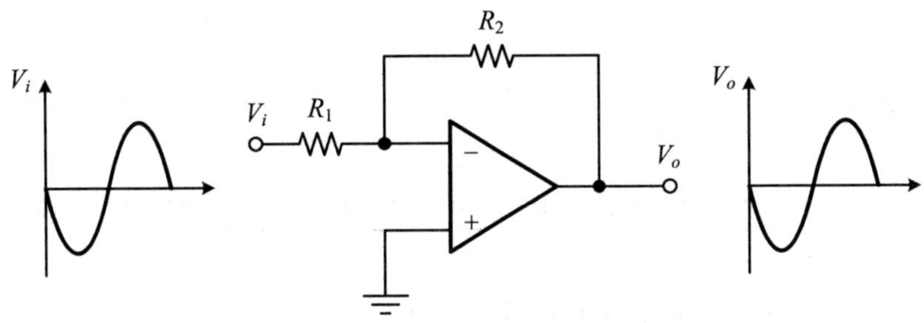

그림 32-1 반전 증폭기

$$전압\ 이득 = \frac{V_o}{V_i} = -\frac{R_2}{R_1} = 폐쇄\ 루프\ 이득\ A_{CL}$$

$$V_o = -\frac{R_2}{R_1}V_i$$

기본 반전 증폭기의 폐쇄 루프 이득은 궤환 저항값을 바꿈으로써 조절할 수 있게 된다.

[2] 비반전 증폭기

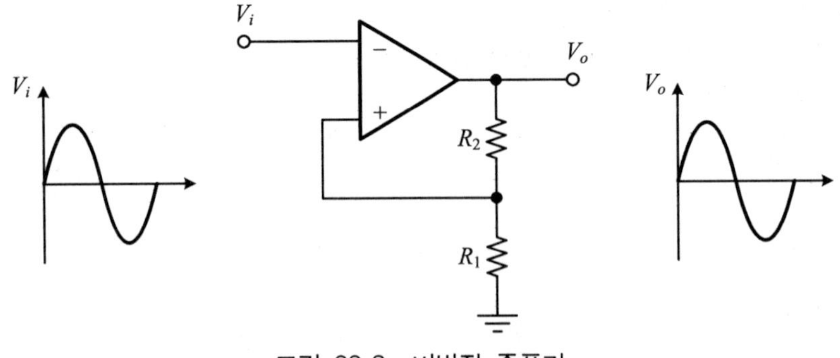

그림 32-2 비반전 증폭기

그림 32-2에서와 같이 입력 신호가 비반전(+) 입력에 가해지므로 이를 비반전 증폭기라고 부른다.

저항 R_1은 입력 소자라 하며 저항 R_2는 궤환 소자가 되어 출력 전압의 일부를 Op-Amp 입력의 한 단자에 궤환시킨다.(이 그림에선 반전(-) 입력측으로 궤환) 이 증폭기의 전압 이득과 출력 전압 V_0는 다음과 같다.

$$\text{전압 이득} = \frac{V_o}{V_i} = 1 + \frac{R}{R_2}$$

$$V_o = \left(1 + \frac{R}{R_2}\right) V_i$$

위 식에서 보면 R_1을 아무리 크게 하여도 전압 이득은 항상 1 이상이 된다. 따라서 이 증폭기의 폐쇄 루프 이득 A_{CL}은 바로 전압 이득과 같다.

[3] 가산 증폭기

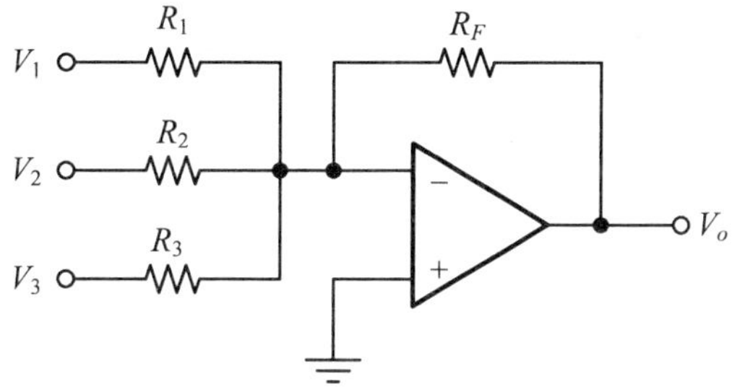

그림 32-3 가산 증폭기

그림 32-3에서와 같이 여러 입력 저항이 Op-Amp의 반전 입력 단자에 연결되면 Op-Amp는 가산기의 기능을 하게 된다. 이 때의 출력을 입력으로 표시하면

$$V_o = -\left[\frac{R_F}{R_1} V_1 + \frac{R_F}{R_2} V_2 + \frac{R_F}{R_3} V_3\right] = -R_F\left[\frac{V_1}{R_1} + \frac{V_2}{R_1} + \frac{V_3}{R_3}\right]$$

가 된다. 여기에서 $R_1 = R_2 = R_3 = R_F$이면 $V_o = -(V_1 + V_2 + V_3)$가 된다. 만일 $R_1 = R_2 = R_3 = 3R_F$이면

$$V_o = -\frac{V_1 + V_2 + V_3}{3}$$

되어 이는 입력의 평균치가 된다.

[4] 감산 증폭기

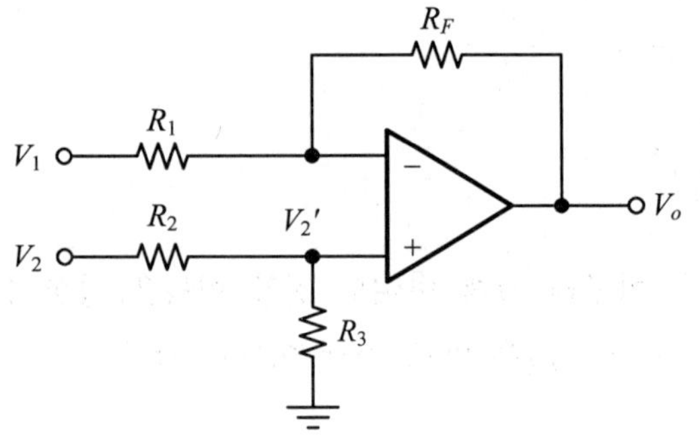

그림 32-4 감산 증폭기

그림 32-4와 같은 회로에서는 입력이 가해질 때 출력은

$$V_o = -\frac{R_F}{R_1} + \left[1 + \frac{R_3}{R_2}\right]\left[\frac{R_3}{R_2 + R_3}\right] V_2$$

이 된다. 여기에서 $R_1 = R_2 = R_3 = R_F$이면 $V_o = V_2 - V_1$이 된다.

[4] 미분기

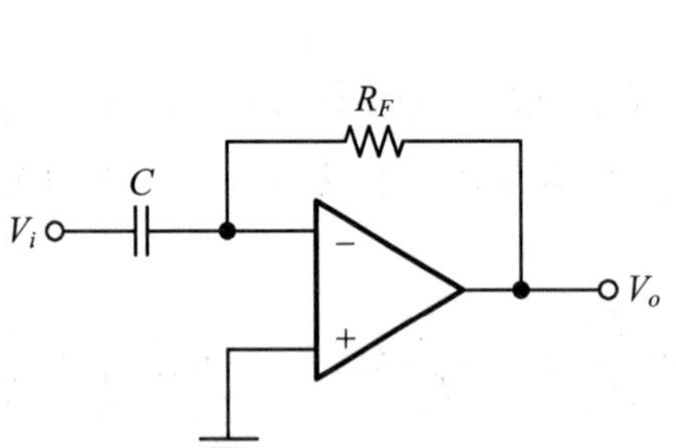

그림 32-5 미분기

그림 32-5는 미분기 회로를 보이고 있으며 출력 전압 V_0는 다음과 같다.

$$V_o = -R_F C \frac{dV_i}{dt}$$

주파수가 높아질수록 캐패시터의 리액턴스($1/2\pi f C$)는 매우 작아지므로 고주파 대역에서의 전압 이득은 점점 커진다. 따라서 이 미분기의 출력은 고주파 잡음 등에 매우 민감하게 된다. 실제로는 이를 줄이기 위해 그림 32-6에 입력 캐패시터에 직렬로 저항 R_S를 연결해 고주파 이득을 R_F/R_S 비율로 줄인다.

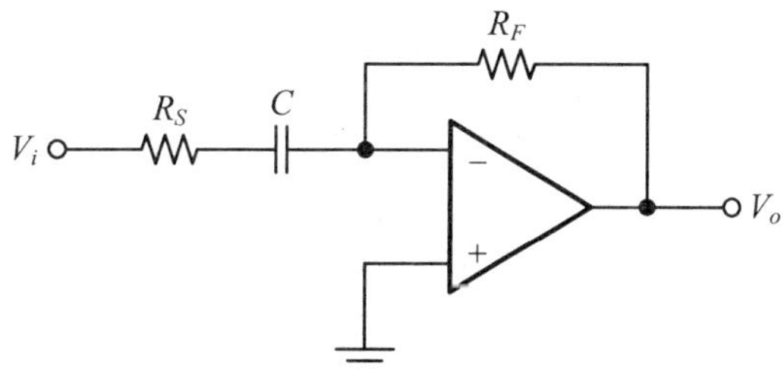

그림 32-6 고주파 이득 제한 미분기

저주파 응답

$$f_c = \frac{1}{2\pi R_s C}$$

$f < f_c$: 회로는 미분기로 동작

$f > f_c$: 회로는 전압 이득 $-R_F/R_S$인 반전 증폭기로 동작

[6] 적분기

미분기에서 R과 C를 바꾸어 놓으면 그림 32-7과 같이 미분기의 역회로인 적분기의 회로가 된다. 입·출력의 관계는

$$V_o = -\frac{1}{R_1 C}\int_t^0 V_i dt$$

로 나타난다.

실제의 적분기 회로에서는 그림 32-8과 같이 피이드백 캐패시터 C 양단에 병렬로 R_S를 달아 회로의 저주파 이득을 제한한다.

저주파응답

$$f_c = \frac{1}{2\pi R_s C}$$

$f < f_c$: 회로는 전압 이득 $-R_S/R_1$인 반전 증폭기로서 동작

$f > f_c$: 회로는 적분기로 동작

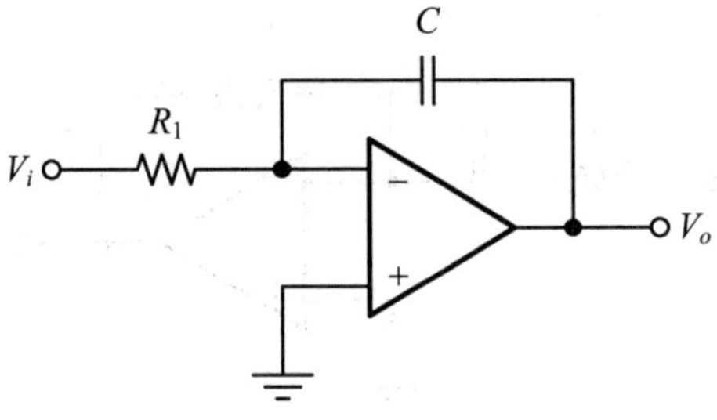

그림 32-7 적분기

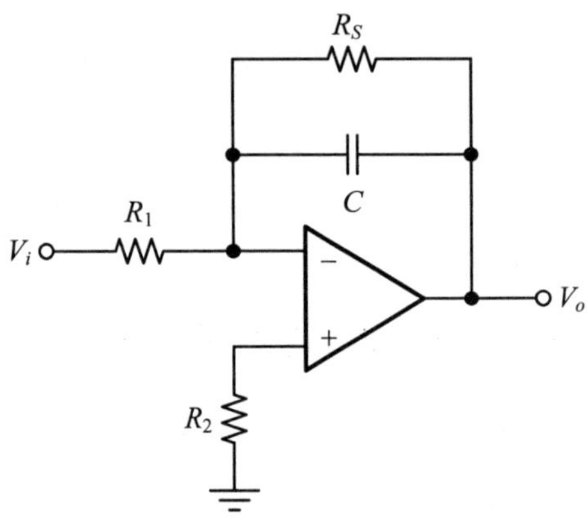

그림 32-8 저주파 이득 제한 적분기

4, 실험순서

[1] 반전 증폭기

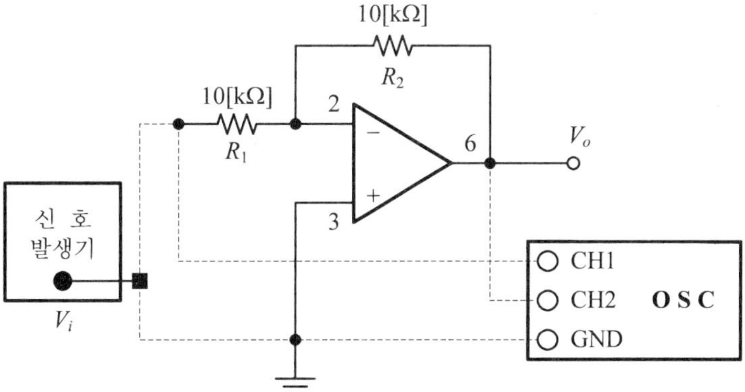

그림 32-9 반전 증폭기

① 그림 32-9와 같이 회로를 구성하라.

② 오실로스코프를 다음과 같이 고정하라.

Channel 1, 2 : 0.5[V/div], Time base : 1 [msec/div], AC coupling

또한, 신호 발생기의 출력 전압이 1[V_{p-p}], 주파수 500[Hz]가 되도록 조정하여라.

③ 표 32-1에 주어진 궤환 저항 R_2의 값에 따라 출력을 측정하여 표 32-1에 기록하라.

[2] 비반전 증폭기

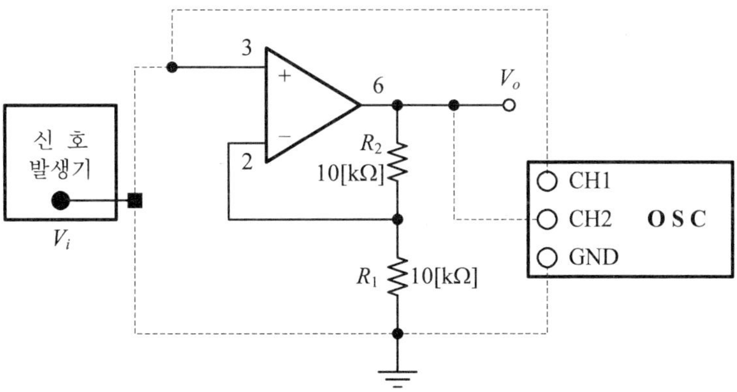

그림 32-10 비반전 증폭기

① 그림 32-10과 같이 회로를 구성하라.
② 오실로스코프를 다음과 같이 고정하라.

Channel 1, 2 : 0.5[V/div], Time base : 1 [msec/div], AC coupling

또한, 신호발생기 출력을 1[V_{p-p}], 주파수 400[Hz]가 되도록 조정하라.
③ 표 32-2에 주어진 궤환 저항 R_2의 값에 따라 출력을 측정하여 표 32-2에 기록하라.

[3] 가산 증폭기

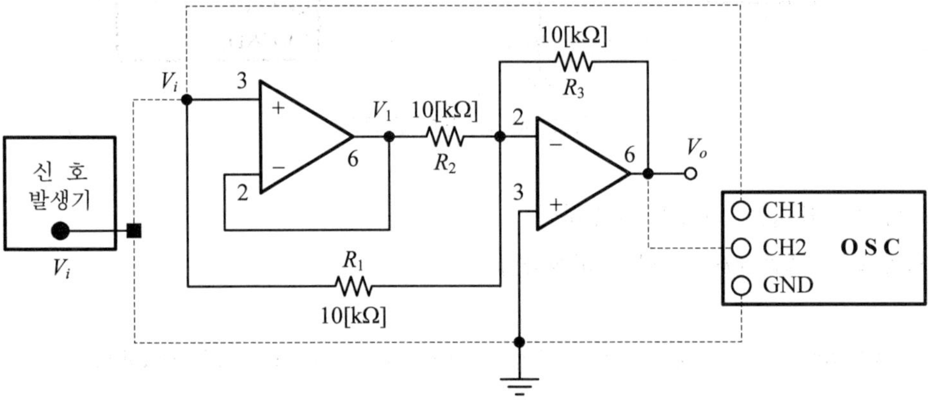

그림 32-11 가산 증폭기

① 그림 32-11과 같이 회로를 구성하라.
② 오실로스코프를 다음과 같이 고정하라.

Channel 1 : 1[V/div], Time base : 1 [msec/div], AC coupling

③ 표 32-3에 V_i, V_1, V_0의 파형을 그려라.
④ 그림 32-11에서 첫 번째 Op-Amp를 그림 32-12과 같은 비반전 증폭기로 대치하여 V_i, V_1, V_0를 측정 표 32-4에 그려라.

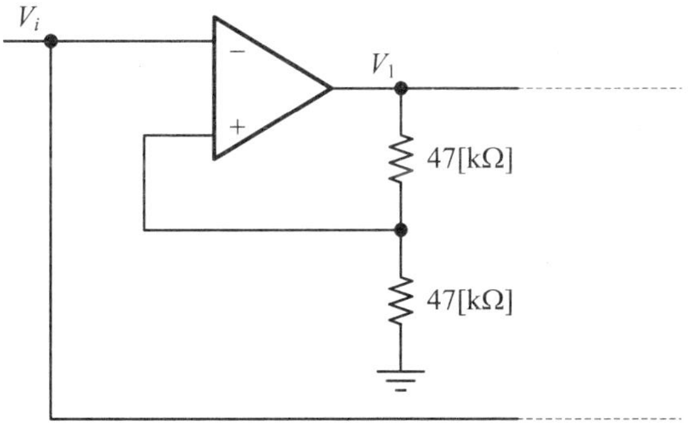

그림 32-12

⑤ 또한, 그림 32-11의 첫 번째 Op-Amp를 그림 32-13과 같이 반전 증폭기로 대치하여 V_1, V_2, V_0를 측정 표 32-5에 그려라.

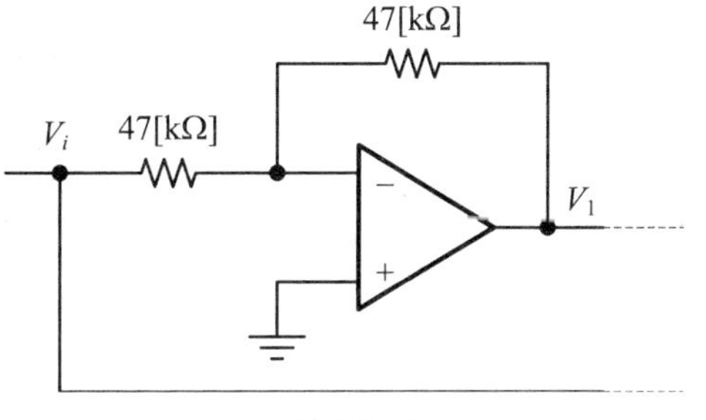

그림 32-13

[4] 감산 증폭기

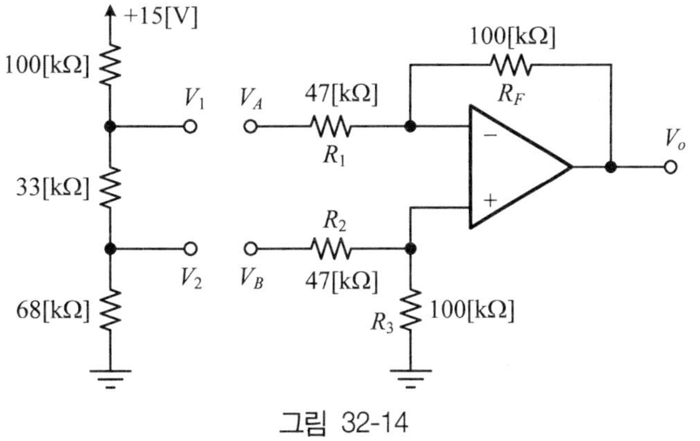

그림 32-14

① 그림 32-14과 같이 회로를 구성하라.
② 저항 R_1을 V_1 단자에 저항 R_2를 V_2 단자에 연결하여 입력 전압 V_A, V_B와 출력 전압 V_0를 측정하여 표 32-6에 기록하고 이론값과 비교하라.
③ 저항 R_2를 V_1 단자에 저항 R_1을 V_2 단자에 연결하여 입력 전압 V_A, V_B와 출력 전압 V_0를 측정하여 표 32-6에 기록하고 이론값과 비교하라.
④ 저항 R_1, R_2를 33[kΩ]으로 바꾼 후 ②, ③을 반복하여 결과를 표 32-6에 기록하라.

[5] 미분기

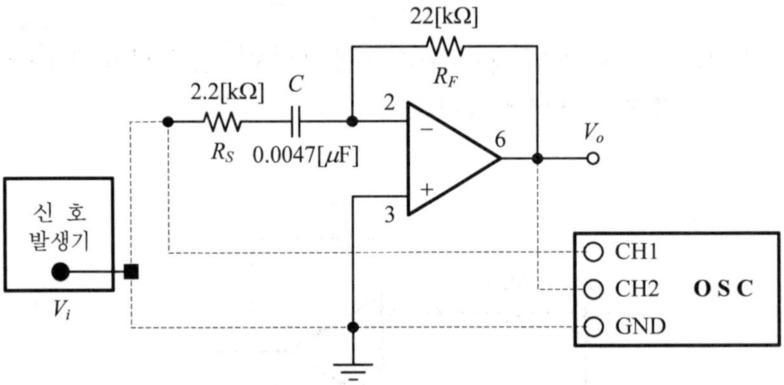

그림 32-15

① 그림 32-15와 같이 회로를 구성하라.
② 오실로스코프를 다음과 같이 고정하라.

Channel 1 : 0.5[V/div]
Channel 2 : 0.05[V/div]
Time base : 0.5[msec/div]
DC coupling

③ 신호 발생기의 출력을 삼각파로 1[$V_{p\text{-}p}$], 주파수 400[Hz]로 조정하라.
④ 채널 2 플러브를 잠시 제거시킨 후 오실로스코프상에 0 준위를 확인한 후 출력 구형파의 ±피크 전압을 측정하여 표 32-7에 기록하라.
⑤ 구형파 출력이 ±인 기간 t_1(-), t_2(+)을 측정하여 표 32-7에 기록하라.
⑥ 출력 전압을 다음으로 주어진 식과 비교하라.

$$(V_o)_{peak} = -\frac{2R_F C V_i}{t_1}$$

⑦ Time base를 0.2[msec/div], 채널 2를 0.1[V/div]로 놓고 입력 주파수를 1[kHz]로 조정하여 실험방법 ④, ⑤, ⑥ 측정을 반복하여 표 32-8에 기록하고 계산값과 비교하라.

⑧ 이 회로는 어느 정도의 입력 주파수 이상일 때 미분기가 아닌 반전 증폭기로서 동작을 하는가?

⑨ Time base를 10[μsec/div], 채널 2를 2[V/div]으로 바꾸어 입력을 30[kHz]로 조정하여 출력을 관찰하여 표 32-9에 기록하라.

⑩ 이 때 p-p 출력 전압을 측정하여 전압 이득을 구하라.

[6] 적분기

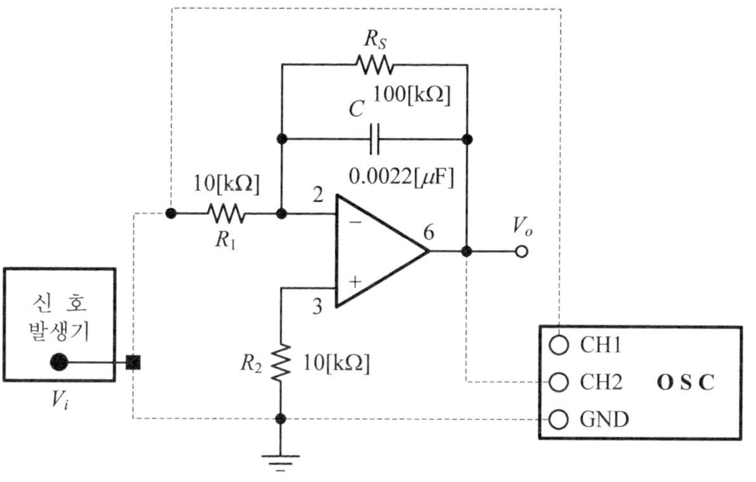

그림 32-16

① 그림 32-16과 같이 회로를 구성하라.

② 오실로스코프를 다음과 같이 고정하라.

Channel 1, 2 : 0.5[V/div], Time base : 20[μsec/div], DC coupling

③ 신호 발생기의 출력을 구형파로 1[$V_{p\text{-}p}$], 주파수 10[kHz]로 조정하라.

④ 채널 2 플러브를 잠시 제거시킨 후 오실로스코프상에 0 준위를 확인한 후 출력 삼각파의 ±피크 전압을 측정하여 표 32-10에 기록하라.

⑤ 입 · 출력 신호의 주기를 표 32-10에 기록하여 비교하라.

⑥ 구형파 입력 신호에 대해 삼각치의 $p-p$ 출력 전압은

$$(V_o)_{P-P} = -\frac{V_m t}{R_1 C}$$

가 된다. 이를 ④에서 구한 값과 비교하라.

⑦ 오실로스코프 상의 time base를 50[μsec/div], 채널 1, 2를 1[V/div]으로 바꾸어라. 입력 주파수를 4[kHz]로 바꾸어 실험방법 ④, ⑤, ⑥을 반복 측정하여 계산 결과와 비교하라.

⑧ 이 회로는 어떠한 주파수에서 적분기가 아닌 반전 증폭기로서 동작을 하게 되는가?

⑨ Time base를 2[msec/div], 채널 2를 5[V/div]으로 바꾸고 입력 주파수를 100[Hz]로 하여 출력을 측정하라.

⑩ 이 때 $p-p$ 출력 전압을 측정하여 전압 이득을 구하라.

5. 실험결과

표 32-1 반전 증폭기

궤환저항 R_B	전압 파형			전압이득
	입력 V_i	t	V_{P-P}[V]	
10[kΩ]	출력 V_o	t	V_{P-P}[V]	
39[kΩ]	출력 V_o	t	V_{P-P}[V]	
47[kΩ]	출력 V_o	t	V_{P-P}[V]	

표 32-2 비반전 증폭기

궤환저항 R_B	전압파형		V_{P-P}[V]	전압이득
	입력 V_i			
10[kΩ]	출력 V_o			
39[kΩ]	출력 V_o			
47[kΩ]	출력 V_o			

표 32-3 가산 증폭기 (1)

	파 형	전 압 V_{p-p}
V_i		
V_i		
V_o		

표 32-4 가산 증폭기 (2)

	파 형	전 압 V_{p-p}
V_i		
V_i		
V_o	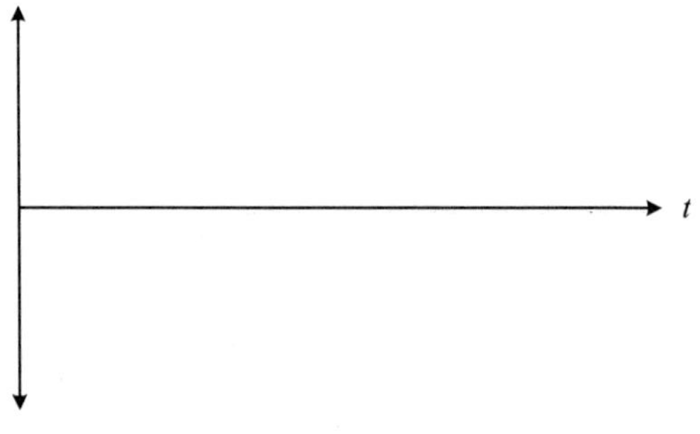	

표 32-5 가산 증폭기 (3)

	파 형	전 압 V_{p-p}
V_i		
V_i		
V_o	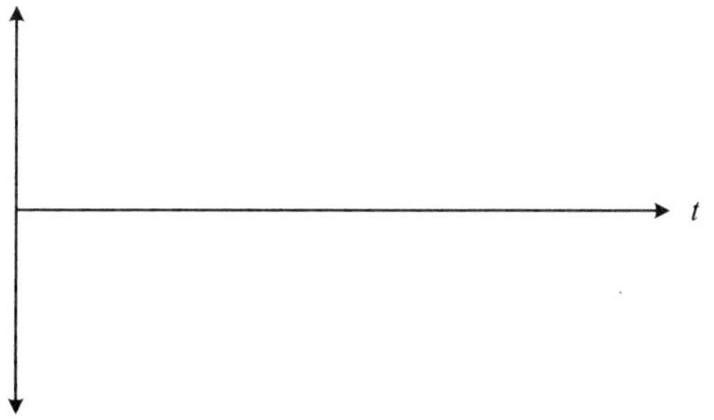	

표 32-6 감산 증폭기

실험 순서	전 압				
	V_A	V_B	$V_B - V_A$	V_o	
				실험치	이론치
②					
③					
④					

표 32-7 미분기 (f = 400[Hz])

<table>
<tr><th colspan="4">파 형</th><th>출력 전압 V_{p-p}</th></tr>
<tr><td rowspan="2">입 력
파 형</td><td colspan="3" rowspan="2">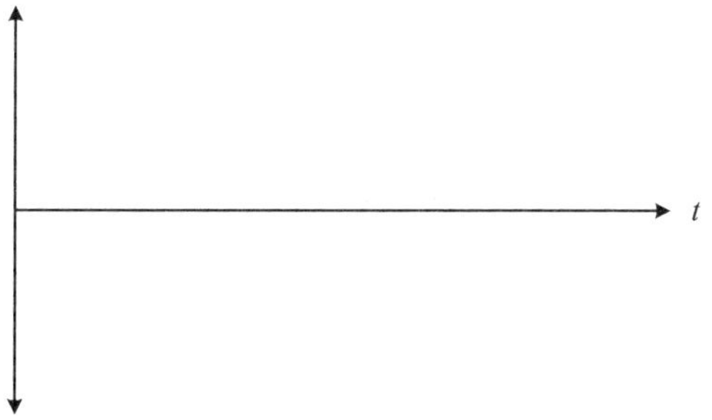
</td><td>이 론 치</td></tr>
<tr><td></td></tr>
<tr><td rowspan="2">출 력
파 형</td><td colspan="3" rowspan="2">
</td><td>실 험 치</td></tr>
<tr><td></td></tr>
<tr><td rowspan="2">시 간</td><td>(+)인 시간 t_1</td><td>(-)인 시간 t_2</td><td>주 기</td><td>전 압 이 득</td></tr>
<tr><td></td><td></td><td></td><td></td></tr>
</table>

표 32-8 미분기 ($f = 1[\mathrm{kHz}]$)

<table>
<tr><th colspan="5">파 형</th><th>출력 전압 V_{p-p}</th></tr>
<tr><td rowspan="2">입 력
파 형</td><td colspan="4" rowspan="2"></td><td>이 론 치</td></tr>
<tr><td></td></tr>
<tr><td rowspan="2">출 력
파 형</td><td colspan="4" rowspan="2"></td><td>실 험 치</td></tr>
<tr><td></td></tr>
<tr><td rowspan="2">시 간</td><td>(+)인 시간 t_1</td><td>(-)인 시간 t_2</td><td colspan="2">주 기</td><td>전 압 이 득</td></tr>
<tr><td></td><td></td><td colspan="2"></td><td></td></tr>
</table>

표 32-9 미분기 ($f = 30[\text{kHz}]$)

<table>
<tr><td colspan="4">파 형</td><td>출력 전압 V_{p-p}</td></tr>
<tr><td rowspan="2">입 력
파 형</td><td colspan="3" rowspan="2"></td><td>이 론 치</td></tr>
<tr><td></td></tr>
<tr><td rowspan="2">출 력
파 형</td><td colspan="3" rowspan="2">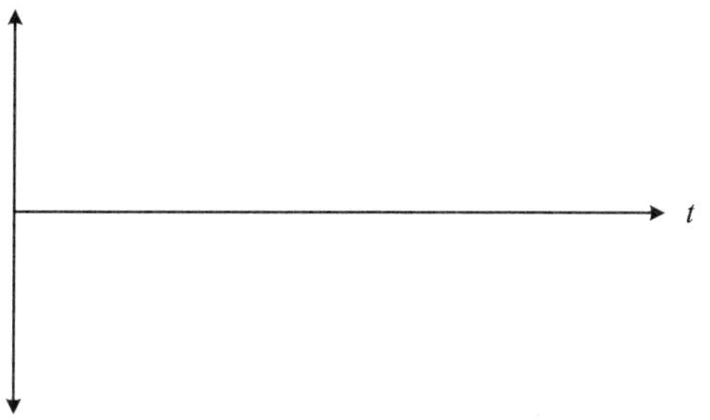</td><td>실 험 치</td></tr>
<tr><td></td></tr>
<tr><td rowspan="2">시 간</td><td>(+)인 시간 t_1</td><td>(-)인 시간 t_2</td><td>주 기</td><td>전 압 이 득</td></tr>
<tr><td></td><td></td><td></td><td></td></tr>
</table>

표 32-10 적분기 ($f = 10[\mathrm{kHz}]$)

파 형			출력 전압 V_{p-p}	전압 이득
입력 파형	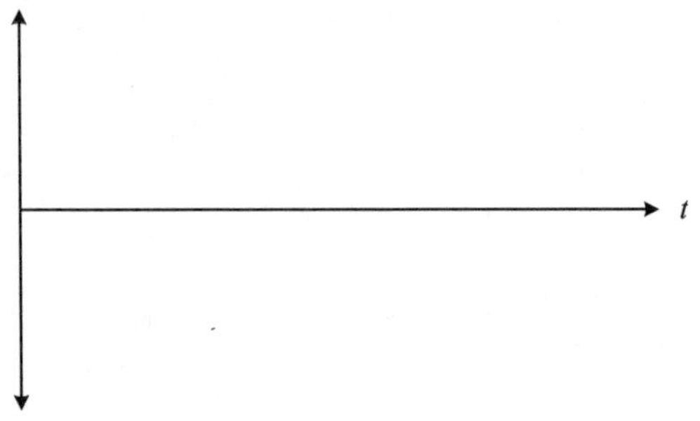		이 론 치	
	주 기			
출력 파형	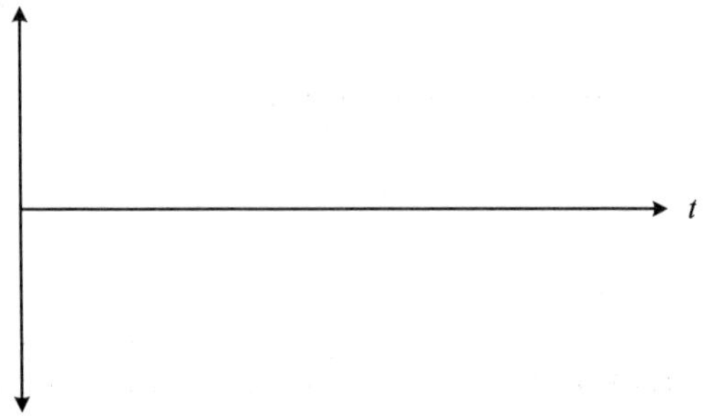		실 험 치	
	주 기			

표 32-11 적분기 ($f = 40[\text{kHz}]$)

<table>
<tr><th colspan="3">파 형</th><th>출력 전압 V_{p-p}</th><th>전 압 이 득</th></tr>
<tr><td rowspan="2">입 력 파 형</td><td colspan="2">
</td><td>이 론 치

</td><td rowspan="2"></td></tr>
<tr><td>주 기</td><td></td><td></td></tr>
<tr><td rowspan="2">출 력 파 형</td><td colspan="2">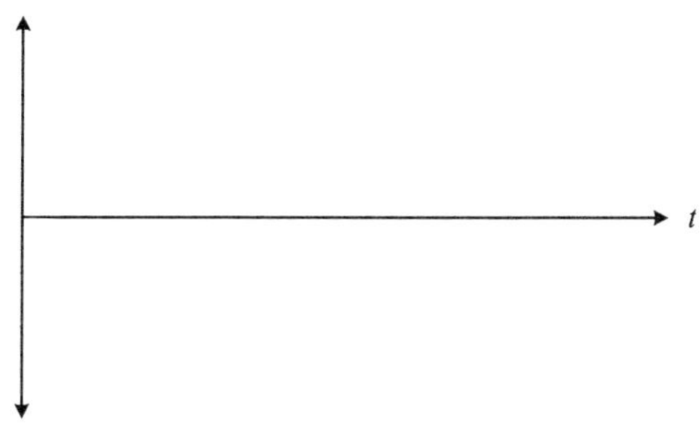
</td><td>실 험 치

</td><td rowspan="2"></td></tr>
<tr><td>주 기</td><td></td><td></td></tr>
</table>

표 32-12 적분기 (f = 100[kHz])

<table>
<tr><th colspan="3">파 형</th><th>출력 전압 V_{p-p}</th><th>전압 이득</th></tr>
<tr><td rowspan="2">입력 파형</td><td colspan="2">t</td><td>이 론 치

</td><td rowspan="2"></td></tr>
<tr><td>주 기</td><td></td><td></td></tr>
<tr><td rowspan="2">출력 파형</td><td colspan="2">t</td><td>실 험 치

</td><td rowspan="2"></td></tr>
<tr><td>주 기</td><td></td><td></td></tr>
</table>

과제 및 검토 사항

1. 궤환 저항에 대하여 설명하여라.

2. 반전, 비반전 증폭기의 차이점을 실험을 통하여 비교, 설명하라.

실 험 보 고 서

학 과			학 년		제출일	20 / /
학 번			성 명			
실험조		평 가	A B C D F		확 인	
실험일	20 / /		온 도	℃	습 도	%
소 요 시 간			시간 분			

1. 실험제목 : 선형 OP-AMP 회로

2. 실험목적

3. 실험관련 이론(요약)

4. 실험 절차
   표 32-1 ~ 표 32-12를 완성하여 첨부할 것

5. 실험 고찰 및 소감

실험 33

비선형 OP-Amp 회로

1. 실험 목표

[1] 비선형 Op-Amp 회로인 비교기의 동작을 실험적으로 이해한다.
[2] 비선형 Op-Amp 회로인 정밀 정류 회로의 동작을 실험적으로 이해한다.

2. 실험 장비 및 부품 (조당)

[1] 전원 공급 장치 : 1대
[2] 오실로스코프 : 1대
[3] 신호 발생기 : 1대
[4] 저항 : 1[kΩ]×2개, 10[kΩ]×2개, 20[kΩ]×2개, 100[kΩ]×1개
[5] OP-Amp : LM741×2개
[6] 트랜지스터 : 2SC1815×1개
[7] LED : 1개
[8] 다이오드 : 1N4001×2개
[9] 리드선 : 약간
[10] 기타 Accessory : 1식

3. 실험 관련 이론

[1] 비교기

비교기는 입력 전압을 기준 전압과 비교하는 회로이다.
비교기의 출력은 입력 신호가 기준 전압보다 그 이상 또는 그 이하 중 하나만을 나타

낸다.

그림 33-1과 같은 비반전 비교기 회로의 출력 전압은 입력 신호가 기준 전압 V_{REF}보다 조금만 더 크더라도 (+)의 전원 전압에 도달한다.

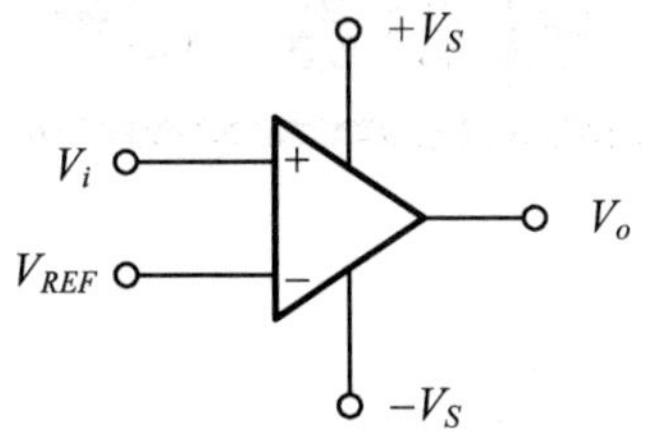

그림 33-1 비반전 비교기

$$V_i < R_{REF} \Rightarrow V_o = -V_s$$
$$V_i > R_{REF} \Rightarrow V_o = +V_s$$

또한, 그림 33-2와 같이 입력을 바꾸면 반전 비교기가 된다.

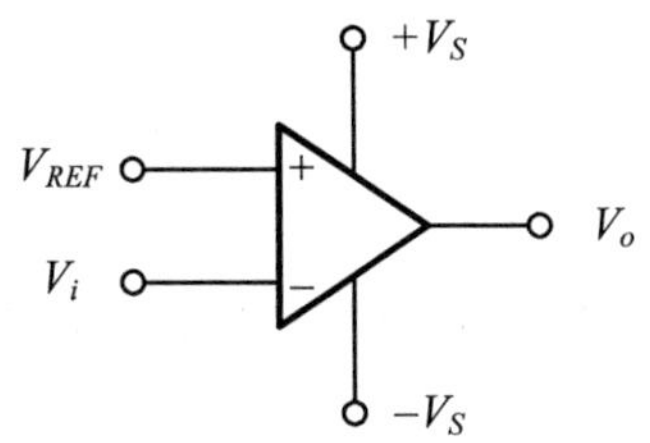

그림 33-2 반전 비교기

$$V_i < V_{REF} \Rightarrow V_o = +V_S$$
$$V_i > V_{REF} \Rightarrow V_o = -V_S$$

[2] 정밀급 정류기

다이오드가 교류 신호를 직류 신호로 변환시키기 위한 정류기로 사용될 때 다이오드는 그 양단 전압이 0.3V(Ge) 또는 0.7V(Si)보다 클 때까지는 도전하지 않는다.

결과적으로 다이오드는 아주 작은 신호를 정류하기 위해서 적합하지 않다.

그림 33-3의 반파 정류기의 입력신호가 (+)일 때 궤환 회로에서 모든 전류는 D_1를 통하여 흐르며 그 회로의 출력은 영이 된다. 입력 신호가 (-)일 때 궤환 회로에서 전류는

D_1과 D_2를 통하여 흐르므로 입력 전압은 R_2 양단에 반전되어 나타나고, 또한 이것이 출력 전압이 된다. Op-Amp는 이득이 높기 때문에 매우 작은 부(-)로 되는 입력은 D_2를 도통시키기 위해 충분하다.

그러한 이유로 이 회로를 정밀 반파 정류기라 한다.

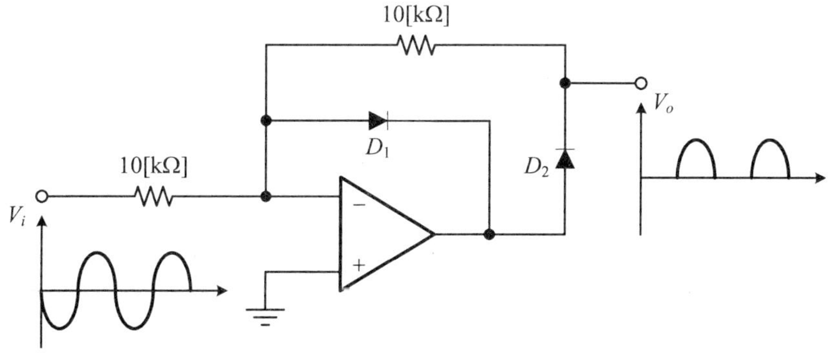

그림 33-3 정밀 반파 정류기

회로의 동자 상태는 다음과 같다.

① (+) 반 주기

D_1 : ON

D_2 : OFF

$\therefore\ V_o = 0$

② (-) 반 주기

D_1 : OFF

D_2 : ON

$\therefore\ V_o = -\dfrac{R_2}{R_1} V_i$ (반전 증폭기로 동작)

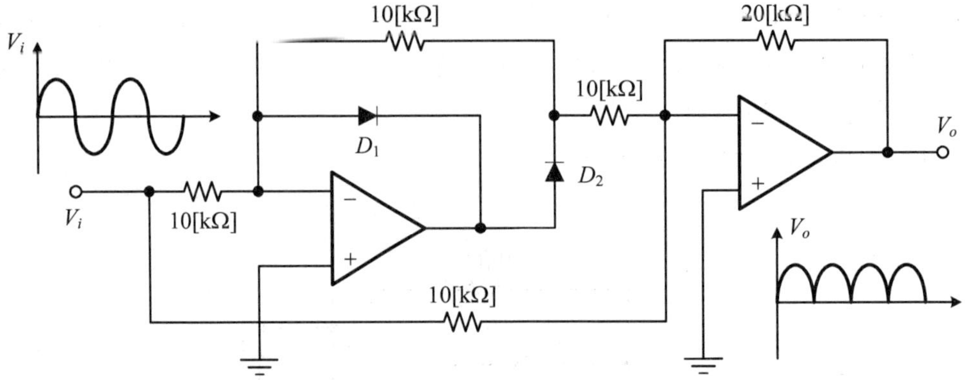

그림 33-4 정밀 전파 정류기

그림 33-4는 정밀 전파 정류 회로로 반파 정류기의 입력과 출력을 합하는 가산 회로를 구성하여 보이고 있다.

4. 실험순서

[1] 비반전 비교기

① 그림 33-5와 같이 회로를 구성하라.

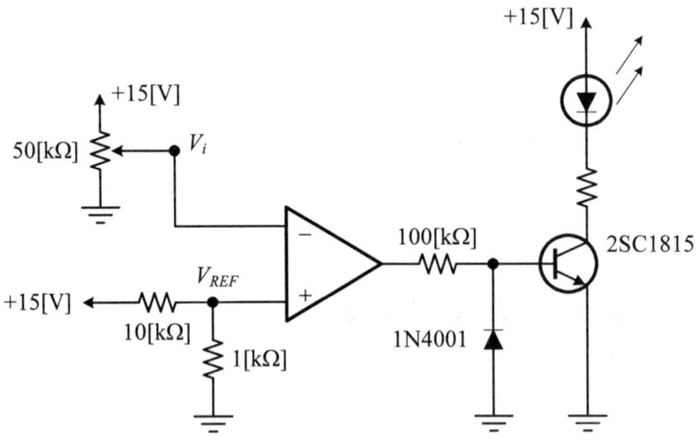

그림 33-5

② 오실로스코프를 다음과 같이 고정하라.

Channel 1, 2 : 1[V/div]
Time base : 1[msec/div]
DC coupling

③ 전원을 연결할 때 가변 저항의 저항값에 따라 LED가 ON 또는 OFF 된다. 만일 LED가 ON이면 가변 저항을 LED가 OFF가 될 때까지 조절하라.

④ 반전 단자의 전압 V_{REF}와 비반전 단자 V_i 및 출력 전압 V_0를 측정하여 표 33-1에 기록하라.

⑤ 가변 저항을 LED가 ON 될 때까지 조절하여 V_{REF}와 비반전 단자 V_i 및 출력 전압 V_0를 표 33-1에 기록하라.

[2] 정밀 반파 정류기

① 그림 33-6과 같이 회로를 구성하고 오실로스코프를 다음과 같이 고정하라.

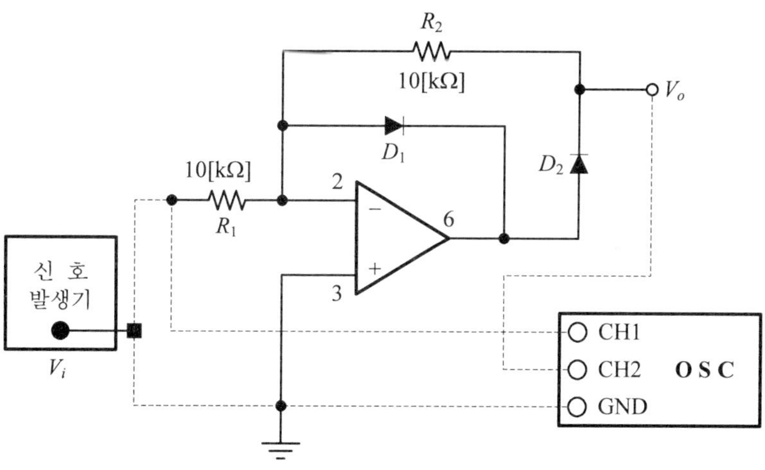

그림 33-6 정밀 반파 정류기

Channel 1, 2 : 2[V/div]
Time base : 1[msec/div]
DC coupling

② 신호 발생기의 출력이 정현파로 4[V_{p-p}], 주파수 300[Hz]로 조정하여 출력 V_0의 파형을 표 33-2에 그려라.

[3] 정밀 전파 정류기

① 그림 33-7과 같이 회로를 구성하라.

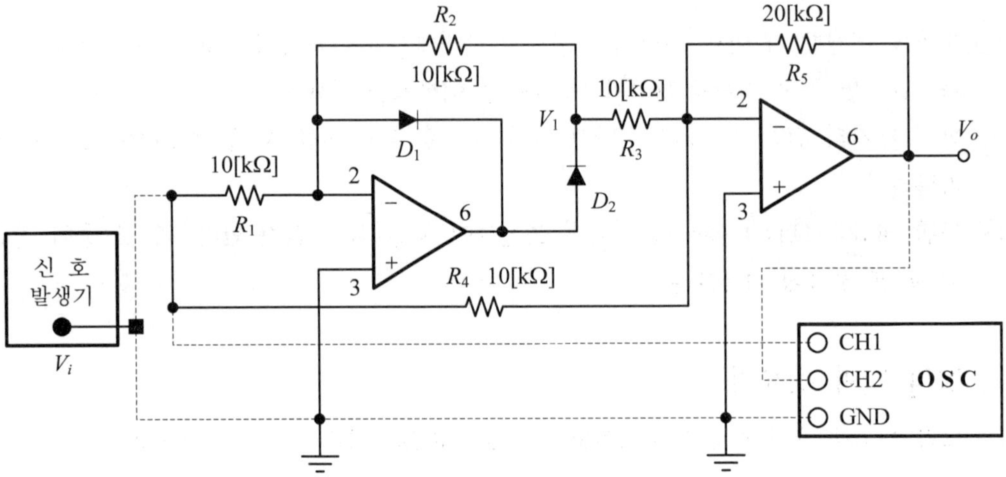

그림 33-7 정밀 전파 정류기

② 오실로스코프를 다음과 같이 고정하라.

Channel 1, 2 : 2[V/div]

Time base : 1[msec/div]

DC coupling

③ 신호 발생기의 출력이 정현파로 4[V_{p-p}], 주파수 300[Hz]로 조정하여 출력 V_0와 V_i, V_1의 파형을 표 33-3에 그려라.

5. 실험결과

표 33-1 비반전 비교기

LED	V_{REF}	V_i	V_o
OFF			
ON			

표 33-2 정밀 반파 정류기

궤환저항 R_B		전 압 파 형	전압이득
	입력 V_i	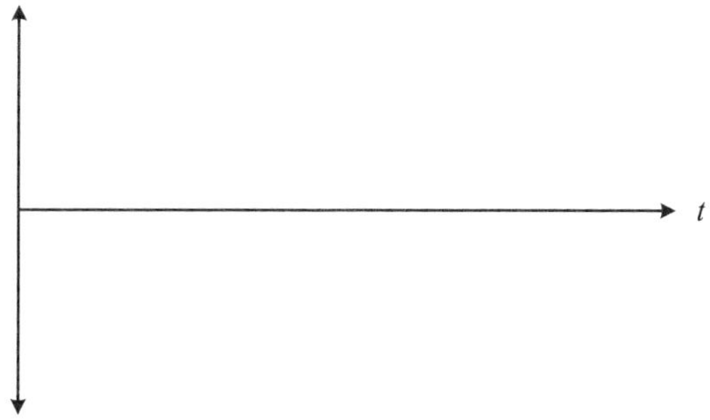	
10[kΩ]	출력 V_o	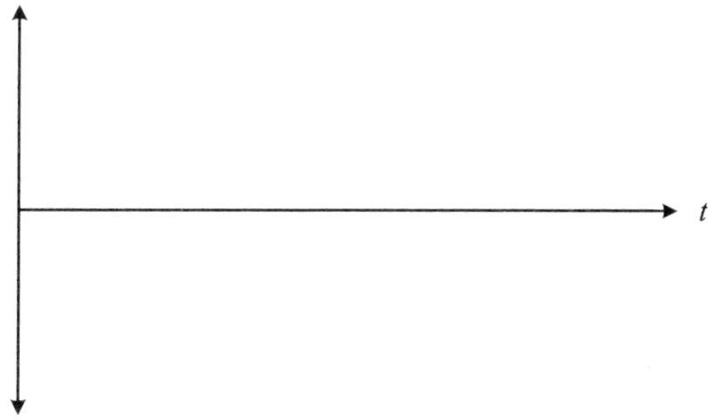	
5[kΩ]	출력 V_o	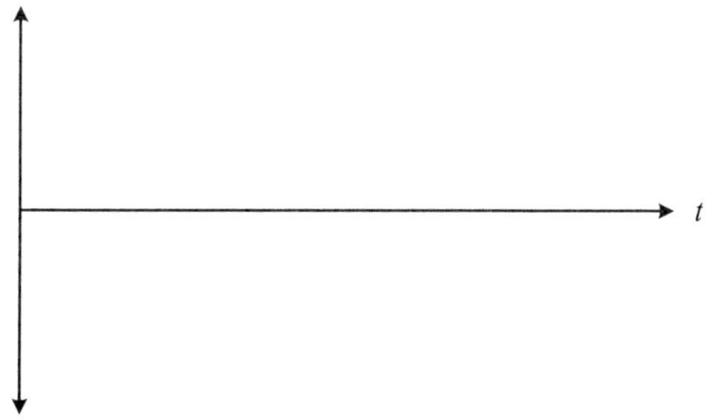	

표 33-3 정밀 전파 정류기

파	형	V_{p-p}
V_i		
V_1		
V_o		

과제 및 검토 사항

1. 비반전 비교기를 이용하여 sin파를 구형파로 변환하는 회로를 구성하라.

2. 일반 다이오드 정류 회로와 Op-Amp를 이용한 정류 회로와 비교 설명하라.

실 험 보 고 서

학 과			학 년		제출일	20 / /
학 번			성 명			
실험조		평 가	A B C D F		확 인	
실험일	20 / /		온 도	℃	습 도	%
소 요 시 간			시간 분			

1. 실험제목 : 비선형 OP-AMP 회로

2. 실험목적

3. 실험관련 이론(요약)

4. 실험 절차
   표 33-1 ~ 표 33-3를 완성하여 첨부할 것

5. 실험 고찰 및 소감

전기/전자/통신/제어/계측 공학도를 위한

기 초 실 험

2쇄 2025년 2월 10일

저 자 최수열/강태욱/채연식
발행인 송광헌
발행처 도서출판 복두(더)
주 소 서울특별시 영등포구 경인로82길 3-4
센터플러스 807호 (우) 07371
전 화 02-2164-2580
FAX 02-2164-2584
등 록 1993. 11. 22. 제 10-902 호

정가 : 28,000원
ISBN : 979-11-6675-441-8 93560

한국과학기술출판협회 회원사